スッキリわかる
サーブレット
&JSP
入門 第4版

国本大悟・著
株式会社フレアリンク・監修

インプレス

インプレスの書籍ホームページ

書籍の新刊や正誤表など最新情報を随時更新しております。

https://book.impress.co.jp/

まえがき

　これまで、筆者は新入社員をはじめ多くのエンジニアの方々を対象に、「サーブレット／JSP」の学習を15年近くお手伝いさせていただきました。しかし、すべての方が学習を順調に進められたわけではありません。なかなか思うように学習が進まず苦悩する姿も目にしてきました。そのような姿を見てきて、楽しく学ぶために何らかのサポートができないものかと思い悩み、その結果生まれたのが本書です。

　執筆に際しては、特に以下の3点を意識しています。

1. 「楽しく」学べる

　「サーブレット／JSP」はJavaの応用分野のためか、関連する本は解説が難しいものが多い印象があります。本書は、『スッキリわかるJava入門』シリーズで好評の親しみやすいイラストと会話を数多く使って紹介しています。MVCモデルといった初心者がつまずきやすい分野も、楽しくマスターできるでしょう。

2. 「ひとり」でも学べる

　筆者はこれまでの研修を通じて、「サーブレット／JSP」の学習の難しさは文法ではなく、トラブルシューティングにあると感じています。研修ならば、エラーが発生しても講師に質問して解決できます。しかし、本での独習ではそうはいきません。そこで本書では、多くの若手エンジニアがよく遭遇するエラーやトラブルと、それらの解決方法を「エラー解決・虎の巻」として巻末にまとめ、ひとりでもトラブルシューティングができるようにできるだけたくさんのヒントを盛り込みました。

3. 「実務で役立つ」内容を学べる

　「サーブレット／JSP」に関するすべての知識や技術を1冊の本で紹介するのは非常に困難です。本書では、「サーブレット／JSP」の開発を行うプロジェクトに配属予定の方に向けて、配属前に学習しておくとよりよい内容を重点的に解説しています。また、インターネット活用の常態化を踏まえ、自力で調査できると思われる詳細な言語仕様の紹介は優先度を下げています。

　この第4版では、Java EEからJakarta EEに変更いたしました。Java EEからJakarta EEに変わって5年、大きな変更はありませんでしたが、最新版では新機能が追加され、いよいよ今後はJakrta EEが主流になると思われます。本書を通じて、読者の皆様が「サーブレット／JSP」のおもしろさに出会い、ひいてはエンジニアへの第一歩を踏み出すお手伝いができれば、著者としてこれ以上の喜びはありません。

著者

【謝辞】
　本書の企画から発売まで多くのアドバイスとご支援をいただいた株式会社フレアリンクの中山清喬様、飯田理恵子様、インプレス編集部、シリーズ立ち上げに尽力いただいた櫨田様、イラストを担当してくださった高田様、私に教え方を教えてくれた教え子の皆さん、応援してくれた家族、その他この本に直接的、間接的に関わったすべての皆さまに心より感謝申し上げます。

sukkiri.jp について

　sukkiri.jp は、「スッキリわかる入門シリーズ」の著者や製作陣が中心となって運営している本シリーズの Web サイトです。書籍に掲載したコード（一部）がダウンロードできるほか、Web 付録として本書で紹介しているツール類の導入手順や操作方法を掲載しています。また、プログラミングの学び方やシリーズに登場するキャラクターたちの秘話、新刊情報など、学び手の皆さんのお役に立てる情報をお届けしています。

『スッキリわかるサーブレット & JSP 入門 第4版』のページ

https://sukkiri.jp/books/sukkiri_servlet4

column

スッキリわかる入門シリーズ

　本書『スッキリわかるサーブレット & JSP 入門 第4版』をはじめとした、プログラミング言語の入門シリーズ。今後も続刊予定です。

『スッキリわかる Java 入門』　　　　　　　　『スッキリわかる Java 入門 実践編』

『スッキリわかる C 言語入門』　　　　　　　　『スッキリわかる SQL 入門 ドリル256問付き！』

『スッキリわかる Python 入門』　　　　　　　『スッキリわかる Python による機械学習入門』

本書の見方

本書には、理解の助けになるさまざまな用意があります。押さえるべき重要なポイントや覚えておくと便利なトピックなどを、要所要所に楽しいデザインで盛り込みました。読み進める際にぜひ活用してください。

本文中の色文字:
本文中、重要な用語や特に注意したい部分に色を付けました。

アイコン:
各アイコンの示す内容については、このページの下「アイコンの種類」で確認してください。

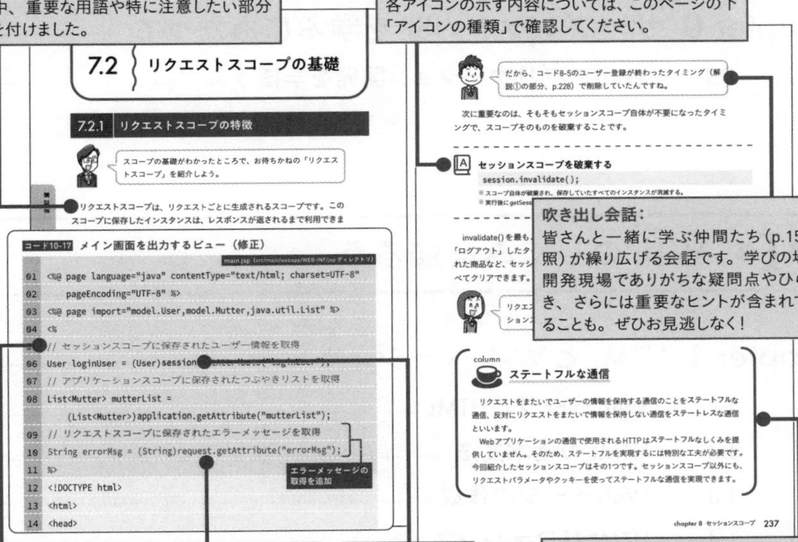

7.2 リクエストスコープの基礎

7.2.1 リクエストスコープの特徴

スコープの基礎がわかったところで、お待ちかねの『リクエストスコープ』を紹介しよう。

リクエストスコープは、リクエストごとに生成されるスコープです。このスコープに保存したインスタンスは、レスポンスが返されるまで利用でき

コード10-17 メイン画面を出力するビュー（修正） main.jsp [src/main/webapp/WEB-INFjspディレクトリ]

```
01 <%@ page language="java" contentType="text/html; charset=UTF-8"
02     pageEncoding="UTF-8" %>
03 <%@ page import="model.User, model.Mutter, java.util.List" %>
04 <%
05 // セッションスコープに保存されたユーザー情報を取得
06 User loginUser = (User)session.getAttribute("loginUser");
07 // アプリケーションスコープに保存されたつぶやきリストを取得
08 List<Mutter> mutterList =
09     (List<Mutter>)application.getAttribute("mutterList");
10 // リクエストスコープに保存されたエラーメッセージを取得
11 String errorMsg = (String)request.getAttribute("errorMsg");
12 %>
13 <!DOCTYPE html>
14 <html>
15 <head>
```

エラーメッセージの取得を追加

だから、コード8-5のユーザー登録が終わったタイミング（解説①の部分、p.228）で削除していたんですね。

次に重要なのは、そもそもセッションスコープ自体が不要になったタイミングで、スコープそのものを破棄することです。

A セッションスコープを破棄する
```
session.invalidate();
```
※ スコープが破棄され、保存していたすべてのインスタンスが消滅する。
※ 実行後: getSess

invalidate()を最も
「ログアウト」したこ
れた商品など、セッ
べてクリアできます。

column ☕ ステートフルな通信

リクエストをまたいでユーザーの情報を保持する通信のことをステートフルな通信、反対にリクエストをまたいで情報を保持しない通信をステートレスな通信といいます。

Webアプリケーションの通信で使用されるHTTPはステートフルなしくみを提供しません。そのため、ステートフルを実現するには特別な工夫が必要です。今回紹介したセッションスコープはその1つです。セッションスコープ以外にも、リクエストパラメータやクッキーを使ってステートフルな通信を実現できます。

chapter 8 セッションスコープ **237**

吹き出し会話:
皆さんと一緒に学ぶ仲間たち（p.15 参照）が繰り広げる会話です。学びの場や開発現場でありがちな疑問点やひらめき、さらには重要なヒントが含まれていることも。ぜひお見逃しなく！

コメント:
グレーの文字の部分は**コメント**です。

注目コード:
解説をスムーズに理解するため注目すべき部分です。

予約語:
予約語とそれに準じる語を色つきで表します。

コラム:
本書では詳細に取り上げないものの、知っておくと重宝する補足知識やトリビアなどを紹介します。

コードの背景色:
HTMLとJavaが混在するので、背景色で区別して読みやすくしました。濃い色はJava、薄い色はHTMLのコードです。

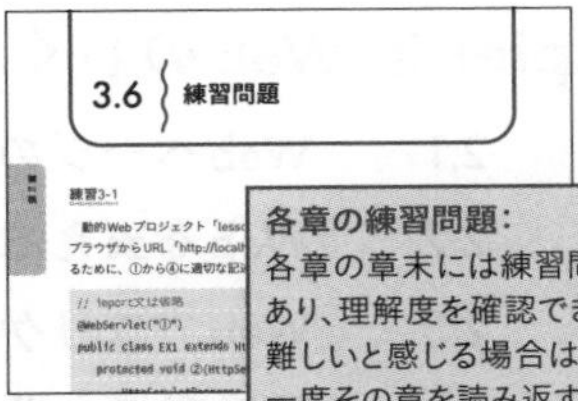

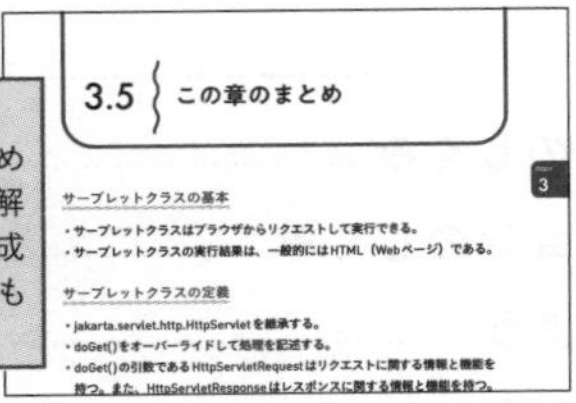

各章のまとめ:
その章で学んだことをまとめています。内容を正しく理解できているか確認し、達成度を測るチェック表としても使えます。

3.5 この章のまとめ

サーブレットクラスの基本
- サーブレットクラスはブラウザからリクエストして実行できる。
- サーブレットクラスの実行結果は、一般的にはHTML（Webページ）である。

サーブレットクラスの定義
- jakarta.servlet.http.HttpServletを継承する。
- doGet()をオーバーライドして処理を記述する。
- doGet()の引数であるHttpServletRequestはリクエストに関する情報と機能を持つ。また、HttpServletResponseはレスポンスに関する情報と機能を持つ。

3.6 練習問題

練習3-1
動作Webプロジェクト「issue
ブラウザからURL「http://local
るために、①の❶から❻に適切な記述

```
// import文は省略
@WebServlet("/")
public class Ex1 extends
    protected void @(mttp1a
```

各章の練習問題:
各章の章末には練習問題があり、理解度を確認できます。難しいと感じる場合は、もう一度その章を読み返すとよいでしょう。

アイコンの種類

構文紹介:
構文の記述ルールと文法上の留意点などを紹介します。

ポイント紹介:
本文における解説で、特に重要なポイントをまとめています。

005

contents 目次

第**I**部　Webのしくみを知ろう

第Ⅱ部 開発の基礎を身に付けよう

第Ⅳ部　応用的な知識を深めよう

第**V**部 設計手法を身に付けよう

column

前提とするソフトウェアとバージョン

本書で使用している開発環境は、次のソフトウェアを前提としています。

・Eclipse 2023
・Apache Tomcat 10.1
・Java 21

※ 本書は、Javaの基礎知識（姉妹書『スッキリわかるJava入門 第4版』または同等程度）を持つ読者を対象としています。

chapter 0
サーブレット/JSP
を学ぶにあたって

インターネット利用の日常化に伴い、
アプリケーションの形態も変わりました。
以前は利用者のコンピュータにインストールして利用する
「デスクトップアプリケーション」が当たり前でしたが、
今ではインストール不要かつブラウザで利用可能な
「Webアプリケーション」が広く普及しています。
本書では、プログラミング言語JavaでWebアプリケーションを
開発するための技術を学んでいきます。
まずはその全体像と学習のロードマップを見てみましょう。

contents

0.1 Webアプリケーション開発を学ぼう

0.1.1 インターネットとWebアプリケーション

Webアプリケーションとは、Webのしくみを利用して動作するアプリケーションです。ホームページのようにインターネットなどのネットワーク上に公開されており、ブラウザから利用できます。

インターネット上にはさまざまなサービスがWebアプリケーションで提供されています。SNS、ショッピングサイト、インターネットバンキング、Wiki、ブログ、電子掲示板、Web検索、Webメール、地図、乗換案内など、いまや日常生活に欠かせないものばかりです。企業でも、受発注、経理、顧客管理、営業支援などのシステムがWebアプリケーション化されています。

このようにWebアプリケーションが急激に広まった要因としては、高速で安価なインターネット環境と、タブレットやスマートフォンなどの手軽に接続できるデバイスの普及が挙げられます。「いつでもどこでも快適にWebアプリケーションが利用できる」環境は今後も進化を続け、Webアプリケーションの重要性はさらに高まっていくでしょう。

図0-1 Webアプリケーションで提供されるさまざまなサービス

このような Web アプリケーションを作れるようになるには、**プログラミング言語のほかにも Web ページやサーバなどに関する幅広い知識が必要**です。そのため、敷居が高いと感じてしまう人が多いことは否めません。

そこで本書では、まず基礎をしっかりマスターできるよう、次ページで紹介するロードマップに従って、1つひとつのテーマに集中して解説しています。また、**よくあるミスやトラブルの解決に役立つ付録「エラー解決・虎の巻」**も用意しました。ぜひ学習に活用してください。

0.1.2 一緒に学ぶ仲間たち

本書で皆さんと一緒に Web アプリケーション開発を学ぶ2人と、彼らを指導する先輩を紹介しましょう。

朝香 あゆみ(25)
湊の同期で一緒にJavaの基礎を勉強した仲。

菅原 拓真(32)
経験豊富なエンジニア。さまざまな開発のプロジェクトで頼りにされるエキスパート。開発のかたわら若手エンジニアの教育係もしており、湊と綾部のWebアプリケーション開発の教育も担当。結構お酒好き。

綾部 めぐみ(22)
入社1年目。関西出身で菅原の従妹。入社時にはJavaの基礎はすでにマスターしており新人研修では首席。ただ、まだ学生気分が抜けていない面もある。Webアプリケーションの開発経験はなく、湊と一緒に学習を命じられる。

湊 雄輔(23)
入社2年目。入社まではプログラムの経験はなく、入社1年目にJavaのプログラミングや開発について菅原に学ぶ。お調子者だったが、2年目になり少しは落ち着いたようす。しかし相変わらず難しいことはちょっと苦手。

これから私たちは、湊くんや綾部さんと一緒に、全5部14章を通じて、Web
アプリケーション開発の基礎から応用までを学びます。

第Ⅰ部「Webのしくみを知ろう」では、Webアプリケーションを開発する
上で必要となるWebページやサーバといったWebのしくみを学習します。こ
の部ではHTMLという言語を使ってWebページを作成します。

第Ⅱ部「開発の基礎を身に付けよう」では、Java言語を用いたWebアプリ
ケーション開発の基礎を学びます。特に、Webアプリケーション開発の中核
となる2つの技術、サーブレットとJSPの基礎を、簡単なプログラムの作成
を通してしっかり理解しましょう。

　第III部「本格的な開発を始めよう」では、実用に耐える規模と複雑さを持つWebアプリケーションの開発に欠かせない基礎知識を学びます。部の終わりには、それまで身に付けた知識を使って、つぶやき投稿ができるWebアプリケーションを作成します。

　第IV部「応用的な知識を深めよう」ではWebアプリケーションの開発効率をさらに上げるだけでなく、より高度なWebアプリケーションの作成に役立つ、さまざまな応用知識を身に付けます。

　最後の第V部「設計手法を身に付けよう」では、文法やしくみから離れて、自分が望むWebアプリケーションを作成するための方法と手順を学びます。業務の現場で使用する本格的なものではありませんが、初学者にとって敷居が低く、実践しやすい設計手法を紹介します。ぜひ今後のWebアプリケーション開発に役立ててください。

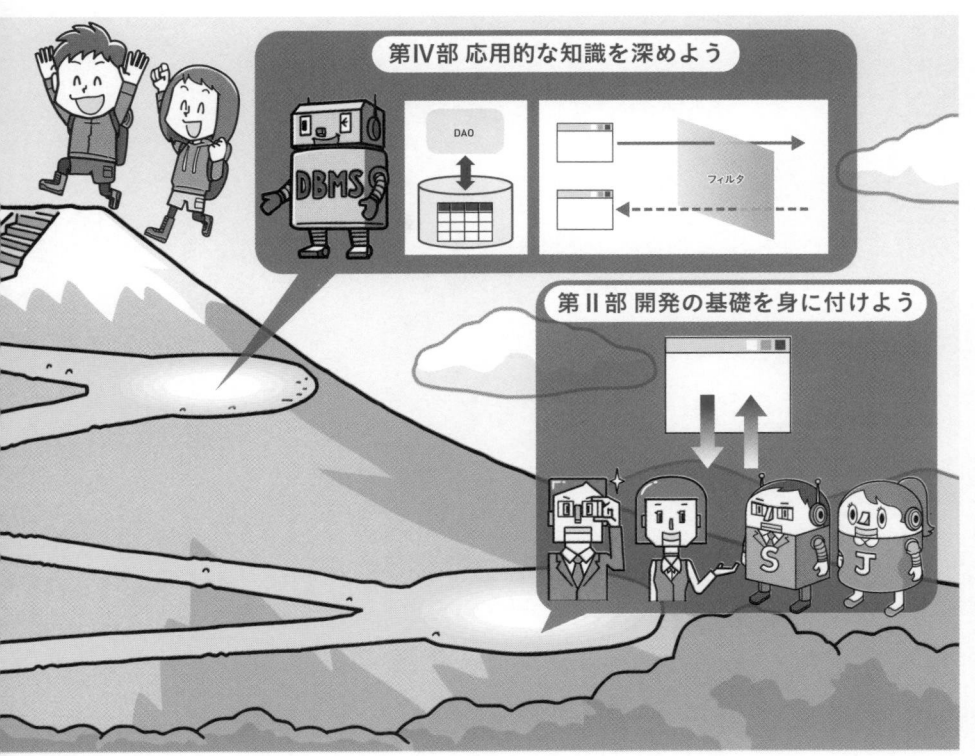

第Ⅰ部

Webのしくみを知ろう

WELCOME!

Webページを作ってみよう

菅原さん、またよろしくお願いします。

兄さん、私もよろしく。

会社では「菅原さん」だぞ。ん？　湊くん、どうしたんだい？

僕、Javaでも苦労したのに、Webアプリケーションなんてもっと難しそうだし、ついていけるか心配で……。

基礎からゆっくりやるから大丈夫だよ。楽しみながらやろう！

はい！　よろしくお願いします。

第I部では、まず、Webアプリケーションの基礎となるWebのしくみの学習から始めます。Webのしくみを理解すれば、Webページを作って世界中に公開できるようになります。ちょっとワクワクしませんか。楽しみながら学習を進めましょう。

chapter 1
HTMLと
Webページ

それではWebアプリケーションの開発について
学んでいきましょう。
初めの一歩は、Webページを記述するための言語
「HTML」です。言語といっても難しく考える必要はなく、
基本的な内容は簡単に習得できます。
Webページの作成を気軽に楽しみながら、学習していきましょう。

contents

1.1 Webページと HTML

1.1.1 Webアプリケーション開発の基礎知識

それでは、一緒にWebアプリケーション開発を学んでいこう。この技術を習得すれば、ブラウザで動くいろんなアプリケーションを作れるようになるよ。

ということは、僕が毎日使ってるつぶやきアプリみたいなものも作れるようになるんですか！？

そうだよ。でも、すぐにアプリ開発に取りかかるわけじゃない。まずはWebページの作り方から始めよう。

Webページと Webアプリケーションって何か関係があるん？

もちろん関係あるよ。WebページはWebアプリケーションの画面になるんだからね。

　これから学習するWebアプリケーションは、プログラミング言語（本書ではJava）の知識だけでは作成できません。特にWebページに関する知識は必須です。なぜなら、Webアプリケーションの画面は、Webページで作成されているからです。この章では、Javaはひとまず置いておき、まずはWebページを作成するために必要な知識を学習しましょう。

1.1.2 HTMLとブラウザ

Webページを作成するのに必要なものが2つあります。1つ目はHTML（HyperText Markup Language）です。HTMLは**Webページを記述する言語**です。

また新しい言語を覚えないといけないのか……。

Javaに比べたらとても簡単だよ。この章だけで文法の基礎はマスターできるからね。

ちょっと気がラクになったわ。

2つ目が**ブラウザ**です。ブラウザは、**HTMLで記述された「Webページ」を表示**します。代表的なブラウザとして、「Microsoft Edge」「Google Chrome」「Mozilla Firefox」「Safari」があります。本書では広く利用されているGoogle Chromeを使用しますが、使い慣れているほかのブラウザでもかまいません。

いつもブラウザで見ているWebページが、HTMLという言語で作られてるってことか……。なんかピンとこないなあ。

よし、実際に見てみよう。

ブラウザには、WebページがHTMLでどのように記述されているかを表示する機能があります。Google Chromeでは画面上で右クリックし、ポップアップメニューから「ページのソースの表示」を選ぶと、開いているWebページのHTMLを表示します（次ページの図1-1）。

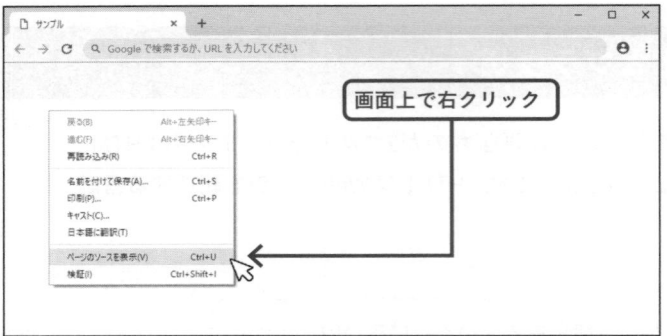

図1-1 WebページのHTMLを表示する

　この機能を使って実際にWebページを開き、そのページのHTMLを見てみましょう。次に挙げる例は、本書と同シリーズの『スッキリわかるJava入門 第4版』を紹介するWebページのHTMLの一部です（図1-2、次ページのコード1-1）。

図1-2 『スッキリわかるJava入門 第4版』を紹介するWebページ
（https://book.impress.co.jp/books/1123101044）

コード1-1 『スッキリわかる Java 入門 第4版』の HTML

```
01  <!DOCTYPE html>
02  <html lang="ja" dir="ltr">
03  <head>
04  <meta charset="utf-8" />
05  <title>スッキリわかるJava入門 第4版 - インプレスブックス</title>
    … (省略) …
06  </head>
07  <body class = "module-sub-page">
    … (省略) …
08  <p>大人気Java入門書が12年目ぶりのデザイン刷新で、見やすさ、わかり
    やすさを向上し、さらに学びやすくなりました!! … (省略) …</p>
    … (省略) …
09  </body>
10  </html>
```

　「<」と「>」で囲まれた、見慣れないテキストが表示されていますね。こ
れが「HTML」です。**ブラウザはこのHTMLを読み込み、Webページとして
表示する機能を持っています**（図1-3）。皆さんもブラウザで好きなWebペー
ジを開いて、そのHTMLを表示してみましょう。HTMLの意味は今の段階で
わかる必要はありません。

図1-3 HTMLを読み込んでWebページを表示する

Webページの正体って、ただのテキストデータだったんや！

Wordのような特別なデータだと思ってたよ。

　繰り返しになりますが、Webアプリケーションを作るには、まず、この「HTML」を使ったWebページの作成が必要です。そのために、この章で次の2つを学んでいきましょう。

・HTML自体の基本的な文法（1.2節）
・HTMLで利用可能なさまざまなタグ（1.3節）

まずは文法を解説するよ。その後に、実際にHTMLを使ってWebページを作成する練習をするからね。

はい！

Webページの正体はHTML

・Webページは HTMLで作られている。
・ブラウザは HTMLを読み込んで Webページを表示する。

1.2 　HTMLの基本文法

1.2.1 　タグとは

　早速HTMLの文法を学習しましょう。HTMLは言語といえども文法はいたってシンプルで、**タグ**と**属性**という2つの文法を覚えるだけです。それを身に付ければ、すぐにWebページを作れるようになります。

Webページを作れるようになるなんて！　ワクワクしてきたわ♪

最高にかっこいい僕の自己紹介ページを作ってやるぞ！

　まずは「タグ」について解説します。「タグ」とはWebページの構成要素を表すもので、下記の構文で記述します。

A　タグの書式

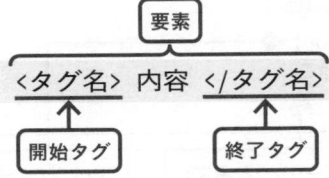

　開始タグと終了タグのペアで囲む、これがタグの文法です。開始タグと終了タグで囲まれた部分を「内容」といい、タグと内容を併せて「**要素**」と呼びます（「要素」全体を指して「タグ」と呼ぶこともあります）。

　HTMLには多種多様なタグが用意されており、それらを使用すれば、**タイトル、段落、画像、リンクといったWebページを構成する要素の作成や設定が可能です**（図1-4）。たとえば、「titleタグ」でWebページのタイトルを、「pタグ」で段落を作成できます。titleタグとpタグの使用例を次に挙げておきます。

titleタグ（title要素）の使用例

```
<title>湊日記</title>
```

pタグ（p要素）の使用例

```
<p>今日は久しぶりに同期の朝香さんとご飯を食べに行きました。</p>
```

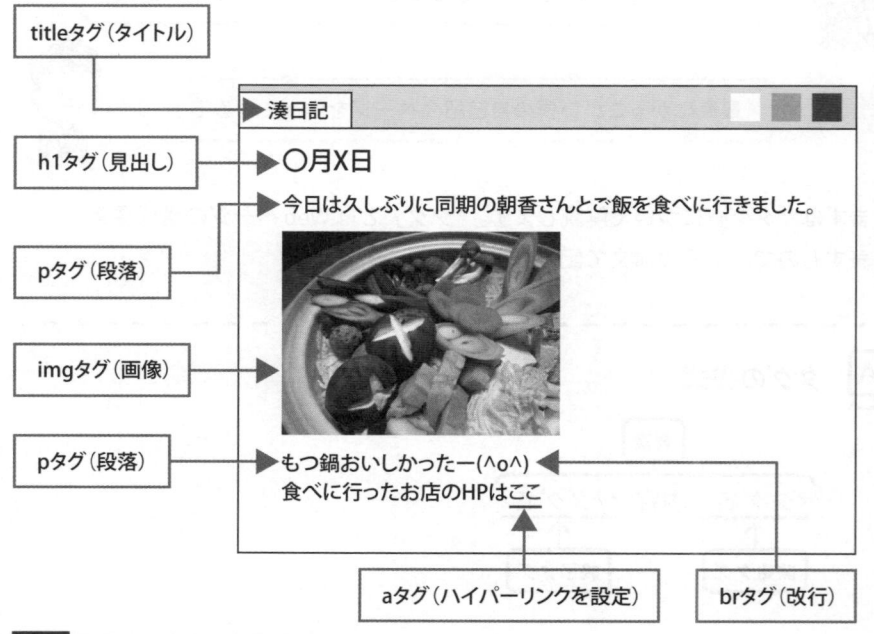

図1-4 Webページの構成要素とタグ

　タグの中には内容を持たないものがあります。図1-4では、改行のbrタグと画像のimgタグがそれです。そのようなタグを**空要素**と呼びます。空要素は次のいずれかの方法で記述します。

空要素の書式

① 〈タグ名〉

② 〈タグ名 /〉

※ ①は終了タグを省略した書き方。
※ ②は開始タグと終了タグを一緒にした書き方。本書では①の方法で空要素を記述。

chapter
1

たとえば、改行を表す br タグは、次のいずれかの方法で書けます。

br タグの使用例

```
<br>
<br />
```

1.2.2 属性とは

これでHTMLの文法の半分は紹介したよ。残りは「属性」だね。

「属性」とは、タグに加える**補足的な情報**です。次の構文で記述します。

属性の書式

〈タグ名 属性名="値"〉…〈/タグ名〉

どのような属性を加えられるかはタグによって異なります。たとえば、段落を作る p タグに「style」という属性を加えれば、次ページの図1-5のように、段落内での文字の揃え方を指定できます。

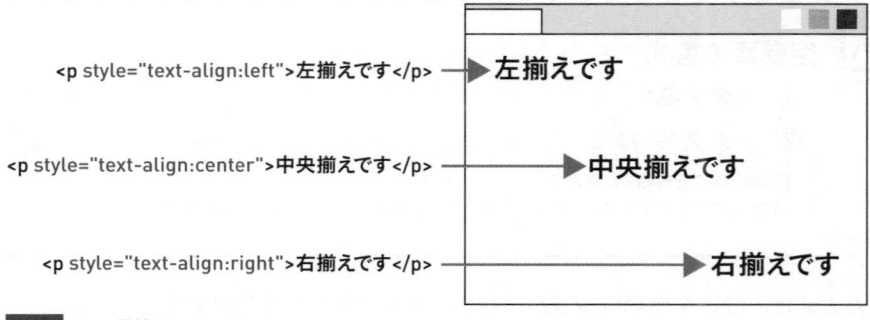

左揃えです ━━━▶ 左揃えです

中央揃えです ━━━▶ 中央揃えです

右揃えです ━━━▶ 右揃えです

図1-5 style 属性

1つのタグに複数の属性を加える場合は、半角スペースで区切ります。

- -

 属性の書式（複数の属性を指定）

　　<タグ名 属性名="値" 属性名="値">…</タグ名>

- -

1.2.3　HTMLの基本構造

　これでHTMLの基本的な文法の紹介は終わりです。とはいえ、テキスト
ファイルにひたすらタグを書いていけばWebページができあがる、というわ
けではありません。

　Javaのプログラムを作成するには「クラス」や「mainメソッド」という
必要不可欠な基本構造があったように、HTMLにも基本構造があります。そ
の**基本構造に沿ってタグを書いていく必要があるのです**。

必ず書かないといけない、というものがあるんやね。

Javaと一緒でまずは形で覚えたらいいよ。

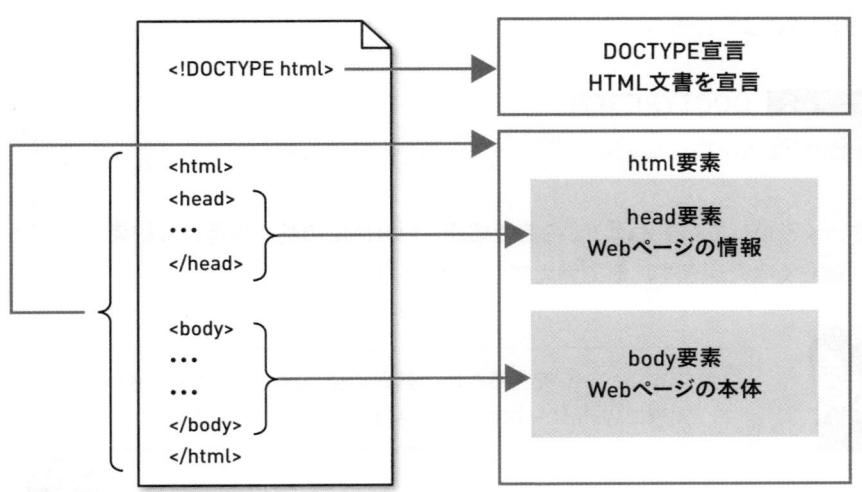

図1-6 HTMLの基本構造

　HTMLの基本構造は、DOCTYPE宣言と、html、head、bodyの3つの特別なタグ（要素）で成り立っています。それぞれ次のような意味があります。

DOCTYPE宣言

　HTML文書であることを宣言します。

htmlタグ（html要素）

　HTML全体をこのタグで囲む必要があります。タグの内容にheadタグとbodyタグを記述します。

headタグ（head要素）

　タグの内容に、タイトル、文字コード、作者などのWebページに関する情報を記述します。ただし、タイトル以外の情報はブラウザに表示されません。

bodyタグ（body要素）

　タグの内容に、ブラウザに表示されるWebページの本体を記述します。

　DOCTYPE宣言は、このファイルがHTML文書であることを宣言し、ブラウザにHTMLとして解釈するように要求します。DOCTYPE宣言は必ず次の

コード1-2のように書きます。

コード1-2 DOCTYPE宣言

```
<!DOCTYPE html>
```

　ざっくりいってしまえば、この節で紹介した**HTMLの基本構造はお約束で**す。難しく考え過ぎず、形で覚えてしまいましょう。

これでWebページを作るための基礎知識が身に付いたね。続いて、実際にWebページを作ってみよう。

待ってました！

column

DOCTYPE宣言がない場合

　DOCTYPE宣言がない場合は、各ブラウザはそれぞれの仕様に従って表示します。このとき、同じHTMLファイルに対して、ブラウザAでは正しく解釈されても、ブラウザBでは正しく解釈されない可能性があります。このような事態を避けるため、**業務に関わるWebページを作成する場面では必ずDOCTYPEを宣言し**ましょう。

1.3 Webページの作成

1.3.1 基本的なタグ

なんや、HTMLってルール自体は簡単やな。

でも、実際にどんなタグを使っていけばいいんだろう？

　ここまで、私たちはHTMLに関する基本的な記述ルールを学びました。あとは、HTMLに用意されているタグを記述していけばWebページができあがります。次の表1-1では、その中でも特に基本的なタグをまとめています。

　なお、私たちが普段見るような洗練されたページを作るには、これ以外にも非常にたくさんの種類のタグを知り、適切に利用する必要があります。

表1-1　基本的なタグ

使う場所	タグ名	意味
文書全体	html	HTML で記述された文書
html タグ内	head	Web ページの情報
	body	Web ページの本文
head タグ内	meta	文字コードの指定など
	title	タイトル
body タグ内	h1	見出し
	p	段落
	br	改行
	a	ハイパーリンク
	table	表組
table タグ内	tr	表組内の行
tr タグ内	td	表組内のデータ
	th	表組内の見出しデータ

最初からすべてのタグを覚えたり、使えたりする必要はないよ。まずは表1-1のタグをしっかり押さえておこう。

　それでは、表1-1に挙げた基本的なタグを使用して、自己紹介のWebページを作ってみましょう。「スッキリメンバー一覧」ページと「湊　雄輔のプロフィール」ページを作成し、リンクでページ遷移ができるようにします（図1-7）。

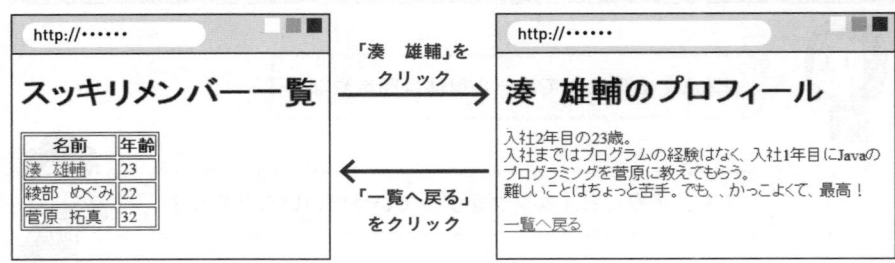

図1-7　スッキリメンバー一覧ページと湊くんの自己紹介ページ

1.3.2 | Webページ作成の手順とルール

　図1-7のWebページの作成は、次の手順で行います。

①ファイルにHTMLを入力

　「メモ帳」などのテキストを入力できるエディタでHTMLを入力します。タグ名や属性は**大文字／小文字のどちらでもかまいませんが、必ず半角で書きます**。

②ファイルを保存

　HTMLが入力できたらファイルを保存します。内容がHTMLで書かれたファイルを **HTMLファイル**といい、次のルールに従う必要があります。

- **ファイル名には半角英数や「_」（アンダーバー）、「-」（ハイフン）を使用する。**
- **拡張子は「.html」または「.htm」にする。**

　また、ほとんどのエディタでは保存時にファイルの文字コードを指定でき

ます。**本書ではファイルの文字コードに「UTF-8」を使用**します。エディタ
としてメモ帳を使う場合は、図1-8に示した箇所で指定できます（文字コー
ドについて不安があれば、下記のコラム「文字コード」を参照してください）。

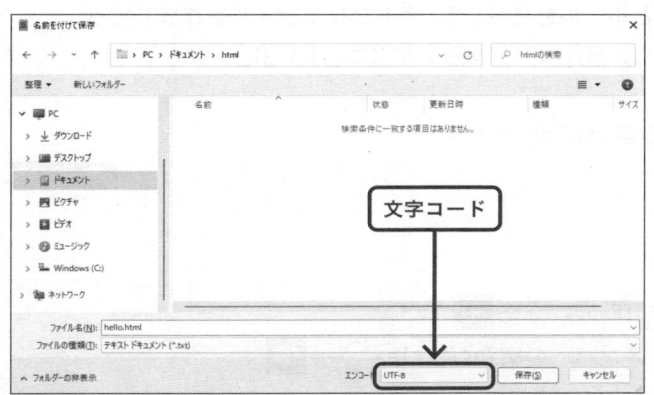

図1-8 HTMLファイルの保存時に文字コードを指定できる（メモ帳の場合）

column

文字コード

すべての文字には**文字コード**が割り当てられています。たとえば、「あ」の文
字コードは「1000001010100000」です。テキストファイルに「あ」を書いて保
存すると、実際にはこの「1000001010100000」が保存されます。そして文字を
表示するときは「1000001010100000」を「あ」に戻して表示しています。

どの文字にどの文字コードを割り当てるかを決めたルールを**文字コード体系**
（エンコード）といいます。日本語を表現する文字コード体系は複数存在します
が、「Shift_JIS」「Windows-31J」「EUC-JP」「UTF-8」が代表的です。多くのエ
ディタでは、ファイルの保存時にどの文字コード体系を使用するかを指定できま
す。本書では、近年の実質的な国際標準である「UTF-8」を使用します。

使用する文字コード体系が違えば、同じ「あ」でも適用される文字コードが異
なります。先述の「1000001010100000」はShift_JISの例です。EUC-JPの場合
は「1010010010100010」、UTF-8の場合は「111000111000000110000010」にな
ります。このため、**保存時と読み込み時に使用する文字コード体系が一致してい
ないと、正しく文字が表示されない現象、いわゆる「文字化け」が発生**します。

なお、文字コード体系は単に文字コードと一般的に呼ばれるので、本書でもそ
のように呼びます。

1.3.3 HTMLファイルの作成

　前項で紹介した手順とルールを意識して、各HTMLファイルを作成してみましょう。まずは湊くんの紹介ページからです（コード1-3）。

コード1-3 湊くんの自己紹介ページ

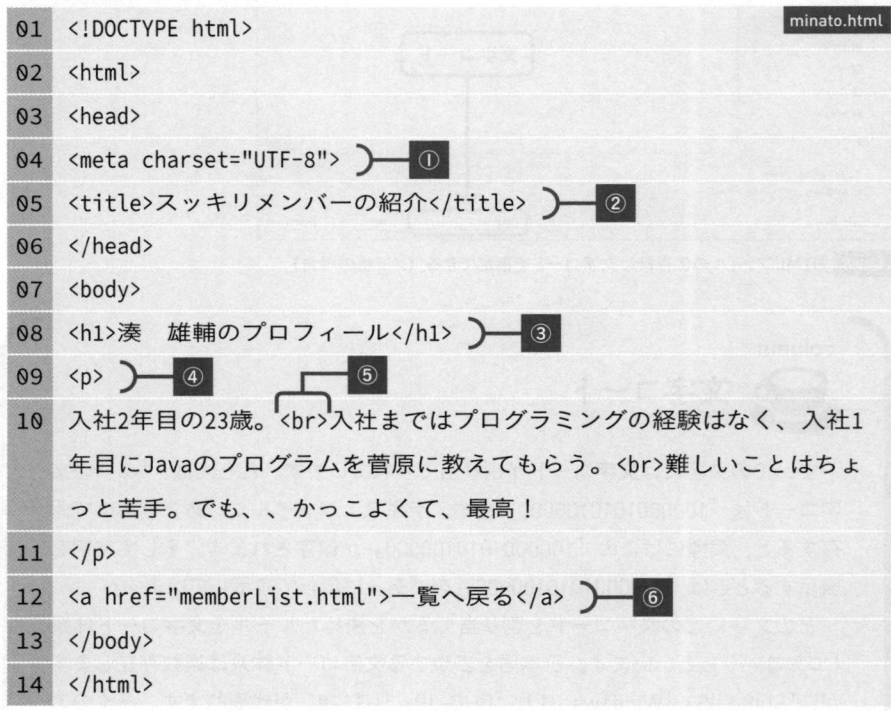

```
minato.html
01  <!DOCTYPE html>
02  <html>
03  <head>
04  <meta charset="UTF-8">              ─ ①
05  <title>スッキリメンバーの紹介</title>    ─ ②
06  </head>
07  <body>
08  <h1>湊　雄輔のプロフィール</h1>          ─ ③
09  <p>   ─ ④                ─ ⑤
10  入社2年目の23歳。<br>入社まではプログラミングの経験はなく、入社1
    年目にJavaのプログラムを菅原に教えてもらう。<br>難しいことはちょ
    っと苦手。でも、、かっこよくて、最高！
11  </p>
12  <a href="memberList.html">一覧へ戻る</a>   ─ ⑥
13  </body>
14  </html>
```

　このコードで使用しているタグ（コード中の①〜⑥）について、次に解説します。

①metaタグ（ブラウザの文字コード）

　HTMLファイルの文字コードを設定します。これにより、文字化けの可能性を減らせます。また、このタグは空要素なので終了タグを省略できます。

②titleタグ（タイトル）

Webページの**タイトル**を作成します。タイトルはブラウザのタブに表示されます。また、インターネット検索でのキーワードとして重視されます。

③h1タグ（見出し）

Webページの**見出し**を作成します。見出しには1（最上位）〜6（最下位）のランクを付与でき、タグ名の「h」に続けて記述する数値で指定します。たとえば、h1タグは最上位ランクの見出しです。ランクによって、重要度や表示される文字の大きさが変わります。

④pタグ（段落）

Webページ内に**段落**を作成します。1ページに複数の段落を作成できます。

⑤brタグ（改行）

文章を**改行**します。このタグを使わず、テキストファイルで文章を改行するようにHTMLファイルで単純に改行しても、ブラウザでは改行されません。また、このタグは空要素なので終了タグを省略できます。

⑥aタグ（ハイパーリンク）

Webページの大きな特徴である**ハイパーリンク**（単に「リンク」とも呼ばれる）を作成します。href属性にリンク先となるWebページのHTMLファイルを指定します。コード1-3（p.36）の12行目でリンク先に指定しているファイルはこの後で作成します。

よし、できた！　……はず。

　次に、開発メンバー一覧のWebページを作成します（次ページのコード1-4）。このファイルはコード1-3と同じフォルダに保存してください。

コード1-4 スッキリメンバー一覧ページ

memberList.html

```
01  <!DOCTYPE html>
02  <html>
03  <head>
04  <meta charset="UTF-8">
05  <title>スッキリメンバーの紹介</title>
06  </head>
07  <body>
08  <h1>スッキリメンバー一覧</h1>
09  <table border="1">              ①
10    <tr>                         ②
11      <th>名前</th>               ③
12      <th>年齢</th>
13    </tr>
14    <tr>
15      <td><a href="minato.html">湊　雄輔</a></td>    ③
16      <td>23</td>
17    </tr>
18    <tr>
19      <td>綾部　めぐみ</td>
20      <td>22</td>
21    </tr>
22    <tr>
23      <td>菅原　拓真</td>
24      <td>32</td>
25    </tr>
26  </table>
27  </body>
28  </html>
```

※ 表組を作成する9～26行は、字下げしてコードを見やすくしています。

ここで使用しているタグ（コード中の①〜③）について、次に解説します。

① table タグ

表組を作成します。枠線を表示したい場合は、border属性で1を指定します。表組は、行、見出しデータ、データから構成されており、それぞれを次の②、③のタグで作成します。

② tr タグ

表組内で行を作成します。必ずtableタグ内に書く必要があります。

③ th タグと td タグ

thタグは見出しデータ、tdタグはデータを作成します。これらのデータは表の枠（セル）内に表示されます。どちらも必ずtrタグ内に書きます。

1.3.4 Webページの表示

作成したHTMLファイルを保存できたら、ブラウザで読み込んで、Webページを表示させてみましょう。表示は、次のいずれかの方法で行えます。

- HTMLファイルをダブルクリックしてブラウザを起動する。
- ブラウザのメニューからファイルを開く（Google Chromeの場合、ファイルメニュー→ファイルを開く）。
- ブラウザを起動しておき、HTMLファイルをドラッグ＆ドロップする（ブラウザによってはできないものがある）。

よっしゃ、メンバー一覧のページが表示された！

あれ、僕の自己紹介ページは真っ白……。

Webページが表示されたら、図1-7（p.34）のような結果になるかを確認しましょう。もし、ページが空白になったり、文字化けしたりした場合は、次の1.3.5項と1.3.6項を参考に解決してください。

1.3.5 | 空白のWebページが表示される

表示されたWebページが空白の場合、HTMLの記述に誤りがあります。湊くんが書いたHTMLのどこが間違っているのでしょうか（コード1-5）。

コード1-5 湊くんの自己紹介ページ（間違いあり）

```
                                                              minato.html
01  <!DOCTYPE html>
02  <html>
03  <head>
04  <meta charset="UTF-8">
05  <title>スッキリメンバーの紹介<title>
06  </head>
07  <h1>湊　雄輔のプロフィール</h1>
08  <p>
09  入社2年目の23歳。…（中略）…でも、、かっこよくて、最高！
10  </p>
11  <a href="memberList.html">一覧へ戻る</a>
12  </body>
13  </html>
```

ミナト先輩はかっこよくも最高でもないから……。

それは関係ないだろ！　あっ、titleの終了タグに「/」を忘れてた。

</head>の後に、<body>も抜けてるよ。

湊くんのうっかりを含め、HTMLを学び始めた人がやりがちなミスを次にまとめました。空白のページが表示されたら参考にしてください。

やってしまいがちなミス

・**タグが正しく閉じられていない。**

```
<title>湊　雄輔のプロフィール<title>  →終了タグに「/」がない
```

```
<title>湊　雄輔のプロフィール</titl>  →タグのつづりの誤り
```

・**属性の間の半角スペースが全角になっている。**

```
<p align="center"□valign="top">こんにちは</p>
```

・**属性の半角ダブルクォーテーションが全角になっている。**

```
<p align="center">こんにちは</p>
```

1.3.6　文字化けしたWebページが表示される

あかん！　できてると思ってたけど、自分の自己紹介ページは
めちゃくちゃやわ！

文字化けだね。これもよくやってしまうから直し方を紹介して
おこう。

　作成したWebページを表示すると「文字化け」が発生する場合があります
（次ページの図1-9）。これは、HTMLの文字コードとブラウザが使う文字コー
ドの不一致が原因です（コラム「文字コード」、p.35）。

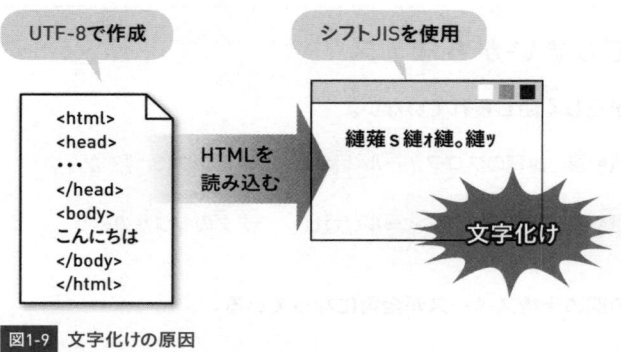

図1-9　文字化けの原因

　この不一致は、HTMLファイルの文字コードをブラウザに伝えていないことが原因です。metaタグを使用すればHTMLファイルの文字コードをブラウザに伝えられるので、忘れずに入れるようにしましょう（コード1-3の①、p.36）。

　また、metaタグで伝えた文字コードと、実際にHTMLファイルで使用する文字コードが一致している必要もあります。もし誤った文字コードを指定して保存してしまった場合は、正しい文字コードを指定して保存し直しましょう。多くのエディタの場合、ファイルメニューから「名前を付けて保存」を選択すれば、文字コードの指定をやり直せます（図1-8、p.35）。

metaタグを入れるのを忘れてたわ。

開発にミスはつきものだよ。ミスをした分だけ成長できるから、失敗を恐れずどんどんチャレンジしていこう！！

1.4 〈 HTMLリファレンス

よし。いい感じに私のプロフィールページもできたで。

文字化けを修正した綾部さんは、自己紹介のページを正しく作成できたようです（図1-10、コード1-6）。

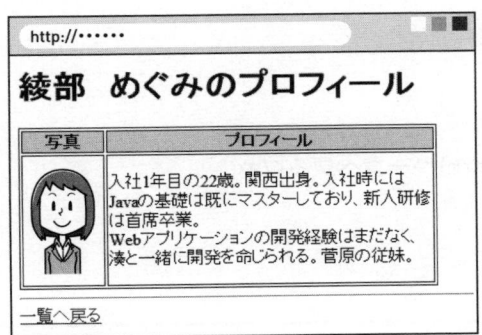

```
http://・・・・・・

綾部　めぐみのプロフィール

写真            プロフィール

[写真]   入社1年目の22歳。関西出身。入社時には
         Javaの基礎は既にマスターしており、新人研修
         は首席卒業。
         Webアプリケーションの開発経験はまだなく、
         湊と一緒に開発を命じられる。菅原の従妹。

一覧へ戻る
```

図1-10 綾部さんの自己紹介ページ（コード1-6の実行結果）

コード1-6 綾部さんの自己紹介ページ

ayabe.html

```html
01  <!DOCTYPE html>
02  <html>
03  <head>
04  <meta charset="UTF-8">
05  <title>スッキリメンバーの紹介</title>
06  </head>
07  <body>
08  <h1>綾部　めぐみのプロフィール</h1>
09  <table border="1" style="width:400px">
```

```
10   <tr bgcolor="silver">
11   <th>写真</th><th>プロフィール</th>
12   </tr>
13   <tr>
14   <td><img src="ayabe.jpg" width="75" height="100" alt="綾部めぐみ
     の写真"></td>
15   <td>
16   <p>入社1年目の22歳。関西出身。入社時にはJavaの基礎はすでにマスタ
     ーしており、新人研修は首席卒業。<br>Webアプリケーションの開発経
     験はまだなく、湊と一緒に開発を命じられる。菅原の従妹。</p>
17   </td>
18   </tr>
19   </table>
20   <hr>
21   <a href="memberList.html">一覧へ戻る</a>
22   </body>
23   </html>
```

すごい。画像を入れるとか、教えてもらっていないタグがある
けど、どうやったの？

文法が簡単だから、リファレンスで調べながら書きました。

　HTMLには多くのタグが用意されていますが、本書で扱うタグは基本的な
ものばかりです。ほかにどのようなタグがあるのか、**タグを使ってどんなこ
とができるのかなど**を調べるには、HTMLリファレンス（辞典）を利用しま
しょう。HTMLリファレンスには、次に挙げるような書籍やインターネット
上で公開されているWebサイトが多くあります。自分に合ったものを見つけ
ましょう。

『できるポケット Web制作必携 HTML&CSS全事典 改訂3版』

加藤善規（2022）インプレス

Webコンテンツの基盤技術であるHTMLやCSSについて、要素や属性、プロパティや設定値などを詳細に解説しています。

HTMLクイックリファレンス (http://www.htmq.com/)

HTMLの基本からリファレンスや色見本まで、豊富なサンプルとともに、初心者にもわかりやすく紹介しています。

なお、HTML5はすでに廃止されましたが、現在の仕様と大きな違いはなく、初学者が利用するには大きな支障はないでしょう（コラム「HTML5と HTML Living Standard」、p.48）。

---

column

 ## CSS と style属性

CSS（Cascading Style Sheet）とは、HTMLの要素をどのように表示するかを指定するための言語です。CSSを使うことでサイズ・色・枠線・文字の揃え方・余白といった見栄えに関するスタイルを詳細に指定できます。CSSはHTMLタグのstyle属性で次のように使用します（これ以外の方法もあります）。

<タグ style="CSSによるスタイル指定">…</タグ>

これを使用したのが図1-5（p.30）の段落の文字揃えです。このような見栄えに関する指定は、CSSを使わなくても、一部のHTMLタグに限っては属性で指定することもできます。たとえば、図1-5の段落の文字揃えは、pタグのalign属性でも指定できます（下記は中央揃えの例）。

…

しかし、このような属性による見栄えの指定は、現在のHTML規格ではほとんど使用できません（例外的にtableタグのborder属性などが残っているのみです）。そのため、Webページの見栄えはCSSで指示する必要があります。

1.5 この章のまとめ

HTMLによるWebページの作成

- HTMLはWebページを記述する言語である。
- ブラウザはHTMLファイルを読み込み、Webページを表示する。
- タグ（要素）でWebページの構成要素を作成し、設定する。
- タグには属性で補足的な情報を加えられる。
- DOCTYPE宣言、html、head、bodyタグを決められた構造で書く。

HTMLの基本的なタグ（表1-1再掲）

使う場所	タグ名	意味
文書全体	html	HTMLで記述された文書
html タグ内	head	Webページの情報
	body	Webページの本文
head タグ内	meta	文字コードの指定など
	title	タイトル
body タグ内	h1	見出し
	p	段落
	br	改行
	a	ハイパーリンク
	table	表組
table タグ内	tr	表組内の行
tr タグ内	td	表組内のデータ
	th	表組内の見出しデータ

1.6 練習問題

練習1-1

次の文章の（1）〜（9）に適切な語句を入れてください。

Webページの作成にはHTMLという言語を使用する。HTMLは　(1)　を使って、タイトルや段落、画像、リンクといったページの構成要素を作成できる。たとえば、段落を作成する場合は　(2)　、画像を作成する場合は　(3)　を使用する。また、　(1)　には　(4)　で補足的な要素を加えることができ、たとえばリンクの場合、リンクを表す　(5)　に　(6)　という　(4)　を加える必要がある。

HTMLの基本構造は、DOCTYPE宣言、htmlタグ、headタグ、bodyタグで成り立っている。このうち、ページに関する情報を書くのは　(7)　、ページの本体（画面に表示される内容）を書くのは　(8)　である。HTMLをWebページとして表示するには　(9)　というソフトウェアを使用する。

練習1-2

次の図のように、「菅原　拓真のプロフィール」（sugawara.html）というWebページを作成し、コード1-4（p.38）の「スッキリメンバー一覧ページ」（memberList.html）を変更して、ページ遷移ができるようにしてください。また、コード1-6（p.43）で作った「綾部　めぐみのプロフィール」（ayabe.html）についてもメンバー一覧ページから遷移できるようにしましょう。

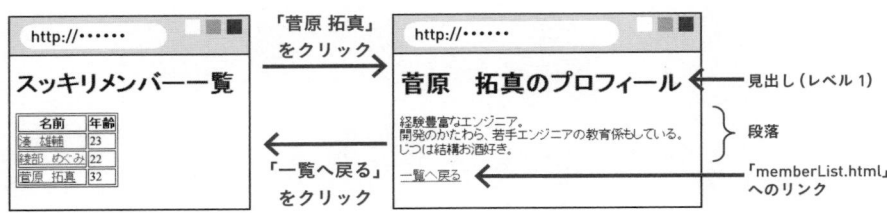

column

HTML5とHTML Living Standard

　現在、HTMLのただ1つの標準規格とされているのがHTML Living Standardです。しかし、2021年1月に廃止されるまで、長らくその役割を担っていたのがHTML5でした。

　HTML5は、前のHTML4が登場してからおよそ15年が経過した2014年に発表され、この間、Webサイトの主な目的は単なる情報の閲覧からWebアプリケーションの実行へと大きく広がりました。その実現のため、さまざまな技術が登場し、各ブラウザは独自に機能を拡張しました。それにより、機能が豊富で使いやすいWebサイトが数多く生まれましたが、特定のブラウザでしか意図どおりに動作しないといったブラウザ依存の弊害も発生し、利用者のみならず開発者にも大きな苦労をもたらしました。

　HTML5には、それまで開発者が苦労してきた部分の改善や、よく使う機能などが多く盛り込まれました。それには、タグの追加やCSS3、JavaScriptから操作可能な新しいAPIなども含まれます。これらを活用すれば、開発が容易になるだけでなく、Webアプリケーションをサーバではなくブラウザ上で動かせるため、Webアプリケーションのアーキテクチャに大きな影響を与えました。

　なお、HTML5までの規格を定めたのは、W3C（World Wide Web Consortium）というWebのしくみそのものを開発した人物が創設した組織でした。HTML Living Standardは、Apple、Mozilla、Operaの開発者たちが設立したWHATWG（Web Hypertext Application Technology Working Group）が策定しています。これまで2つの団体によっていくつかのバージョンが併存していたHTMLですが、HTML Living Standardに統一されたことで、シンプルで効率的なコードの記述、ブラウザ依存の抑制などのメリットも期待できるでしょう。

chapter 2
Web のしくみ

この章ではWebページと Web アプリケーションのしくみを
学びましょう。専門的な用語が多く登場するため、
少し難しく感じるかもしれません。
しかし、今後の学習の基礎となるものばかりなので、
しっかりと覚えましょう。

contents

2.1 Webページの公開

2.1.1 Webページを公開する方法

まずは、作ったWebページを公開してほかの人に見てもらうしくみについて学ぼう。

作成したWebページ（HTMLファイル）を公開するには、**Webサーバ**として機能するコンピュータが必要です。Webサーバは常時稼働してブラウザからのアクセス（要求）を待ち続けます。そしてブラウザからの要求が届くと、要求されたHTMLファイルなどWebページの中身をブラウザに送信します。

したがって、Webページを公開するには、**公開したいWebページのHTMLファイルをWebサーバに配置**しておきます。それにより、ユーザーはブラウザを使ってHTMLファイル（Webページ）をWebサーバに要求し、その内容を受け取って閲覧できるようになります（図2-1）。

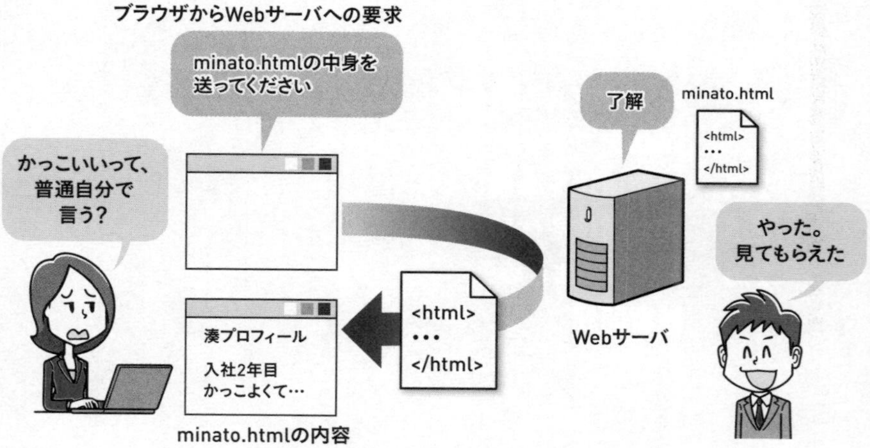
ブラウザからWebサーバへの要求
minato.htmlの中身を送ってください
かっこいいって、普通自分で言う？
了解
minato.html
<html>
・・・
</html>
やった。見てもらえた
Webサーバ
湊プロフィール
入社2年目
かっこよくて…
minato.htmlの内容

図2-1 Webサーバとブラウザ

ブラウザから Web サーバへの要求を**リクエスト**、Web サーバからブラウザへの応答を**レスポンス**といいます。

> この2つの用語はこれから何回も登場するよ。絶対覚えよう。

> 要チェックやね！！

2.1.2 リクエストに必要なもの

Web サーバに配置された HTML ファイルには、次のように、URL というWeb ページの住所が割り当てられます。

```
http://www.example.com/index.html
```
Web サーバのホスト名または IP アドレス　　　HTML ファイル名

Web ページの閲覧者は、見たい HTML ファイル（Web ページ）がどれなのかを、URL を使ってブラウザに指示します（図2-2）。

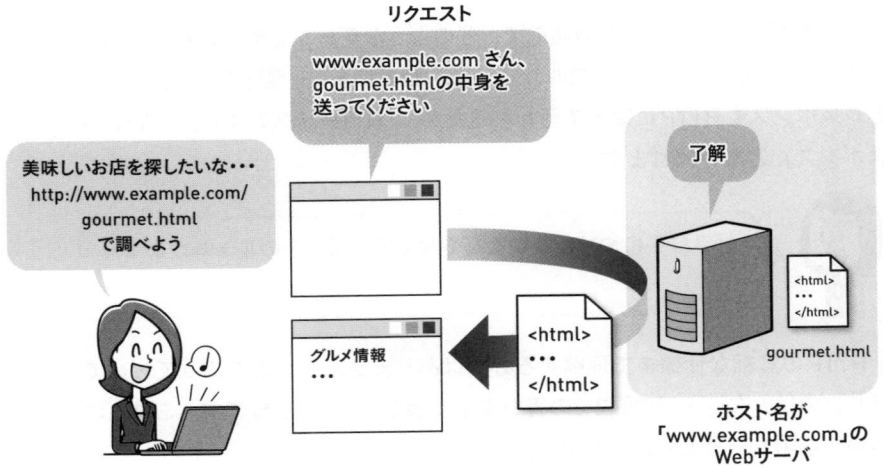

図2-2 URL を使って閲覧したい Web ページをリクエストする

2.2 Webを支える通信のしくみ

2.2.1 HTTPとは

僕たちがWebページを見ている裏では、ブラウザとWebサーバががんばっていたのか！

普段ブラウザを使ってさまざまなサイトを見ているとき、ブラウザとWebサーバの間でどんなやりとりがされているか、その舞台裏も紹介しておこう。

　ブラウザとWebサーバ間の通信のしくみを知っておくと、この後のWebアプリケーション開発に役立つので、少し詳しく学習しておきましょう。

　ブラウザとWebサーバは、実際には次ページの図2-3に示すように「GET /index.html HTTP/1.1」や「HTTP/1.1 200 OK」といった文字列を送り合っています。

　ブラウザとWebサーバ間の通信で、どのようなデータをやりとりするかは、HTTPというルール（プロトコル）で決められています。図2-3のリクエストとレスポンスもHTTPに従って行われるため、「HTTPリクエスト」「HTTPレスポンス」とも呼ばれます。

好き勝手にやりとりするんやなくて、話し方のルールがあるんやね。

　HTTPの詳細な仕様まで理解する必要はありませんが、まず知っておいてほしいのは、次ページの図2-3の青い文字で表した3つの部分です。これらについて次項から詳しく説明します。

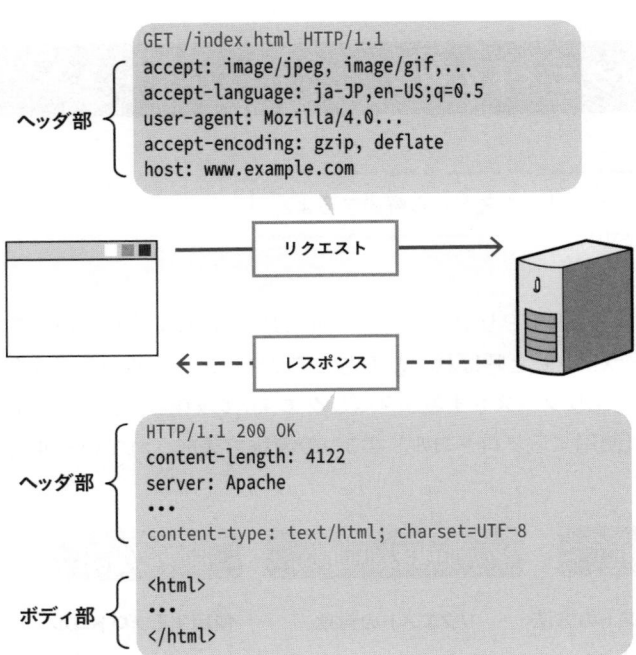

図2-3 リクエストとレスポンスは文字列のやりとり

うわ、難しそう……。

大丈夫、全部を理解する必要はないよ。

column

HTTPのバージョン

HTTPにはバージョンがあり、図2-3はバージョン1.1の例です。HTTP/2では、テキストデータではなくバイナリデータでやりとりするなど、通信の効率化が図られています。さらに、2022年6月に標準化されたHTTP/3では、これまでと同等の信頼性を確保しつつ、より高速な通信を実現するしくみを取り入れ、リアルタイム性が求められる時代に即した進化を遂げています。

2.2.2 リクエストの中身

> まず、リクエストから解説するよ。

　図2-3（p.53）の「HTTPリクエスト」の1行目に注目してください。これは「リクエストライン」と呼ばれ、どの方法でリクエストするか？（リクエストの方法）、何をリクエストするか？（リクエストの対象）、どのプロトコルを使うか？（使用するプロトコル）の3つの情報で構成されています（図2-4）。

リクエストの方法　　**リクエストの対象**　　**使用するプロトコル**

図2-4　リクエストラインの構成

　この中で最も重要なのは最初の「リクエストの方法」です。リクエストの方法はいくつかあり、どのようなことをWebサーバに要求するかによって使い分けます。図2-4は**GETリクエスト**の例です。GETリクエストは、WebサーバからWebページの情報を取得するときに使用するリクエストメソッドです。

　GETリクエスト以外にも**POSTリクエスト**というリクエスト方法もあります。これは、アンケートフォームなどのユーザーが入力した情報をサーバに送りたい場合に使用します。詳しくは第5章で紹介しますので、ここでは名前だけ覚えておいてください。

　なお、リクエストの方法は、**リクエストメソッド**とも呼ばれます。

2.2.3 レスポンスの中身

　次に、図2-3の「HTTPレスポンス」を見てください。レスポンスで注目する行は2つあります。まずは1行目です。これは「ステータスライン」と呼ばれ、「リクエストを受けてWebサーバが動作した結果」が表示されています（次ページの図2-5）。

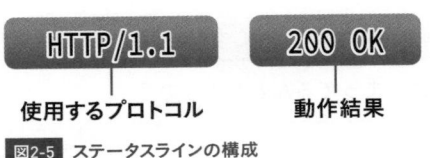

使用するプロトコル　　　**動作結果**

図2-5 ステータスラインの構成

ステータスラインの「200」は「問題なく処理されました」という結果を示すコードです。これを**ステータスコード**（またはHTTPステータスコード）といいます。右の「OK」は補足メッセージです。HTTPでは非常に多くのステータスコードが定義されていますが、これから目にする機会があるのは主に次のコードです（表2-1）。

表2-1 主なステータスコードと補足メッセージ

ステータスコードと補足メッセージ	意味
200 OK	リクエストが成功した
404 Not Found	リクエストされた対象が見つからない
405 Method Not Allowed	リクエスト対象が、使用したリクエストメソッドを許可していない
500 Internal Server Error	サーバ内部でエラーが発生した

今の段階では表の内容を細かく理解する必要はありません。**Webサーバは、リクエストされた結果どうなったかをステータスコードという数値で返すこと**を知っておいてください。第3章以降でエラーを解決するのに役立ちます。

レスポンスの2行目以降は、「ヘッダ部」と「ボディ部」に分かれます（図2-3、p.53）。ヘッダ部にはWebサーバがブラウザに送ったレスポンスに関する情報が、ボディ部にはレスポンスのデータの本体が記述されています。

HTMLのheadタグとbodyタグに似ているね。

ここで注目してほしいのが、ヘッダ部の最終行にある「content-type: ・・・」です。これを**content-typeヘッダ**といい、ボディ部が何のデータであるかを示しています。

え、そんなのHTMLに決まってるんとちゃうの？

　Webサーバは、HTMLだけでなく、画像や動画、PDFなど、さまざまな
データをレスポンスできます。つまり、ブラウザが受け取るデータはHTML
とは限らないので、データの中身（コンテンツ）がどんな種類なのかという
情報がなければ、ブラウザは正しくデータを読み取れません。

　そこで「content-typeヘッダ」が必要になります。ブラウザはボディ部よ
りも先にヘッダ部を読み取るので、content-typeヘッダの内容からボディ部
が何のデータなのかがわかるわけです（図2-6）。

■HTMLをレスポンスする場合

content-type: text/html; charset=UTF-8

　　　　　　　　　　　　　　　　　　　HTMLの文字コード

■JPEGをレスポンスする場合

content-type: image/jpeg;

図2-6　content-typeヘッダ

今から〇〇を送るよー、と伝えているわけやね。

宅配便の伝票に書く「品名」みたいだね。

今後作るプログラムでは、content-typeヘッダを自分で設定す
るよ。

2.3 Webアプリケーションの しくみ

2.3.1 Webアプリケーション

Webページを見るだけでも、いろいろなデータをやりとりしてるんだなぁ。

そうだね。そのしくみを活用してWebアプリケーションを作るんだよ。

　それでは、いよいよWebアプリケーションについて解説していきます。これから学習する**Webアプリケーションとは、アプリケーションをWebサーバで公開し、ブラウザで実行できるようにしたもの**です。それには、これまで解説したHTTPのしくみを利用します。

毎日使っている検索やショッピングサイトもWebアプリケーションなんやね。

　Webアプリケーションが動作した結果、表示される画面がWebページです。検索やショッピングサイトなどで表示されるWebページは、Webサーバ上に配置されたWebアプリケーションの実行結果をHTMLとして作成し、それをブラウザにレスポンスすることで実現しています（次ページの図2-7）。
　Webアプリケーションは、インストールが必要な一般的なアプリケーションと違い、ブラウザ経由で実行できるので、ユーザーはブラウザと通信環境さえあればWebアプリケーションを利用できます。

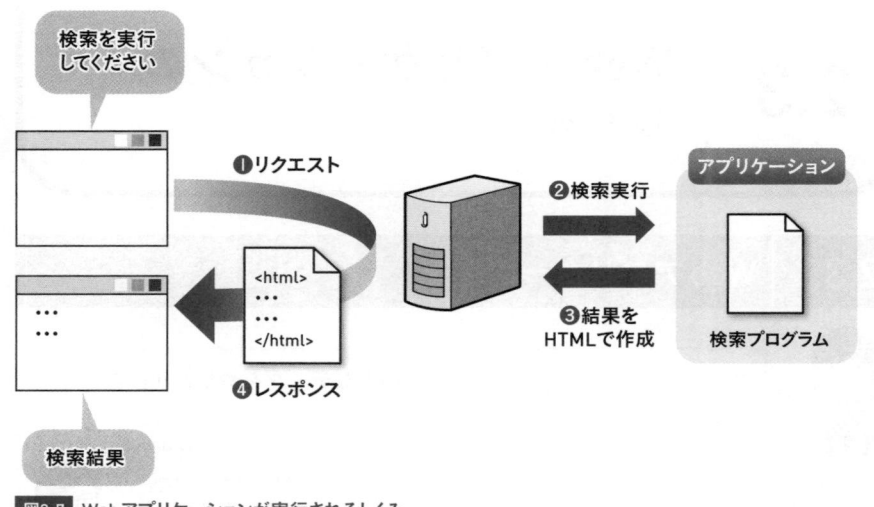

図2-7 Webアプリケーションが実行されるしくみ

2.3.2 | サーバサイドプログラム

Webアプリケーションの中核となるのが**サーバサイドプログラム**と呼ばれるプログラムです。

サーバサイドプログラムは、ブラウザのリクエストによってサーバ上で動作し、その実行結果をHTMLでレスポンスします。ユーザーは、ブラウザを通して、サーバサイドプログラムの実行と結果表示を繰り返し、Webアプリケーションを利用します（次ページの図2-8）。

サーバサイドプログラムのしくみを実現する技術はいくつかありますが、Javaで開発する場合には、「サーブレット」や「JSP」という技術を使用します。

2.3.3 | サーブレットとJSPによるWebアプリケーション開発

サーブレットとは、Javaを用いてサーバサイドプログラムを実現する技術です。ブラウザから実行できる「サーブレットクラス」という特別なクラスを使用して、サーバサイドプログラムを実現します。

JSPもまた、Javaを用いてサーバサイドプログラムを実現する技術です。サーブレットクラスではなく「JSPファイル」というプログラムを使用します。

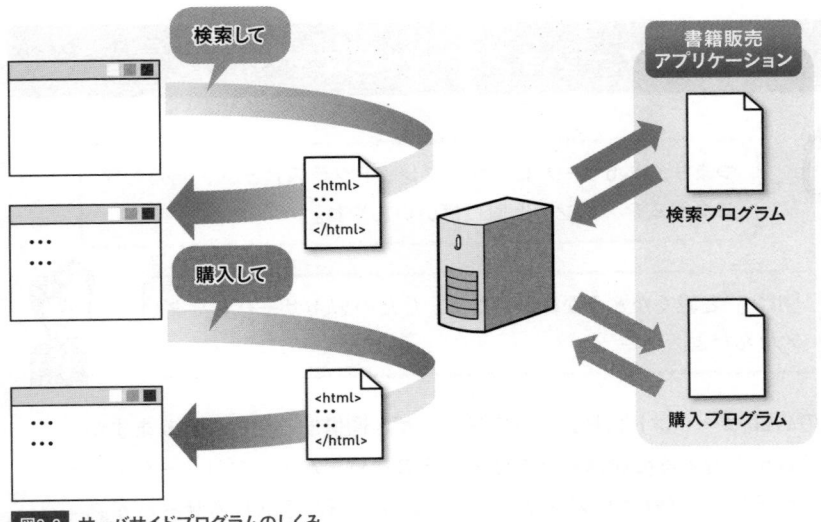

図2-8 サーバサイドプログラムのしくみ

　図2-8の検索や購入のプログラムは、サーブレットであれば「サーブレットクラス」、JSPであれば「JSPファイル」になります。

　用いる技術によって完成したプログラムの種類は異なりますが、どちらを使っても実現できることはほぼ同じです。なぜなら、**JSPファイルは、実行するとサーブレットクラスに変換される**からです。

やれることが同じなら、2つある意味がないんちゃう？

とてもいい疑問だね。その答えは後で明らかになるから、頭の片隅に残しておいてほしい。

　綾部さんと同じ疑問を抱いた人もいるかもしれません。その謎は以降の章で徐々に解けますので、この章では「Javaによるサーバサイドプログラムの実現には2つのやり方がある」ことをまずは覚えておきましょう。なお、「サーブレットクラス」を「サーブレット」、「JSPファイル」を「JSP」と呼ぶ場合もあります。

2.3.4 アプリケーションサーバとは

つまり、Webサーバに「サーブレットクラス」というJavaのプログラムを「ポン」と置けばいいんやね。

「ポン」と置くかどうかはともかく、ただのWebサーバじゃダメなんだよ。

通常のWebサーバはHTTPを使ってブラウザと通信する機能がありますが、プログラムを実行する機能はありません。そのため、Webアプリケーションを動作させるには、**（Web）アプリケーションサーバ**と呼ばれるサーバが必要です。このサーバはWebサーバの機能に加えて、プログラムを実行する機能（実行環境）を持っています。

特にサーブレットクラスの実行環境は**サーブレットコンテナ**といいます。JavaでWebアプリケーションを開発するには、このサーブレットコンテナの機能を持つアプリケーションサーバが必要です。

つまり、本書におけるアプリケーションサーバとは、Webサーバの機能とサーブレットクラスを実行する機能（サーブレットコンテナ）を持つサーバを指します（以降、単に「サーバ」と表記することもあります）。

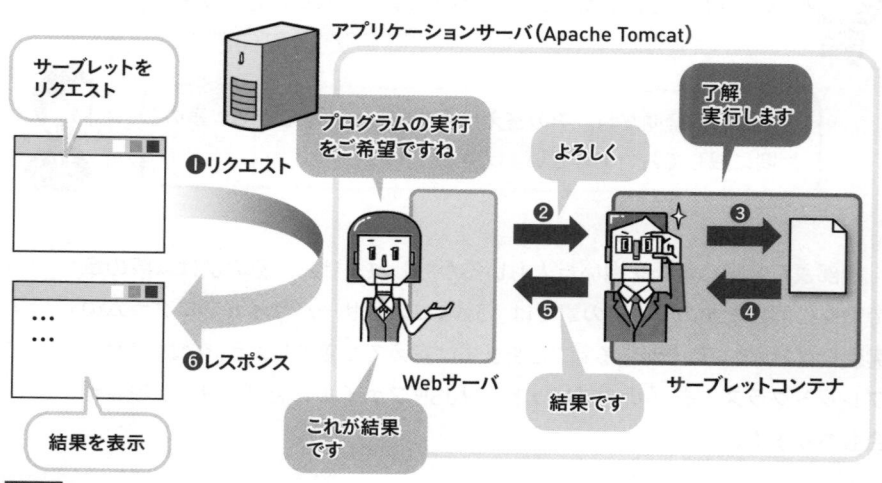

図2-9 アプリケーションサーバの機能

アプリケーションサーバって、どうやって用意したらいいんやろ？

コンピュータにアプリケーションサーバソフトウェアをインストールして実行すれば、そのコンピュータをアプリケーションサーバとして使用できます。表2-2に代表的なアプリケーションサーバソフトウェアを挙げます。

表2-2 代表的なアプリケーションサーバソフトウェア

製品名	開発元
Apache Tomcat（オープンソース）	Apache ソフトウェア財団
Jetty（オープンソース）	Eclipse 財団
WebSphere Application Server（商用製品）	IBM 社
Oracle WebLogic Server（商用製品）	オラクル社

　本書では、Apache Tomcatをインストールし、図2-9（p.60）のような動作を実現する環境を準備します（詳しい手順は次節で解説）。このソフトウェアは無料で使用できるため、個人の学習や企業研修などでよく利用されています。

無料なのはありがたいけど、Apache Tomcat以外を使うことになったら、また勉強し直さないといけないのかな。

　湊くんの心配はもっともです。確かに、導入するアプリケーションサーバソフトウェアによって設定方法や使用方法は異なりますが、サーブレットやJSPの文法は標準化されており、**基本的にどのアプリケーションサーバを用いたとしても学んだ文法にもとづいて開発ができるので**、安心して学習してください。

お疲れさま。これでWebアプリケーション開発に必要な知識の学習は終わったよ。ちょっと難しかったかな？

確かに難しく感じる部分もありました。でも、これでやっとプログラムを作れますね。

うん。でも、その前に開発環境を整えないとね。

column

Apache Tomcat

　Apache Tomcatは、学習用としてだけでなく、実際にサービスを提供する現場でも高いシェアを占めています。その最大の魅力はコストです。無料で利用できるので、商用のアプリケーションサーバを利用するよりも、構築と保守のコストを大幅に抑えられます。

　機能面では、商用のアプリケーションサーバに比べて劣るところもありますが、その分シンプルで扱いやすく、動作も速いというメリットがあります。不足している機能はほかの製品を組み合わせて補えるので、シンプルなシステム構成でスタートして、必要に応じて拡張して運用できます。

column

アプリケーションサーバソフトウェアの呼び方

　表2-2（p.61）に挙げたようなアプリケーションサーバーソフトウェアと、サーブレットコンテナ、アプリケーションサーバのそれぞれの用語は、厳密には意味が異なります。しかし、アプリケーションサーバソフトウェアを用いれば、サーブレットコンテナの機能を備えたアプリケーションサーバを構築できるため、アプリケーションサーバソフトウェアを「サーブレットコンテナ」または「アプリケーションサーバ」とおおまかにまとめて呼ぶ場合があります。

2.4 開発環境を準備しよう

2.4.1 開発に必要なもの

開発環境の準備か……。なんだか大変そうだなあ。

大丈夫！　たった1つのソフトウェアをインストールするだけ
だよ。それだけで開発をスタートできるんだ。

　開発環境はPleiades（プレアデス）というソフトウェアをインストールすればすべて揃い
ます。Pleiadesとは、統合開発環境Eclipse（イクリプス）に、開発に便利な機能（プラグ
イン）を加え、さらにWebアプリケーションサーバApache Tomcatをセッ
トにしたものです。

「とうごうかいはつかんきょう？」「いくりぷす？」

　「統合開発環境」とは、開発に関わるツール（コンパイラ、デバッガなど）
とエディタを統合したソフトウェアです。IDE（Integrated Development
Environment）とも呼ばれます。そして、Webアプリケーションの開発現場
でよく使用されている代表的な統合開発環境がEclipseです。
　EclipseのようなIDEを使用しなくてもWebアプリケーション開発はでき
ますが、非常に手間がかかるため、効率の良い開発のためにIDEを使用する
のが一般的です。

ただでさえ便利な Eclipse をより便利にしたのが Pleiades ってとこやね。

Pleiades ＞ Eclipse ＋ プラグイン ＋ Apache Tomcat なんだね。

だいたいそんな感じだね。Pleiades は多くの企業でも利用されているよ。

2.4.2 開発の準備をする

必要なものがわかったところで実際に準備をしましょう。それには、次の作業を行います。

① Pleiades のインストールと Eclipse の起動
② 動的 Web プロジェクトの作成

動的 Web プロジェクトの**プロジェクト**とは、アプリケーションなどのひとまとまりのものを入れる Eclipse の単位です。プロジェクトにはいくつかの種類があり、Web アプリケーションのためのプロジェクトを**動的 Web プロジェクト**といいます。動的 Web プロジェクトの中に Web アプリケーションを構成するプログラムなどを格納します。難しく考えずに、**動的 Web プロジェクト＝ Web アプリケーション**であると理解すればよいでしょう。Web アプリケーションを 1 つ作成するごとに動的 Web プロジェクトを作成します。まずは、練習用の動的 Web プロジェクトを作成しましょう。

> **注意 動的 Web プロジェクト名とアプリケーション名**
> Eclipse では、特別な設定をしない限り、動的 Web プロジェクトの名前がアプリケーション名として利用されます。そして、この名前は、この後で作成するサーブレットや JSP などを実行するための URL の一部として利用されます (p.68)。

動的Webプロジェクト

動的Webプロジェクトは、原則1つのWebアプリケーションを表し、
以下を格納できる。
- **サーブレットクラス、JSPファイル**
- **通常のJavaのクラスファイル**
- **HTMLファイル、CSSファイル、画像ファイルなど**

sukkiri.jp（p.4）に掲載されているWeb付録を参照して、①〜②の手順を
行ってください。完了後、Eclipseの画面が図2-10のようになれば、正しく
準備できています。

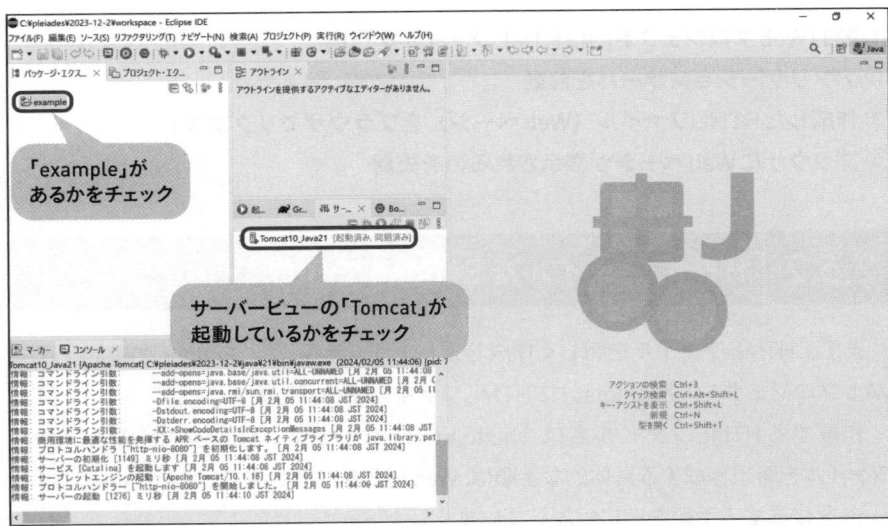

図2-10 開発準備が整った状態（Eclipse画面）

さあ、これでWebアプリケーション開発の準備は整いました。あとは、楽
しみながら学習していきましょう！

2.5 〉 開発環境を体験しよう

2.5.1 体験する内容

次章からWebアプリケーションの開発を始めます。その前に、インストールした開発環境を体験して手慣らしをしましょう。

Webアプリケーション（動的Webプロジェクト）内にHTMLファイルを作成し、それをブラウザでリクエストしてWebページを表示してみます。その手順は次のようになります。

① 動的WebプロジェクトにHTMLファイルを作成
② アプリケーションサーバを起動
③ 作成したHTMLファイル（Webページ）をブラウザでリクエスト
④ ブラウザにWebページが表示されるのを確認

2.5.2 HTMLファイルをEclipseで作成

まず、HTMLファイルを新しく作成しましょう（手順①）。Eclipseの動的Webプロジェクト「example」にHTMLファイルを作成します。

作成するHTMLファイル名は「hello.html」にします。EclipseでHTMLファイルを新規作成する具体的な手順は、Web付録を参照してください(hello.htmlを作成する手順を例に解説しています)。

Eclipseで作成したHTMLファイルには、あらかじめHTMLの基本構造が記述されています。したがって、私たちはゼロからHTMLを書く必要はありません。titleタグとbodyタグの内容を変更すればよいだけです（次ページのコード2-1の青字部分）。ここでは、bodyタグに任意の内容を書きましょう。

コード2-1 Eclipse が作成した HTML の内容を変更

```
                                              hello.html (src/main/webapp ディレクトリ)
01  <!DOCTYPE html>
02  <html>
03  <head>
04  <meta charset="UTF-8">
05  <title>Hello,HTML</title>        title タグの内容を変更
06  </head>
07  <body>
08  こんにちはHTML！！               body タグの内容を変更
09  </body>
10  </html>
```

2.5.3 アプリケーションサーバを起動

　HTMLファイルが作成できたら、インストールしたApache Tomcatを起動します（手順②）。これにより現在操作しているコンピュータがアプリケーションサーバとなり、ブラウザからのリクエストに応えることが可能になります。

　Web付録を参照してアプリケーションサーバを起動しましょう（すでに起動していた場合は必要ありません）。

2.5.4 HTMLファイルのリクエストとURL

　アプリケーションサーバが起動したら、次に、手順①で作成したHTMLファイルをブラウザからリクエストしてみましょう（手順③）。このとき、HTMLファイルのアイコンをダブルクリックすると、第1章で行ったように、HTMLファイルをただ開くだけになってしまいます（1.3.4項）。ここでは、**アプリケーションサーバ上のHTMLファイルをリクエストするために、ブラウザでURLを指定します**。

　Webアプリケーション（動的Webプロジェクト）内のHTMLファイルをリクエストするURLは次の形式になります。

```
http://<サーバのホスト名>/<アプリケーション名>/<webappからのパス>
```

※ webappは動的Webプロジェクト内にあるディレクトリ名。
※ Eclipseの場合、通常、アプリケーション名は動的Webプロジェクト名と同一となる（p.64）。

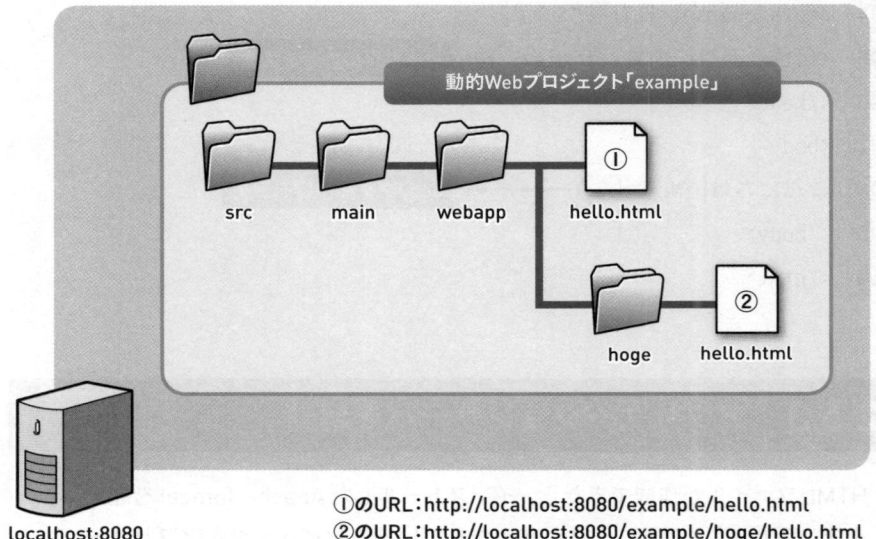

localhost:8080

①のURL：http://localhost:8080/example/hello.html
②のURL：http://localhost:8080/example/hoge/hello.html

図2-11 HTMLファイルのURL

　本書の環境のように、**ブラウザと同じコンピュータにリクエストする場合、リクエスト先のサーバのホスト名は「localhost」とします**（図2-11）。

「localhost」の後ろにある「:8080」って何だろう。

　ホスト名に続いて「:」とともに書かれた数値はポート番号と呼ばれます（コラム「ポート番号」、p.69）。「localhost:8080」とひとまとまりで覚えてしまいましょう。

　今回作成したHTMLファイルのURLは、図2-11の①で示したものになります。このURLをブラウザに入力してリクエストし、作成したWebページが表示されたら成功です（手順④）。

　結果としてブラウザにWebページが表示されるだけですが、表示までの流

れが、第1章で操作した内容とは異なります（図2-12）。

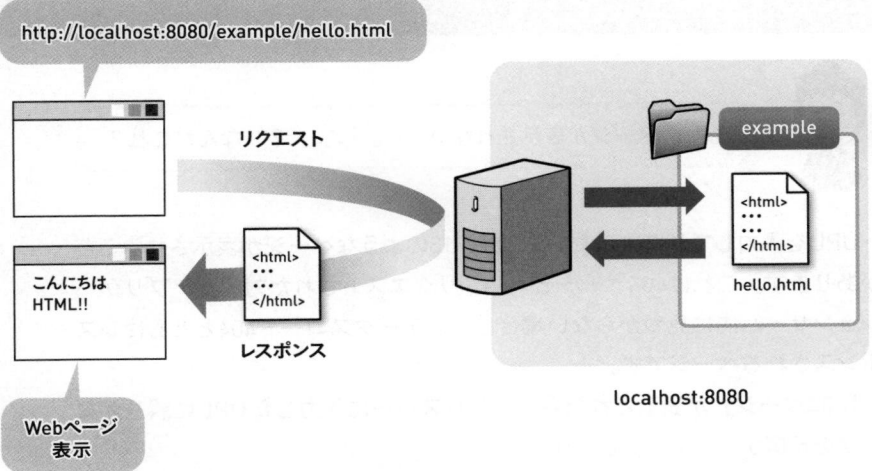

図2-12 Webアプリケーション内のWebページ表示の流れ

第1章ではWebサーバを利用せず、ブラウザにHTMLファイル
を直接渡して、Webページを表示していたんだ。

column

ポート番号

　ポート番号は、リクエスト先のコンピュータ内のどのソフトウェア（サービス）
にリクエストするかを表す数値です。たとえるならば、localhostは住所、8080
は宛名です。本書で使用するTomcatには8080というポート番号がデフォルト（初
期値）で設定されているので、「localhost:8080」は「自分自身のコンピュータに
あるTomcatにリクエストする」という意味になります。
　ポート番号を指定しない場合、ブラウザは80が設定されたサービスにリクエス
トするので、Tomcatのポート番号を8080から80に変更すると、ホスト名に
「localhost」と指定するだけでリクエストできるようになります。

2.5.5 404ページ

あれ、ページが表示されない……。「404」？　なんだこれ？

　URLを入力してリクエストすると図2-13のようなページが表示されることがあります。これは404ページといい、リクエストされた対象がアプリケーションサーバ内に見つからない場合に、ステータスコード404とともにレスポンスされるページです。

　「404ページ」が表示されたら、アドレスバーに入力したURLに誤りがないかを見直すようにしましょう。

```
http://••••••
HTTPステータス 404 - /example/Hello.html
type ステータスレポート
メッセージ /example/Hello.html
説明 The requested resource is not available.
```

図2-13　404ページ

ミナト先輩、「Hello.html」じゃなくて「hello.html」ですやん。

ホントだ。「404ページ」は存在しないファイルをリクエストしてますよって知らせてくれるエラーなんだね。

　「404ページ」以外にも、「405ページ」や「500ページ」など、何らかの問題が発生したことを示すページがあり、これらのページが表示されたときは、問題を解決する必要があります。巻末の「エラー解決・虎の巻」（付録A、p.441）を参考にしながら解決してください。

段

段

段

段

段

段

段

段

段

段

段

段

段

段

段

段

段

2.5.6 | Eclipse の実行機能

プログラムを作ったあとに、毎回ブラウザのアドレスバーに
URL を入力するのってめんどうだなぁ……。

ははは。そう言うと思ったよ。Eclipse の機能を利用すれば、もっ
と手軽に実行できるんだ。

　Eclipse の実行機能を利用すると、HTML ファイルを簡単にリクエストで
きます。Web 付録を参照して試してみましょう。この機能は、「サーバを起
動→ブラウザを起動→URL を入力」の手順を自動で行ってくれます。
　なお、この機能は、この後の章で学習するサーブレットクラスや JSP ファ
イルのリクエストにも利用できます。

Eclipse の実行機能による利点

・HTML ファイルなどを簡単にリクエストできる。
・サーバ起動→ブラウザ起動→URL 入力の手順が自動化される。

すごい！　楽チンだ！

せっかくの Eclipse の機能だからね。使えるようになろう。

2.5.7 | 問題解決に「虎の巻」を活用しよう

さあ、これでサーブレットの勉強に進めるぞ！

おっと、その前に。うまくいかないときの対処方法を伝えておくよ。

　以降の章からは、サーブレットクラス、JSPファイルといったプログラムを学習していきますが、さきほどの「404ページ」のように思うような結果にならない場面に遭遇するでしょう。

　Webアプリケーションには、Java、HTML、アプリケーションサーバなど複数の要素が絡むため、うまくいかないときの原因究明が難しいという問題があります。たとえば、プログラムだけを見直しても、解決につながらない可能性もあります。

Webアプリの技術自体はそんなに難しくない。Webアプリの難しさは、問題解決にあるんだよ。

　そこで、**初心者がよく遭遇するトラブルとその一般的な解決方法を「エラー解決・虎の巻」**として巻末にまとめました。トラブルが発生したら、ぜひ役立ててください。

2.6 この章のまとめ

Webページ公開のしくみ

- ブラウザはWebサーバにHTMLファイルをリクエストする。
- WebサーバはリクエストされたHTMLファイルの内容をレスポンスする。
- URLはブラウザのリクエスト先を表す。

リクエストとレスポンスのしくみ

- リクエストにはGETリクエストやPOSTリクエストがある。
- レスポンスでは、リクエストの処理結果を表すステータスコードとレスポンスするデータの種類を表すcontent-typeヘッダが送信される。

Webアプリケーション

- Webアプリケーションは、ブラウザを使って実行できるアプリケーションである。
- Webアプリケーションの中核となるのがサーバサイドプログラムである。
- サーバサイドプログラムを実現する技術としてサーブレットやJSPがある。
- アプリケーションサーバはWebサーバ機能に加えプログラム実行機能を持つ。
- サーブレットの実行環境を特にサーブレットコンテナという。

Webアプリケーション開発環境

- サーブレットやJSPの開発には、EclipseなどのIDEを用いるのが主流である。
- Eclipseにプラグインを加え、Apache Tomcatを同梱したものがPleiadesである。
- WebアプリケーションはEclipseの動的Webプロジェクトとして作成する。

2.7 練習問題

練習2-1

次の文章の（1）～（12）に適切な語句を入れてください。

Webページを公開するには (1) というコンピュータにHTMLファイルを配置し、ブラウザを使って要求する。どの (1) のどのHTMLファイルを要求するかを指定するのに使用されるのが (2) である。

ブラウザが (1) に要求することを (3) という。 (3) には、いくつかの方法があり、代表的なものは (4) と (5) である。また、 (1) がブラウザの (3) に応えることを (6) といい、応答するデータの種類を表す (7) と処理結果を表すステータスコードを、ヘッダ部を使って送信する。この (1) とブラウザのやりとりは (8) というプロトコルで決められている。

Webアプリケーションはブラウザで実行できるアプリケーションで、その中核となるのがサーバサイドプログラムである。Webアプリケーションには、 (1) にサーバサイドプログラムを実行する機能（環境）を備えた、 (9) というコンピュータが必要となる。特にJavaによるサーバサイドプログラムを (10) と呼び、 (10) を実行できる環境を (11) という。

Javaによるサーバサイドプログラムには (12) と呼ばれる技術も存在するが、これは (10) に変換され、最終的には同じものとなる。

練習2-2

以下のHTMLファイルをリクエストするURLを答えてください。サーバ名は「localhost」、Apache Tomcatのポート番号は「8080」、動的Webプロジェクトの名前は「hoge」とします。

（1）webapp直下に保存されているfoo.html
（2）webapp直下のbarディレクトリに保存されているfoo.html

column

Webサーバとアプリケーションサーバの分離

　業務で使用される本格的なWebアプリケーションの場合、アプリケーションサーバ内でWebサーバの機能を利用するのではなく、Webサーバ専用機を別に用意して、アプリケーションサーバと連係させる方式がよく採られます。そのほうがWebアプリケーションの性能などを高められるからです。

　個人の学習用としては準備などに手間がかかるので、本書では1つのサーバとして利用します。実務での開発を目指す場合は、分離する方式もあると知っておくとよいでしょう。

column

hoge、foo、barの意味

　本書のところどころで登場する「hoge」「foo」「bar」が気になる人もいるかもしれません。これらは「メタ構文変数」と呼ばれ、特に意味は持たず、サンプルなどに名前を付けたい場合に使用されます。ざっくりいえば「○○」や「ほにゃらら」のようなものです。日本では「hoge」「piyo」「fuga」など、英語圏では「foo」「bar」「baz」などがよく使用されます。

　著者世代では有名な表記ですが、新入社員研修の受講者からはよく意味を問われます。どうやら若者のhoge離れが進んでいるようです。IT関係の技術書を読むとよく登場するので、知っておくとよいでしょう。

第II部

開発の基礎を
身に付けよう

Webアプリを作ってみよう

Webページを作るのって楽しかったなあ。

Eclipseが便利でびっくりしたわあ。

気に入ってもらえてよかった。じゃあ、余韻に浸るのはそれぐらいにしてサーブレットとJSPの学習に入ろうか。

いよいよやね！ 楽しみやわあ。Java、バリバリ書きまくるで。

はは。まずは基礎を固めるところからだよ。

第I部では、Webのしくみを学び、統合開発環境をインストールしました。これで、サーブレットとJSPによるWebアプリケーションを開発する準備が整い、いよいよ学習のスタートを切ることができます。第II部では、シンプルなWebアプリケーションを作りながら、サーブレットとJSPの基礎知識を身に付けていきましょう。

chapter 3
サーブレットの基本

さあ、サーブレットの学習のスタートです。
といっても、サーブレットの文法は数多くあるので、
一度にすべてはマスターできません。
まずは基本部分の「作って、実行！」を繰り返し、
楽しみながら学習していきましょう。

contents

3.1 サーブレットの基本と作成方法

3.1.1 サーブレットとは

さあ「サーブレット」の基本を学習しよう。リクエストするたびに結果が変わるようなWebページを作れるようになるよ。

サーブレット（Jakarta Servlet）はJavaを使ってサーバサイドプログラムを作るための技術です。私たちはサーブレットの文法に従い、**サーブレットクラス**を開発することで、アプリケーションサーバ上でそれらを実行できるようになります。**サーブレットクラスはブラウザからのリクエストで実行され、その実行結果をHTMLで出力します**。出力されたHTMLは、アプリケーションサーバによってブラウザにレスポンスされます（図3-1）。

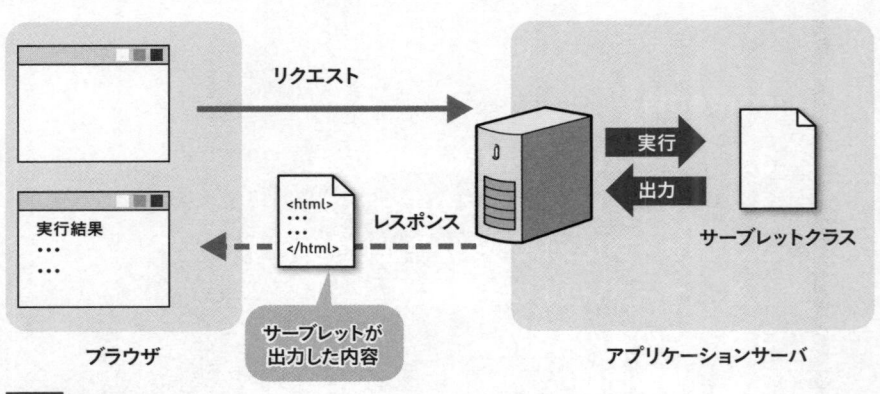

図3-1 サーブレットクラス

ブラウザからリクエストが届いたときに、HTMLファイルをその場で作って返すんやね。

3.1.2　サーブレットクラスの作成ルール

　サーブレットクラスは、通常のクラスと同様にクラス定義をして作成します。ただし、**サーブレットクラスを定義するには、いくつか守らなければならないルールがあります**。どのようにクラス定義をするか、基本的なサーブレットクラスの例としてコード3-1を見てみましょう。

コード3-1　サーブレットクラスの基本形

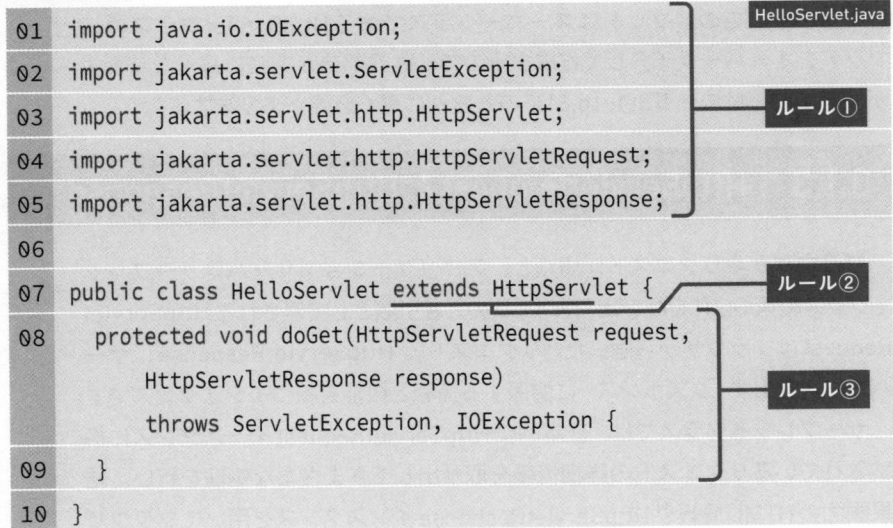

```
                                                        HelloServlet.java
01  import java.io.IOException;
02  import jakarta.servlet.ServletException;
03  import jakarta.servlet.http.HttpServlet;                    ルール①
04  import jakarta.servlet.http.HttpServletRequest;
05  import jakarta.servlet.http.HttpServletResponse;
06
07  public class HelloServlet extends HttpServlet {            ルール②
08    protected void doGet(HttpServletRequest request,
        HttpServletResponse response)                          ルール③
        throws ServletException, IOException {
09    }
10  }
```

　サーブレットでは以下の3つのルール（コード3-1の①〜③部分）に従ってクラス定義をします。これらは「お約束」なので難しく考えず、割り切って覚えましょう。しかも、Eclipseでは、これらの「お約束」があらかじめ自動で記述されますので、細かく覚える必要はありません。

ルール①　サーブレット関係のクラスをインポートする

　サーブレット関係のクラスは、主に「jakarta.servlet」と「jakarta.servlet.http」の両パッケージに入っています。コード3-1でインポートしているクラスは、サーブレットクラスを作成するために最低限必要なクラスです。

ルール② jakarta.servlet.http.HttpServlet クラスを継承する

HttpServlet クラスはサーブレットクラスの「もと」となるクラスです。このクラスを継承することで、サーブレットクラスという特別なクラスを一から作成する必要がなくなります。

ルール③ doGet メソッドをオーバーライドする

doGet()は、サーブレットクラスがリクエストされたときに実行されるメソッドです。いわば、サーブレットクラスの main メソッドと解釈すればよいでしょう。このメソッドはスーパークラスである HttpServlet クラスのメソッドをオーバーライドして作成するので、宣言部分が非常に長くなりますが、基本的にはコード3-1（p.81）のとおりに書く必要があります。

3.1.3 HttpServletRequest と HttpServletResponse

ブラウザからリクエストが届くと、アプリケーションサーバはサーブレットクラスのdoGet()を呼び出します。このとき引数として渡される HttpServletRequest はブラウザから届いた「リクエスト」、HttpServletResponse はサーバから送り出す「レスポンス」に関係する情報と機能を持つインスタンスです。

サーブレットクラスでは、基本的に HttpServletRequest インスタンスに格納されているリクエストの詳細情報を取り出してさまざまな処理を行い、結果画面の HTML 情報を HttpServletResponse インスタンスを用いてブラウザに送り返します。

Webアプリケーション特有の処理のほとんどは、この2つのインスタンスを用いて実現できます。いわば、Web アプリケーション開発の2大道具なのです（図3-2）。

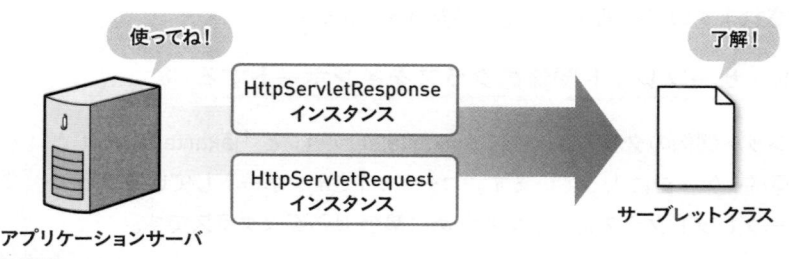

図3-2 HttpServletRequest と HttpServletResponse

3.1.4 | HTML を出力

> 次はHTMLの出力方法だ。これを理解すれば、実行結果をブラ
> ウザに表示できるようになるよ。

doGet()内には、リクエストによって実行する処理を記述します。どのような処理を書くかはアプリケーションにより異なりますが、**HTMLを出力する処理は必須**です。HTMLの出力はHttpServletResponseインスタンスを使用して、コード3-2のように記述します。

コード3-2 HTMLの出力（doGetメソッド内）

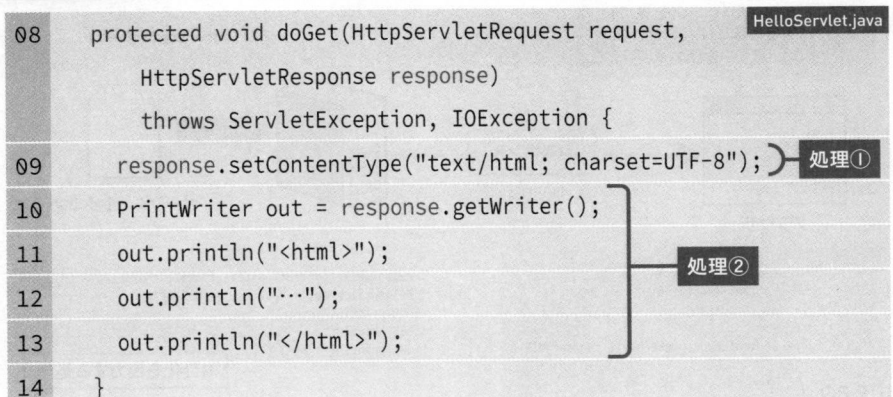

```
HelloServlet.java
08    protected void doGet(HttpServletRequest request,
         HttpServletResponse response)
         throws ServletException, IOException {
09       response.setContentType("text/html; charset=UTF-8"); ──処理①
10       PrintWriter out = response.getWriter();
11       out.println("<html>");                                  処理②
12       out.println("…");
13       out.println("</html>");
14    }
```

コード中に処理①、②と示した部分では、次のような処理を行っています。

処理① content-typeヘッダの設定

HttpServletResponseのsetContentTypeメソッドを使用して、レスポンスのcontent-typeヘッダ（p.55）を指定します。指定する内容は、サーブレットクラスが出力するデータの種類に合わせる必要があります。**HTMLを出力する場合は「"text/html; charset=HTMLの文字コード"」**とします。コード3-2は、文字コードが「UTF-8」のHTMLを出力した例です。

処理② HTMLの出力

　実行結果のHTMLを出力する処理です。**この処理を行うのはcontent-type ヘッダの設定後でなければなりません。**HttpServletResponseのgetWriter() で取得できるjava.io.PrintWriterインスタンス（importが必要）のprintln() で行います。これは、Javaを知る人にはおなじみのSystem.out.println()と 同じように使用できます。HTMLは、処理①のsetContentType()で設定した 文字コードで出力されます。なお、HTMLを出力する文字コードは、サーブ レットクラスファイル自体の文字コードには左右されません。

　以上の処理をまとめたものが図3-3になります。HTML出力の方法は、「お 約束」の集まりです。構文として覚えてしまいましょう。

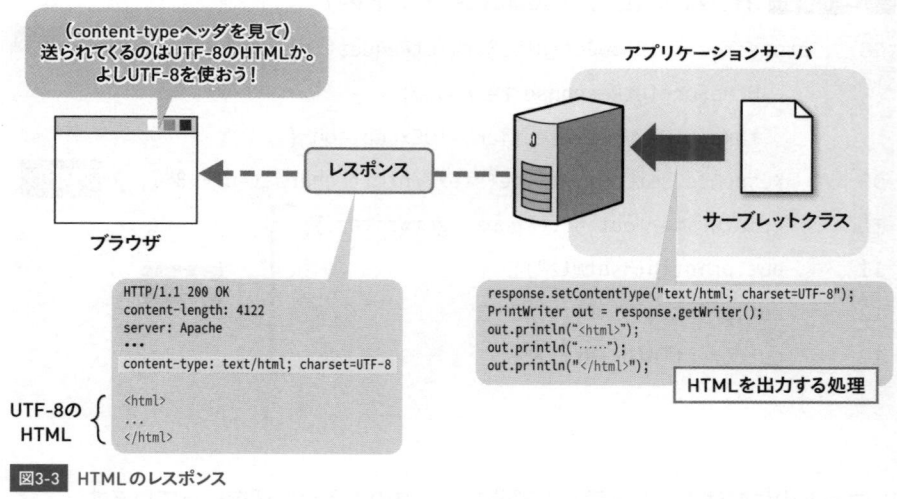

図3-3 HTMLのレスポンス

📖 A サーブレットクラスでHTMLを出力する

```
response.setContentType("text/html; charset=文字コード");
PrintWriter out = response.getWriter();
out.println("…");
```

※「java.io.PrintWriter」をインポートする必要がある。
※「response」はHttpServletResponseインスタンス。

084

3.1.5 サーブレットクラスのコンパイルとインスタンス化

　作成したサーブレットクラスを実行するには、通常のクラスと同様にコンパイルとインスタンス化が必要です。**コンパイルは、Eclipse を使用している場合、「上書き保存」すると自動で行われます。また、サーブレットクラスをリクエストするとアプリケーションサーバが自動的にインスタンス化するので、いずれも開発者が手動で行う必要はありません。**

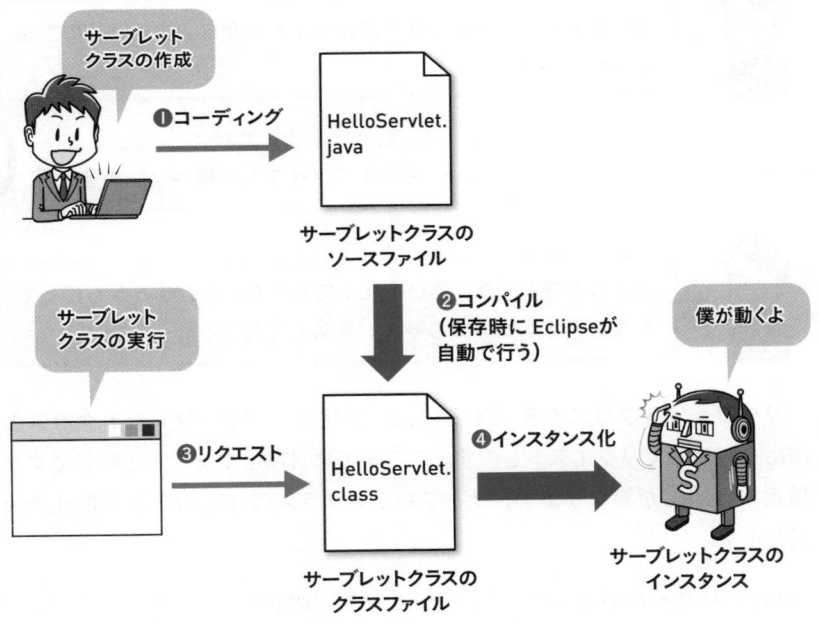

まず、サーブレットクラスを作成する（コーディング（**❶**）とコンパイル（**❷**）を行う）。
そして、ブラウザがサーブレットクラスをリクエストする（**❸**）と、
アプリケーションサーバがインスタンスを生成して実行する（**❹**）。

図3-4　サーブレットのコンパイルとインスタンス化

　サーブレットクラスを実行したとき実際に動くのは、アプリケーションサーバが生成したサーブレットクラスのインスタンスです。これをイメージしたのが図3-4の右下のキャラクターです（以降で登場する際は、もととなるサーブレットクラスの名前が併記されることもあります）。今後も活躍しますので注目してください。

3.2 サーブレットクラスの実行方法

3.2.1 サーブレットクラスのURL

 サーブレットクラスの作り方はわかったかな。次は実行の方法について学ぼう。

 えっ、HTMLファイルと一緒やないの？

 ちょっと違うんだ。違いを知っておかないと、せっかく作っても実行できないのでちゃんと理解しておこう。

　サーブレットクラスを実行するには、ブラウザでサーブレットクラスのURLを指定してリクエストします。ここまではHTMLファイルと同じですが、指定するURLが異なります。サーブレットクラスのURLは、次の形式で指定します。

```
http://<サーバ名>/<アプリケーション名>/<URLパターン>
```

　サーブレットクラスの場合、URLの最後の部分にはファイル名ではなく、URLパターンを指定します。URLパターンは、サーブレットクラスをリクエストするときに使う名前で、開発者が自由に設定できます。
　たとえば、「HelloServlet」というクラス名が付いたサーブレットクラスに「hello」というURLパターンを設定した場合、そのクラスをリクエストするURLは、次のようになります。

```
http://<サーバ名>/<アプリケーション名>/hello
```

> URLパターンは、サーブレットクラスのアダ名みたいなもんか。

　言い換えれば、**サーブレットクラスはURLパターンを設定しないとリクエストしても実行できません。**したがって、URLパターンの設定方法の理解が非常に重要になるのです。

3.2.2 │ URLパターンの設定

　サーブレットクラスのURLパターンは**@WebServletアノテーション**で設定します。**アノテーション**は、クラスやメソッドなどに関連情報を付加できる注釈のような機能です。アノテーションで付加された情報は、外部ツールから利用できます。

　サーブレットクラスに@WebServletアノテーションを加えると、アプリケーションサーバがそれを読み取り、URLパターンを設定します。

 @WebServletアノテーション

```
@WebServlet("/URLパターン")
```

※ URLパターンは「/」から始める。
※ jakarta.servlet.annotation.WebServletをインポートする必要がある。

　URLパターンには任意の文字列を設定できます。次ページのコード3-3は、サーブレットクラスHelloServletに「hello」というURLパターンを設定している例です。「/servlet/hello」と設定してURLの階層を増やしたり、「/hello.html」と設定してHTMLファイルのように見せたりもできます。

　もちろん、クラス名と同じにしても問題ありません。**Eclipseでサーブレットクラスを作成した場合、クラス名と同じURLパターンが自動で設定されます。**

コード3-3 URLパターンの設定

```
                                                          HelloServlet.java
01  import jakarta.servlet.annotation.WebServlet;
02      :
03  @WebServlet("/hello")
04  public class HelloServlet extends HttpServlet {
05      :
06  }
```

3.2.3 サーブレットクラスの実行

サーブレットクラスにURLパターンを設定したら、ブラウザからリクエストして実行できるようになります。ブラウザからリクエストする方法には、HTMLファイルをリクエストするときと同様に、次の2つの方法があります。

方法① ブラウザを起動してURLを入力する

ブラウザを起動し、サーブレットクラスのURLを入力してリクエストします（このとき、アプリケーションサーバを起動しておく必要があります）。

方法② Eclipseの実行機能を利用する

リクエストするサーブレットクラスを選択し、右クリックから「実行」→「サーバーで実行」を選択します（Web付録を参照）。これは、前章の2.5.6項で紹介した、Eclipseの実行機能によるHTMLファイルのリクエストと同じ方法です。

また、次のような方法もあります。

方法③ サーブレットクラスへのリンクをクリックする

次のように記述したリンクをクリックして、サーブレットクラスをリクエストします。

```
<a href="URLパターン">リンク文字列</a>
```

多くの場合、Webアプリケーションに対する最初のリクエストは、方法①や②によって実行されます。このリクエストに対するレスポンスのHTMLにはリンクが含まれていることが多く、ユーザーは以後、方法③を用いてページからページへと渡り歩くことになります（図3-5）。

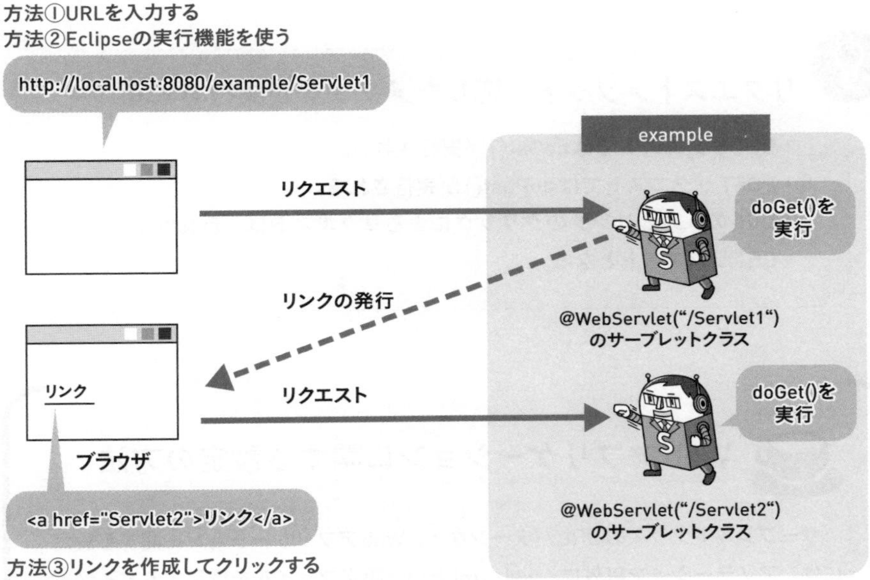

方法①URLを入力する
方法②Eclipseの実行機能を使う

http://localhost:8080/example/Servlet1

example

リクエスト

doGet()を
実行

リンクの発行

@WebServlet("/Servlet1")
のサーブレットクラス

リンク

ブラウザ

リクエスト

doGet()を
実行

<a href="Servlet2">リンク</a>

方法③リンクを作成してクリックする

@WebServlet("/Servlet2")
のサーブレットクラス

図3-5 サーブレットクラスを実行する3つの方法

なお、サーバにリクエストを送る方法としては、今回紹介した3つのほかに、第5章で解説する「フォーム」を使って実行する方法もあります。

3.2.4 リクエストメソッドと実行メソッド

URLの入力、またはリンクのクリックでサーブレットクラスをリクエストした場合、doGetメソッドが実行されます。しかし、サーブレットクラスは常にdoGetメソッドを実行するとは限りません。

サーブレットクラスが実行するメソッドは、リクエストメソッド（2.2.2項）によって決まります。具体的には、GETリクエストされたらdoGetメソッドを、POSTリクエストされたらdoPostメソッドを実行します。

URLの入力、またはリンクのクリックでリクエストしたときは、ブラウザ

は自動的にGETリクエストを行います。そのため、図3-5（p.89）ではdoGet
メソッドが実行されていたのです。

doPostメソッドはdoGetメソッドと名前が異なるだけで、引数や戻り値、
throwsに記述する例外は同じです。POSTリクエストでサーブレットクラス
をリクエストする場面は、第5章で登場します。

リクエストメソッドに応じたメソッドが実行される

- GETリクエストではdoGet()が実行される。
- POSTリクエストではdoPost()が実行される。
- URLの入力とリンクのクリックによるリクエストは、自動的に
  GETリクエストとなる。

column

Webアプリケーションに関する設定の方法

サーブレットクラスのURLパターンなど、Webアプリケーションに関する設定
には、アノテーション以外に、web.xmlという設定ファイルを使用する方法があ
ります。これはサーブレットが誕生したときから存在する方法で、XML形式の設
定ファイルに設定情報を記述します。

一方、アノテーションを使用する方法は、サーブレットのバージョン3.0以降
から使用できます（サーブレットのバージョンについては付録B.1.3項を参照）。

3.3 サーブレットクラスを作成して実行する

3.3.1 Eclipseでサーブレットクラスを作成

> よし。お話はこれくらいにしてEclipseで実際に作ってみよう。
> せっかくだから、実行結果のWebページが毎回変わるようにするよ。

　Eclipseを使って簡単な占いを作成してみましょう。占いの結果はランダムなので、結果のWebページは実行のたびに変わります（図3-6）。

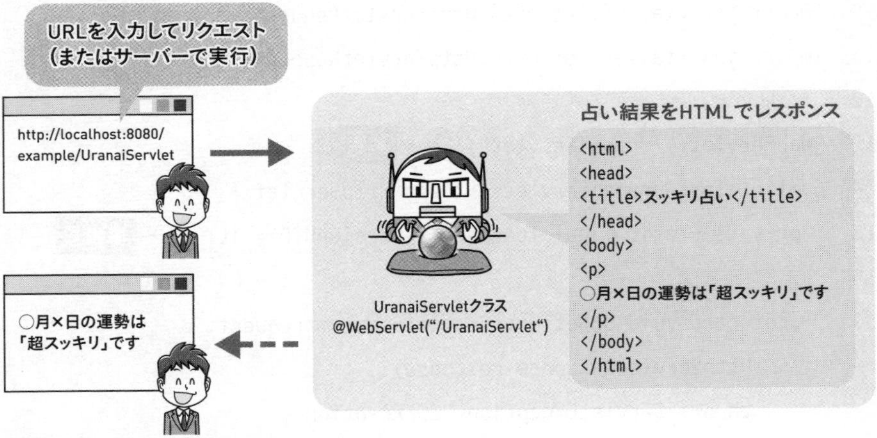

URLを入力してリクエスト（またはサーバーで実行）

http://localhost:8080/
example/UranaiServlet

占い結果をHTMLでレスポンス

```
<html>
<head>
<title>スッキリ占い</title>
</head>
<body>
<p>
○月×日の運勢は「超スッキリ」です
</p>
</body>
</html>
```

UranaiServletクラス
@WebServlet("/UranaiServlet")

○月×日の運勢は「超スッキリ」です

図3-6 サーブレットクラスで作成する占いプログラムの全体像

　サーブレットクラスのURLパターンは、クラス名と同じ「UranaiServlet」にします。Web付録を参考にして動的Webプロジェクト「example」にこのサーブレットクラスを新しく作成しましょう。

　Eclipseでサーブレットクラスを新規作成すると、インポートやアノテーションなどサーブレットクラスの「お約束」は自動で書かれます。コード3-4を参考にコードを追加し、サーブレットクラスを完成させてください（Eclipse

が記述するコメントは省略しています)。追加のimport文はEclipseが必要に応じて自動で記述してくれるので、主にdoGet()の処理内容を追加しましょう。

コード3-4 占い結果をHTMLでレスポンスするサーブレットクラス

```
01  package servlet;                                         UranaiServlet.java
                                                              (servletパッケージ)
02
03  import java.io.IOException;
04  import java.io.PrintWriter;
05  import java.text.SimpleDateFormat;         基本的にEclipseが自動で
                                              追加する
06  import java.util.Date;
07  import jakarta.servlet.ServletException;
08  import jakarta.servlet.annotation.WebServlet;
09  import jakarta.servlet.http.HttpServlet;
10  import jakarta.servlet.http.HttpServletRequest;
11  import jakarta.servlet.http.HttpServletResponse;
12
13  @WebServlet("/UranaiServlet")          解説①
14  public class UranaiServlet extends HttpServlet {
15      private static final long serialVersionUID = 1L;   解説②
16
17      protected void doGet(HttpServletRequest request,
            HttpServletResponse response)
            throws ServletException, IOException {
18          // 運勢をランダムで決定
19          String[] luckArray = { "超スッキリ", "スッキリ", "最悪" };
20          int index = (int)(Math.random() * 3);   補足①
21          String luck = luckArray[index];
22          // 実行日を取得
23          Date date = new Date();                         補足②
24          SimpleDateFormat sdf = new SimpleDateFormat("MM月dd日");
```

25	`    String today = sdf.format(date);`
26	
27	`    // HTMLを出力` 〕━━ 解説③
28	`    response.setContentType("text/html; charset=UTF-8");`
29	`    PrintWriter out = response.getWriter();`
30	`    out.println("<!DOCTYPE html>");`
31	`    out.println("<html>");`
32	`    out.println("<head>");`
33	`    out.println("<meta charset=¥"UTF-8¥" />");`
34	`    out.println("<title>スッキリ占い</title>");`
35	`    out.println("</head>");`
36	`    out.println("<body>");`
37	`    out.println("<p>" + today + "の運勢は「" + luck + "」です</p>");`
38	`    out.println("</body>");`
39	`    out.println("</html>");`
40	`  }`
41	`}`

解説①　URLパターン

Eclipseでサーブレットクラスを作成すると、URLパターンには「/クラス名」が自動的に設定されます。したがって、基本的にサーブレットクラスは下記のURLでリクエストできます。

```
http://<サーバ名>/<アプリケーション名>/<クラス名>
```

Eclipseによって設定されたURLパターンを変更する場合は、手動で書き直します。なお、EclipseがURLパターンを自動で設定するのは、サーブレットクラスを「新規作成」したときだけです。**既存のサーブレットクラスをコピーして作成、またはサーブレットクラスの名前を変更しても、URLパターンは変更されないので必要に応じて修正してください。動的Webプロジェクト内でURLパターンを重複させてしまうと、サーバが起動しなくなるため注意してください。**

サーブレットクラスの変更は @WebServlet アノテーションに反映されない

- サーブレットクラスを新規で作成した場合、Eclipse が @WebServlet アノテーションを自動で記述する。
- 既存のサーブレットクラスをコピーして作成、またはサーブレットクラスの名前を変更した場合、@WebServlet アノテーションは自動で変更されないので手作業で修正する。

解説②　serialVersionUID フィールド

Eclipse でサーブレットクラスを作成すると、このフィールドが定義されます。本書では考慮する必要はありません。

解説③　HTML の出力

33行目では、文字コードを指定する meta タグを出力するために、二重引用符（"）にエスケープ文字をつけています。エスケープ文字は、環境により円記号（¥）ではなく、バックスラッシュ（\）が表示される場合があります。

補足①　運勢をランダムに決定

java.lang.Math クラスの random() は、0〜1未満の値による乱数を返します。その戻り値を N 倍して int 型にキャストすると、0〜N−1の整数による乱数を取得できます。今回は0〜3未満の整数による乱数を取得して、運勢の判定に使用しています。

補足②　実行日の取得

java.util.Date のインスタンスを生成すると実行日時の情報が格納されます。java.text.SimpleDateFormat を使用すると、Date が持つ情報を指定したフォーマットで取得できます。今回は「MM月dd日」という形式で取得して、変数 today に代入しています。

3.3.2 | サーブレットクラスを実行

サーブレットクラスが定義できたら、実行しましょう。ブラウザを起動して「http://localhost:8080/example/UranaiServlet」と URL を入力するか、Eclipseの実行機能を使います（3.2.3項）。

正常に実行できた場合は、図3-7の左に示す成功例のようなWebページが表示されます。

成功例

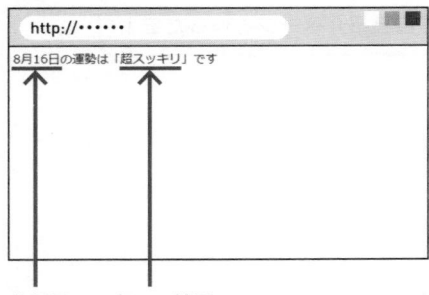

失敗例（500ページ）

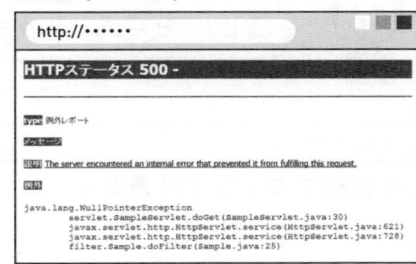

実行日　占いの結果
（ランダムに変わる）

図3-7 コード3-4の実行結果

> あれ？　HTTPステータス500って表示された……。

実行中に問題が発生した場合、アプリケーションサーバから、ステータスコード500とともにエラーページである500ページがレスポンスされます（図3-7右の失敗例）。

「500ページ」などのエラーページが表示された場合、ページに表示されているメッセージや「エラー解決・虎の巻」を参考にして解決しましょう。

多くの場合は例外の発生が原因ですが、ソースコードを修正する際には、陥りやすい落とし穴があります。次の節では、サーブレットクラスを作成するときに発生しやすい問題と対処方法を解説していますので、修正前に目を通しておきましょう。

3.4 サーブレットの注意事項

3.4.1 サーブレットクラスを変更するときの注意点

よし！　サーブレットクラスで自己紹介ページを作ったぞ！

```
http://・・・・・・

湊 雄輔は、かっこいい！最高！
```

図3-8　湊くんが作成したサーブレットクラスの実行結果

またや……。自分でかっこいいとか、ありえんわぁ。こっそり
変更しとこ！

コード3-5　湊くんが作成したサーブレットクラスのソースコードの抜粋

```
01    String name = "湊 雄輔";
02    // HTMLをレスポンス
03    response.setContentType("text/html; charset=UTF-8");
04    PrintWriter out = response.getWriter();
05    out.println("<!DOCTYPE html>");
06    out.println("<html>");
07    out.println("<head>");
```

```
08    out.println("<meta charset=¥"UTF-8¥" />");
09    out.println("<title>" + name + "のプロフィール</title>");
10    out.println("</head>");
11    out.println("<body>")
12    out.println(name + "は、かっこいい！最高！");
      out.println(name + "は、かっこいい？");
13    out.println("</body>");
14    out.println("</html>");
```

綾部さんが
勝手に変更

あっ、こらっ！

ほれっ、実行！……あれ？　変わってへん。

```
http://••••••
湊 雄輔は、かっこいい！最高！
```

図3-9 綾部さんが変更を加えた後の実行結果

　このように**ソースコードを変更して実行しても、実行結果に反映されない
場合があります。**この原因はサーブレットのしくみにあります。詳しくは第
11章で解説しますので、現時点ではこのような場合の対処方法を覚えておき
ましょう。

対処方法①　サーバを再起動する

　サーバを再起動すると変更は必ず結果に反映されます。サーバは手作業で
再起動できますが、**Eclipseの実行機能を使ってサーバの再起動を自動化で
きます。**

　Eclipseの実行機能を使用すると、サーバの再起動が必要な場合は次の図

3-10のような再起動を促すダイアログが表示されます。「OK」をクリックすると、サーバ再起動→リクエスト→実行という処理が自動で行われます（手作業でサーバを再起動する方法はWeb付録を参照してください）。

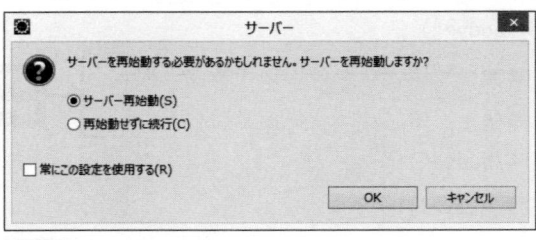

図3-10 サーバ再起動の確認メッセージ

対処方法②　しばらく待つ

Apache Tomcatのオートリロード機能が有効の場合、サーブレットクラスのソースコードを上書き保存して少し待つと、Eclipse画面下部の「コンソール」ビューに「情報: このコンテキストの再ロードが完了しました」と表示されます（図3-11）。このメッセージが表示されていれば、サーブレットクラスの変更が反映されています。ただし、**本書で使用するApache Tomcatでは、デフォルトでオートリロード機能が有効になっていません。** 有効にしたい場合は、Web付録を参照してください。

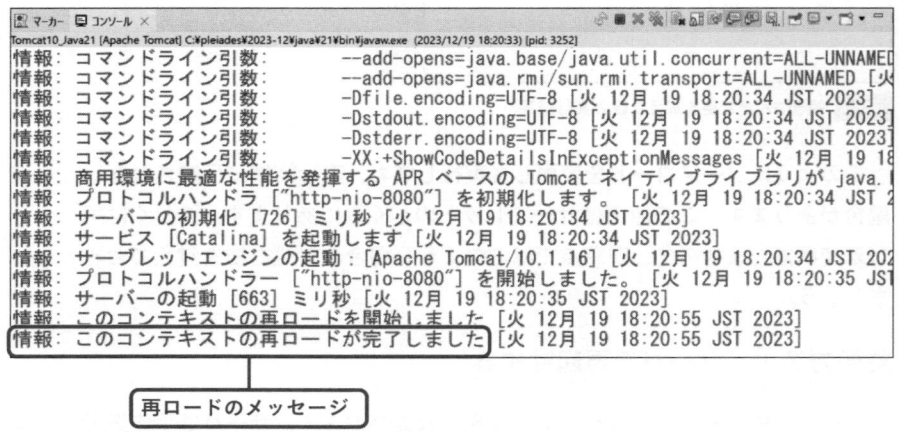

図3-11 サーブレットクラスの変更が反映されたときのメッセージ

3.4.2 たくさん作って実行しよう

よし。なんとなくわかったから、次いこかー。

ダメダメ。体で覚えるまでは先を急がないこと。

　サーブレットクラスを作成して動かす方法は、頭で理解するだけではなく、実際に作って実行できるようになりましょう。この時点でしっかり学習して身に付けておけば、第Ⅲ部以降の内容をスムーズに理解できるでしょう。湊くんが作った自己紹介ページのような簡単なものでよいので、Webページを出力するサーブレットクラスをたくさん作って体で覚えましょう。余裕があれば、「java.util.Date」などAPIのクラスも利用してみてください。

わざとエラーを発生させて、どんなエラーページやメッセージが表示されるかを確認しておくのも効果的だよ。

3.4.3 サーブレットクラスのAPIドキュメント

菅原さん、HttpServletResponseについて詳しく調べたくて、APIドキュメントを見ているんですが、見つからなくて……。

自分で調べるとは感心だね。実は、Java SEのAPIドキュメントには載っていないんだ。

　サーブレットはJava SEではなくJakarta EEの技術なので、Java SEのAPIドキュメントではなくJakarta EEのAPIドキュメントに掲載されています（Jakarta EEについては付録B.1.1項を参照）。

Jakarta EE API ドキュメント

https://jakarta.ee/specifications/platform/10/apidocs/

> あった。あれ？ HttpServletResponseってクラスじゃなくてインタフェースですよ。

実は、HttpServletResponseはクラスではなくインタフェースです。インタフェースからはインスタンスを生成できないので、本章で登場したHttpServletResponseインスタンスは厳密にいえば存在しません。

> えっ。じゃあ何なんですか。

> 「あるクラス」のインスタンスだよ。

HttpServletResponseインスタンスの正体は、HttpServletResponseインタフェースを実装した「あるクラス」のインスタンスです。「あるクラス」はアプリケーションサーバが裏で提供しているため、この「あるクラス」を開発者が意識する必要はありません。「あるクラス」はHttpServletResponseインタフェースを実装しているので、ざっくり捉えれば「HttpServletResponseクラス」として扱えます。よって本書では、「HttpServletResponseはクラスである」という表現をしています。

これは、HttpServletResponseだけでなく、そのほかのサーブレット関係のインタフェースでも同様です。たとえば、第8章で登場するHttpSessionも正体はインタフェースですが、HttpSessionクラスとして扱っています。

> つまり、あまり気にせず、クラスと思っておけってことですね。

3.5 この章のまとめ

サーブレットクラスの基本

- サーブレットクラスはブラウザからリクエストして実行できる。
- サーブレットクラスの実行結果は、一般的にはHTML（Webページ）である。

サーブレットクラスの定義

- jakarta.servlet.http.HttpServlet を継承する。
- doGet()をオーバーライドして処理を記述する。
- doGet()の引数である HttpServletRequest はリクエストに関する情報と機能を持つ。また、HttpServletResponse はレスポンスに関する情報と機能を持つ。

HTMLのレスポンス

- HttpServletResponse の setContentType()で content-type ヘッダを指定する。
- HttpServletResponse の getWriter()で取得した PrintWriter インスタンスを使ってHTMLを出力する。

サーブレットクラスの URL と URL パターン

- サーブレットクラスのURLは次の形式となる。
  http://<サーバ名>/<アプリケーション名>/<URLパターン>
- URLパターンは @WebServlet アノテーションを使って設定する。
- Eclipse は自動的にクラス名をURLパターンに設定する（新規作成時）。

サーブレットクラスの実行

- GET リクエストされた場合、doGet()が実行される。
- サーブレットクラスのソースコードを修正しても、すぐに実行結果に反映されないことがある。

3.6 練習問題

練習3-1

動的Webプロジェクト「lesson」内にある次のサーブレットクラスに対して、ブラウザからURL「http://localhost:8080/lesson/ex1」にリクエストして実行するために、①から④に適切な記述をしてください。

```java
// import文は省略
@WebServlet("①")
public class EX1 extends HttpServlet {
  protected void ②(HttpServletRequest request,
    HttpServletResponse response)
    throws ServletException, IOException {
    // UTF-8のHTMLをレスポンス
    response.setContentType("③");
    PrintWriter out = ④.getWriter();
    out.println("<html><body>Hello </body></html>");
  }
}
```

練習3-2

練習3-1の③部分で、誤った値として「ABCDE」を指定するようコードを修正してください。これを実行するとブラウザはどう動作したか、またなぜそのような動作になるか、「content-typeヘッダの意味」を含めて考えてください。

102

doPost( )からdoGet( )への転送パターン

　本章では、URLの入力とリンクのクリックによるリクエストはGETリクエスト
となり、doGet()が実行されることを紹介しました（3.2.4項）。しかし、GETと
POSTの両方のリクエストで同じ処理を実行したい状況もあります。その場合は、
次のようにdoPost()からdoGet()を呼び出せば、手軽に実現できます。

```
protected void doGet(HttpServletRequest request,
    HttpServletResponse response)
    throws ServletException, IOException {
  ...  ─── GET/POSTリクエスト共通の処理
}


protected void doPost(HttpServletRequest request,
    HttpServletResponse response)
    throws ServletException, IOException {
  doGet(request, response);  ─── doGet()を呼び出す
}
```

　なお、Eclipseでは、doGet()とdoPost()の両方にチェックを入れて作成を指示
した場合、上記のdoPost()の内容を自動で生成します。GETリクエストは情報の
取得、POSTリクエストは情報の登録という本来の役割を踏まえると、あまり好
ましい処理ではありませんが、学習や開発時の動作確認に限定した手段として
知っておきましょう。

chapter 4
JSP の基本

サーブレットの次はJSPの基本を学習しましょう。
JSPも Webアプリケーションを作成するのに
欠かせない知識です。
サーブレットの基本を学習したときと同様に、
JSPでも「作って、実行！」を繰り返して
身に付けていきましょう。

contents

4.1 〈 JSPの基本

4.1.1 JSPとは

> サーブレットってprintln()ばっかりで大変やな……。こんなん
> でかっこいいページを作ろうなんてムリやわー。

> 困っているようだね。そんなときは「JSP」を使うと楽にHTML
> を出力できるよ。

JSP（Jakarta Server Pages）は、サーブレットと同じ、サーバサイドプ
ログラムの技術です。サーブレットクラスの代わりにJSPファイルを使用し
ます（図4-1）。

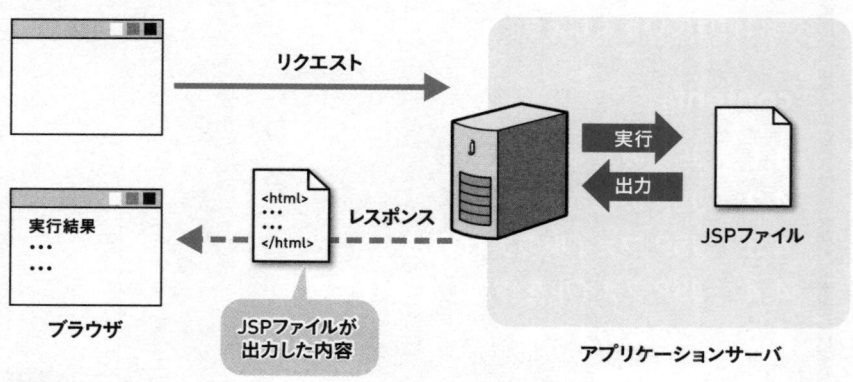

図4-1 JSPのしくみ

JSPファイルは、リクエストされるとサーブレットクラスに変換されるた
め、サーブレットクラスでできることはJSPファイルでも行えます（次ペー
ジの図4-2）。

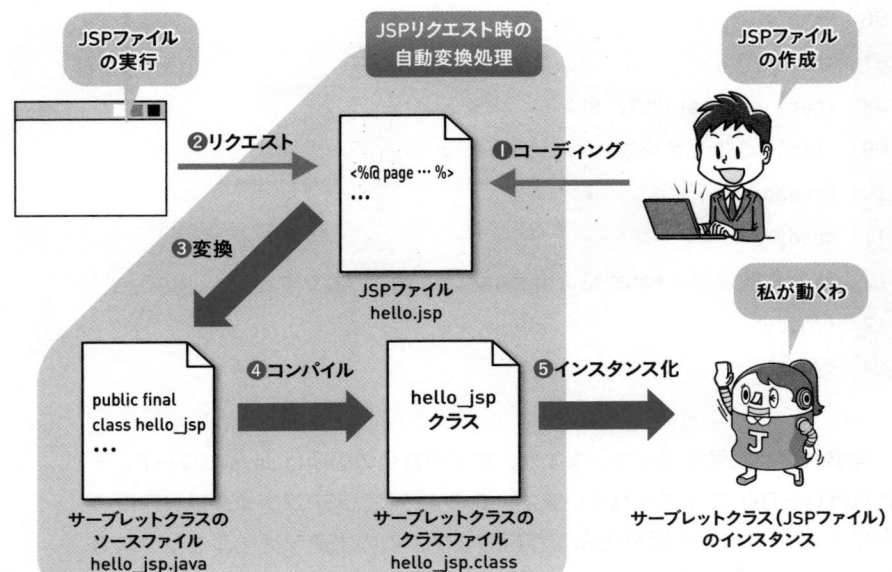

まず、JSPファイルをコーディング（❶）して作成する。ブラウザがJSPファイルをリクエスト（❷）すると、アプリケーションサーバがJSPファイルをサーブレットクラスに変換・コンパイルし（❸、❹）、そのインスタンスを生成して実行する（❺）。

図4-2 JSPファイルはサーブレットクラスに変換される

　図4-2右下のキャラクターは、JSPファイルを実行したとき実際に動くJSPファイルのインスタンスを表しています。図3-4（p.85）で紹介したキャラクター同様、これ以降の解説でひんぱんに登場します（キャラクターの下にファイル名がある場合は、もとになったJSPファイルを表します）。

　JSPファイルを使うと、とても楽にHTMLを出力できます。その秘密はJSPファイルの書き方にあります。次のコード4-1を見てください。

コード4-1 JSPファイルの例

```
01  <%
02  String name = "湊　雄輔";
03  int age = 23;
04  %>
05  <!DOCTYPE html>
```

```
06  <html>
07  <head>
08  <meta charset="UTF-8">
09  <title>JSPのサンプル</title>
10  </head>
11  <body>
12  私の名前は<%= name %>。年齢は<%= age %>才です。
13  </body>
14  </html>
```

　見慣れない記号を含んでいますが、文字が青色の箇所はJavaのコード、そ
れ以外はHTMLで記述されています。このように、**JSPファイルはHTMLの
中にJavaのコードを埋め込んで作成します**。このJSPファイルをリクエス
トして実行すると、次のコード4-2のHTMLが出力されます。

コード4-2 **コード4-1を実行して出力されるHTML**

```
01  <!DOCTYPE html>
02  <html>
03  <head>
04  <meta charset="UTF-8">
05  <title>JSPのサンプル</title>
06  </head>
07  <body>
08  私の名前は湊　雄輔。年齢は23才です。
09  </body>
10  </html>
```

　HTMLの部分はそのまま出力され、さらにnameとageは具体的な値で出
力されています。このように、JSPファイルを用いれば、サーブレットクラ
スのようにprintln()でHTMLを1つひとつ出力する必要はありません。

HTMLの出力がサーブレットクラスよりずっと楽で、素敵やわー。

JSPファイルの特徴

- リクエストして実行する。
- HTMLの中にJavaのコードを埋め込む。
- サーブレットクラスより楽にHTMLを出力できる。
- サーブレットクラスに変換され、サーブレットクラスと同じことができる。

column

JSPファイルから作成されるサーブレットクラスの場所

　Eclipseを使用している場合、JSPファイルから作成されたサーブレットクラスは、Eclipseワークスペース内の以下の場所にあります。

.metadata¥.plugins¥org.eclipse.wst.server.core¥tmp0¥work¥Catalina¥localho st¥プロジェクト名¥org¥apache¥jsp

　たとえば、JSPファイル「hello.jsp」を作成して実行した場合、サーブレットクラスのソースファイル「hello_jsp.java」と、それをコンパイルした「hello_jsp.class」が上記の場所に作成されます。**まれに、JSPファイルを修正したのに実行結果に反映されないなど、実行結果に問題が発生する場合がありますが、そのようなときは、このディレクトリの中身を削除すれば解消することがあります**（付録A.2.3項の**4**）。

注意　ソースコードの背景色について
　本書ではHTMLとJavaのコードを背景色で区別して表しています（Javaのほうがより濃い青色）。両方が登場するJSPファイルは、背景色でJavaの部分（JSPの要素）を見分けられます。

4.2 JSP の構成要素

4.2.1 JSP ファイルの構成要素

> まずは、前章で学んだサーブレットクラスと同じようなことを、JSP ファイルでも実現するための知識を身に付けよう。

　コード4-1（p.107）で見たように、JSP ファイルはHTMLとJavaのコードで構成されています。これらのJSPファイルを構成する要素には名前が付いており、HTMLで書かれた部分を**テンプレート**、Javaのコード部分を**スクリプト**と呼びます。

　これらを含め、JSP ファイルを構成する要素を表4-1にまとめました。スクリプトはスクリプトレット、スクリプト式、スクリプト宣言に分類できます。同様に、ディレクティブ、アクションタグも細かい要素に分けられます。そして、それぞれの要素の役割（行えること）には違いがあります。

表4-1 JSP ファイルを構成する要素

要素		本書での取り扱い
テンプレート		4.1 節
スクリプト	スクリプトレット	4.2.2 項
	スクリプト式	4.2.3 項
	スクリプト宣言	本書では扱わない
JSP コメント		4.2.4 項
ディレクティブ	page ディレクティブ	4.2.5 〜 4.2.7 項
	include ディレクティブ	
	taglib ディレクティブ	
アクションタグ	標準アクションタグ	第 12 章
	カスタムタグ	
EL 式		

ここからは、基本的なJSPファイルを作成する上で必要な要素である「スクリプトレット」「スクリプト式」「JSPコメント」「pageディレクティブ」について学習します（図4-3）。残りの要素は第12章で学びますが、スクリプト宣言は使用頻度が低いため、本書では扱いません。

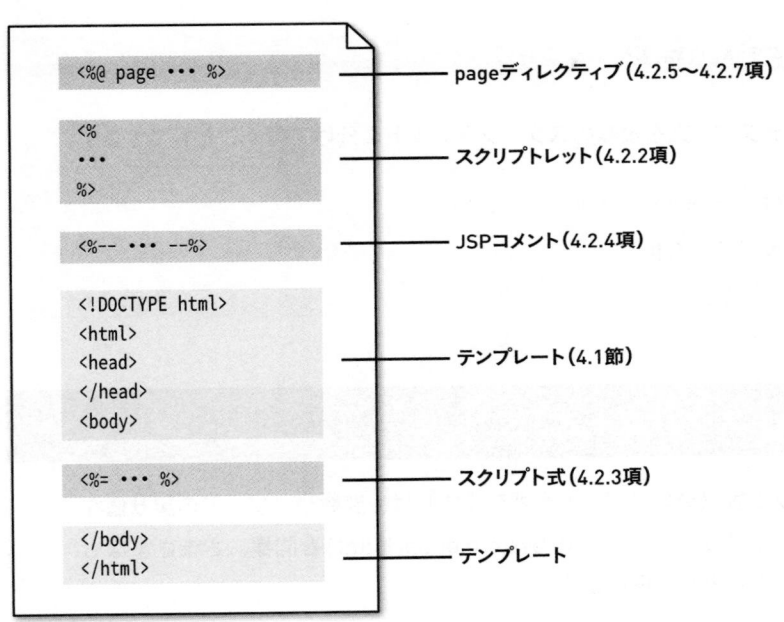

図4-3 基本的なJSPファイルの構成要素

4.2.2 スクリプトレット

　スクリプトレットは、JSPファイルにJavaのコードを埋め込むことができます。

🔖 **スクリプトレット**
　<% Javaのコード %>

　スクリプトレットは1つのJSPファイル内の任意の箇所に複数記述でき、ス

クリプトレット内で宣言した変数やインスタンスは、宣言した箇所以降に記述する同じ JSP ファイルのスクリプトレットで使用できます。

```
<% int x = 10; int y = 20; %>
...
<% int z = x + y; %>
```

また、for 文や if 文を複数のスクリプトレットに分けて書くこともできます。

```
<% for (int i = 0; i < 5; i++){ %>
  <p>こんにちは</p>
<% } %>
```

4.2.3 | スクリプト式

スクリプト式（単に「式」とも呼びます）は、変数やメソッドの戻り値などを出力できます。おなじみの System.out.println() と同様、さまざまなものを出力したいときに使います。

 スクリプト式

・基本構文

```
<%= Javaのコード %>
```

※ Javaのコードにセミコロンは不要。

・出力される内容

<%= 変数名 %> → 変数に代入されている値

<%= 演算式 %> → 演算結果

<%= オブジェクト.メソッド( ) %> →メソッドの戻り値

<%= オブジェクト %> → オブジェクト.toString( )の戻り値

4.2.4 JSP コメント

JSPコメントを使うと、JSPファイルにコメントを記述できます。コメントはプログラムをわかりやすく説明するために欠かせません。コメントの入れ方をぜひ覚えておきましょう。

JSP コメント

```
<%-- … --%>
```

ただし、スクリプトレット内にJavaとしてのコメントを記述する場合は、Javaの文法に従ったコメントを使用する必要があるので注意しましょう。

```
<%-- 変数宣言のサンプル --%> ──→ JSPコメント
<%
// 変数を宣言 ──→ Javaコメント
int x;
%>
```

4.2.5 page ディレクティブ

JSPファイルに対してさまざまな設定をするには、pageディレクティブを使います。

page ディレクティブ

```
<%@ page 属性名="値" %>
```

※ 属性の名前と設定する値を指定する。
※ 属性は半角スペースで区切って複数設定できる。

pageディレクティブで使用できる主な属性とその意味については、次の表4-2を参考にしてください。

表4-2　主なpageディレクティブの属性

属性名	設定内容	デフォルト値
contentType	レスポンスの content-type ヘッダ	text/html; charset=ISO-8859-1
import	インポートするクラスまたはインタフェース	java.lang.*
		jakarta.servlet.*
		jakarta.servlet.jsp.*
		jakarta.servlet.http.*
pageEncoding	JSP ファイルの文字コード	contentType 属性の指定に準じる
language	使用する言語	java

　この中でよく使用されるのはcontentType属性とimport属性です。まずはこれらを優先して覚えましょう。

4.2.6　pageディレクティブ － content-typeヘッダを指定

　JSPファイルもサーブレットクラス同様、出力する内容をcontent-typeヘッダ（p.55）で指定する必要があります。その指定を行うのがpageディレクティブのcontentType属性です。HTMLを出力する場合、次のように指定します。

 HTMLを出力するJSPファイルの設定

```
<%@ page contentType="text/html; charset=文字コード" %>
```

　たとえば、文字コードがUTF-8のHTMLをレスポンスする場合、次のように記述します。これはJSPファイルのお約束のようなもので、EclipseでJSPファイルを作成したら自動で記述してくれます。

```
<%@ page contentType="text/html; charset=UTF-8" %>
```

4.2.7 | pageディレクティブ － クラス、インタフェースをインポート

pageディレクティブのimport属性を使用すると、クラス（またはインタフェース）をインポートできます。構文と例文を挙げておきましょう。

 JSPファイルでのインポート

```
<%@ page import="パッケージ名.クラス名" %>
```

※ クラス名は「*」でも可。
※ 以下の4つのパッケージは自動でインポートされる。
　 java.lang、jakarta.servlet、jakarta.servlet.jsp、jakarta.servlet.http

例① 1つのpageディレクティブで単一のインポートをする場合

```
<%@ page import="java.util.Date" %>
<%@ page import="java.util.ArrayList" %>
```

例② 1つのpageディレクティブで複数のインポートをする場合

```
<%@ page import="java.util.Date, java.util.ArrayList" %>
```

例③ 1つのpageディレクティブでインポート以外も設定する場合

```
<%@ page contentType="text/html; charset=UTF-8" import="java.util.*" %>
```

なお、インポートするクラスはパッケージへの所属が必須なので、自作のクラスをインポートする場合はパッケージに所属させるのを忘れないようにしましょう。

JSPコメントとHTMLコメントの違い

HTMLにもコメントの構文があります。JSPファイルにはHTMLを記述できるので、次の書式でHTMLコメントも記述できます。

```
<!-- コメント -->
```

実行時に無視されるJSPコメントと異なり、HTMLコメントはそのままレスポンスされます。レスポンスされたHTMLコメントは、ブラウザのHTMLの表示機能を使えば見えてしまうので、内容はユーザーに見られる前提で考えましょう。

試しに、次のJSPファイルをリクエストして、レスポンスされるHTMLを確認してみてください。

```
<%-- JSPコメント --%>  ── レスポンスされない
<html>
<head>
<title>2種類のコメント</title>
</head>
<body>
<!-- HTMLコメント -->  ── レスポンスされる
hello
</body>
</html>
```

4.3 JSPファイルの実行方法

4.3.1 JSPファイルのURL

簡単なJSPファイルなら、なんとか書けるような気がします。

では次に、書いたJSPファイルを実行する方法を紹介しよう。

　JSPファイルを実行するにはブラウザからリクエストを送ります。HTMLファイルやサーブレットクラスのリクエストと同じで、次の2つの方法があります。

方法① ブラウザを起動してURLを入力する

　ブラウザを起動し、JSPファイルのURLを入力してリクエストします（このとき、アプリケーションサーバを起動させておく必要があります）。

方法② Eclipseの実行機能を利用する

　リクエストするJSPファイルを選択し、右クリックして「実行」を選択すると表示されるメニューから「サーバーで実行」を選択します。

　JSPファイルのURLは次の形式になります。JSPファイルの格納場所とURLとの関係は、次ページの図4-4を参照してください。

```
http://<サーバ名>/<アプリケーション名>/<webappからのパス>
```

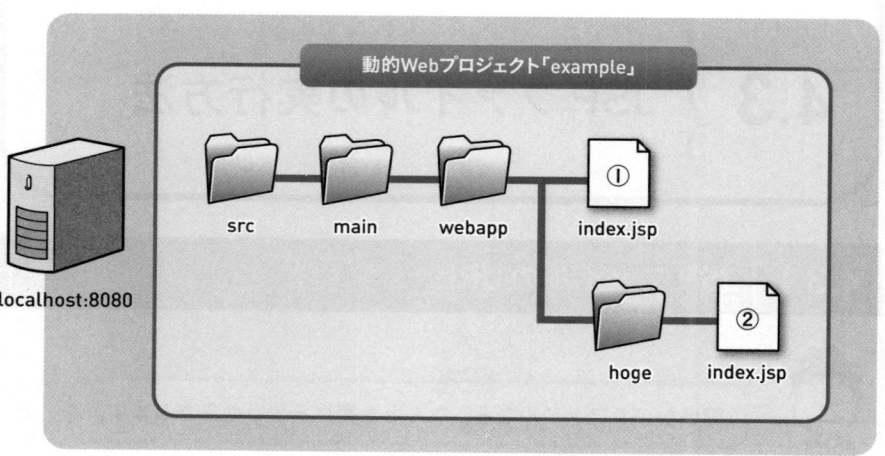

動的Webプロジェクト「example」

src　　main　　webapp　　index.jsp ①

localhost:8080

hoge　　index.jsp ②

①のURL：http://localhost:8080/example/index.jsp
②のURL：http://localhost:8080/example/hoge/index.jsp

図4-4　JSPファイルのURL

　JSPファイルの正体はサーブレットクラスですが、URLパターンを設定する必要はありません。HTMLファイル同様、ファイル名をURL内で指定します。

JSPファイルの保存場所とURL

JSPファイルの正体はサーブレットクラスだが、扱い方はHTMLファイルと同様である。HTMLファイルと同じ場所（webappの下）に保存され、適用されるURLのルールも同じになる。

正体はサーブレットクラスだけど、扱いはHTMLファイルなのか。

ははは、ややこし〜♪

4.4 JSPファイルを作成して実行する

4.4.1 EclipseでJSPファイルを作成

> さっそく EclipseでJSPファイルを作ってみよう。

　サーブレットクラスとの書き方の違いを実感するために、第3章で作った占いのプログラム（コード3-4、p.92）と同じものを JSPファイルで作成しましょう（次ページのコード4-3）。プログラムの全体像は図4-5のようになります。

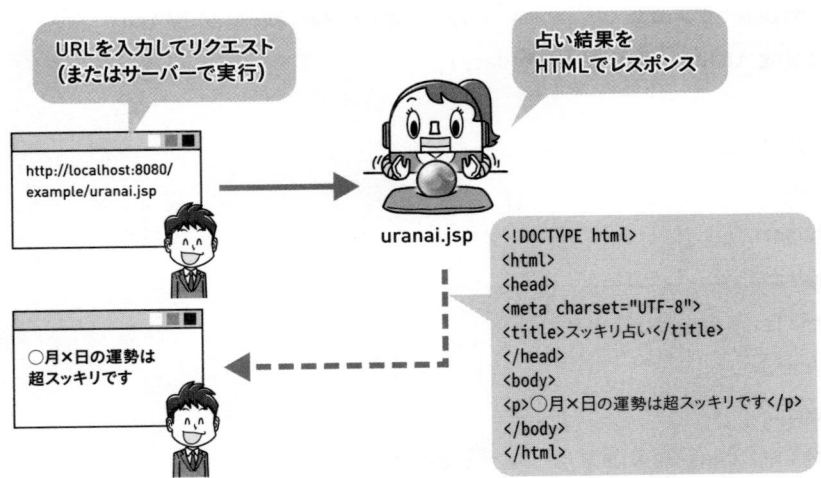

図4-5 JSPファイルで作成する占いプログラムの全体像

　JSPファイルを新しく作成する手順はWeb付録を参照してください。今回は「uranai.jsp」という名前で作成します。pageディレクティブなど必要最

低限の内容はEclipseが書いてくれるので、それをもとにコードを追加して
完成させましょう。

コード4-3 占い結果を HTML でレスポンスする JSP ファイル

uranai.jsp（src/main/webapp ディレクトリ）

```jsp
01  <%@ page language="java" contentType="text/html; charset=UTF-8"
02      pageEncoding="UTF-8" %>
03  <%@ page import="java.util.Date,java.text.SimpleDateFormat" %>
04  <%                                                        解説①
05  // 運勢をランダムで決定
06  String[] luckArray = { "超スッキリ", "スッキリ", "最悪" };
07  int index = (int)(Math.random() * 3);
08  String luck = luckArray[index];
09
10  // 実行日を取得
11  Date date = new Date();
12  SimpleDateFormat sdf = new SimpleDateFormat("MM月dd日");
13  String today = sdf.format(date);
14  %>
15  <!DOCTYPE html>
16  <html>
17  <head>
18  <meta charset="UTF-8">
19  <title>スッキリ占い</title>
20  </head>
21  <body>
22  <p><%= today %>の運勢は「<%= luck %>」です</p>
23  </body>
24  </html>
```

解説① pageディレクティブの属性

Eclipseで JSPファイルを作成すると、contentType属性以外にも language
属性と pageEncoding属性が追加されます。それぞれの意味は表4-2（p.114）
を参照してください。

4.4.2 JSPファイルを実行

JSPファイルが作成できたら、ブラウザからリクエストして実行しましょ
う。ブラウザを起動して JSPファイルのURL「http://localhost:8080/example/
uranai.jsp」を入力するか、Eclipseの実行機能を使います（4.3.1項）。図4-6
のような Webページが表示されれば、正しく実行できています。

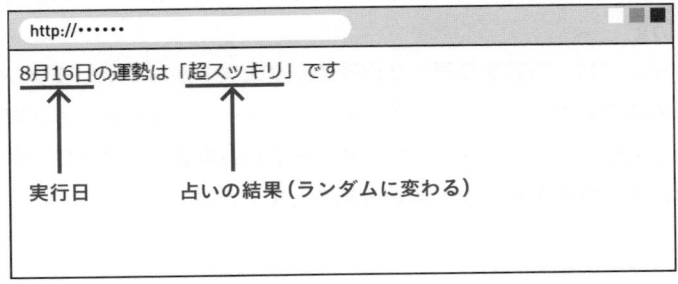

図4-6 コード4-3の実行結果

4.4.3 JSPファイルの「500ページ」

> 菅原さーん、僕はまた「500ページ」が出ちゃいました（涙）。

> 大丈夫、JSPエラーの直し方も学ぼう。

JSPファイル実行中に、コンパイルエラーや例外などの問題が起こると、
アプリケーションサーバはステータスコード500とともに「500ページ」をレ
スポンスします（次ページの図4-7）。

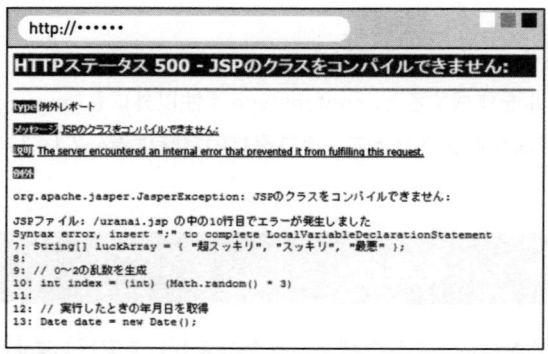

```
http://······
HTTPステータス 500 - JSPのクラスをコンパイルできません:
Type 例外レポート
メッセージ JSPのクラスをコンパイルできません:
説明 The server encountered an internal error that prevented it from fulfilling this request.
例外
org.apache.jasper.JasperException: JSPのクラスをコンパイルできません:

JSPファイル: /uranai.jsp の中の10行目でエラーが発生しました
Syntax error, insert ";" to complete LocalVariableDeclarationStatement
7: String[] luckArray = { "超スッキリ", "スッキリ", "最悪" };
8:
9: // 0～2の乱数を生成
10: int index = (int) (Math.random() * 3)
11:
12: // 実行したときの年月日を取得
13: Date date = new Date();
```

図4-7 JSPファイルの「500ページ」

「500ページ」などのエラーページが表示された場合、ページに表示されているメッセージや「エラー解決・虎の巻」を参考にして解決しましょう。JSPファイルを修正したら上書き保存をして、再度リクエストして実行結果を確認しましょう。

JSPファイルでは、内容を変更した直後のリクエストからすぐに変更が結果に反映されます。サーブレットクラスのようにサーバを再起動する必要はありません。もし、リクエストしてもJSPファイルの変更が結果に反映されないときは、ブラウザでページを再読み込みしてください。

よし直った。さあ、いっぱい作って練習するぞ！！

ファイルの変更を反映させる方法

・**サーブレットクラス**

サーバを再起動して、リクエストし直す（p.97）。

・**JSPとHTMLファイル**

リクエストし直す。サーバの再起動は不要。

※ 上記でも反映されない場合は、付録A.2.3項の **1**～**4** を参照。

column
JSPの文法エラーと偽のエラー表示

JSPファイルは、ブラウザからのリクエストが届いたタイミングでサーブレットクラスに変換され（p.106）、Javaプログラムとしてコンパイルされます。そのため、JSPに含まれるJavaのコードに構文的な誤りがある場合、図4-7のような「500ページ」がレスポンスされます。

しかし、セミコロンがないなどの単純なミスは、リクエスト時ではなく、JSPファイルの編集中に指摘してほしいと感じる人もいるでしょう。Eclipseでは、所定の設定（手順はWeb付録を参照）を行うと、JSPファイルに文法エラーがある場合、Javaプログラムと同様に、赤い波線と記号を表示できます（付録A.1.2項）。

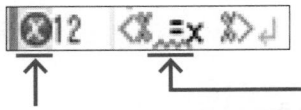

文法エラーの箇所を示す波線

文法エラーのある行を示す記号

しかし、困ったことに、**文法エラーがないにも関わらず、この波線と記号が表示されてしまう場合があります**。そのようなときは、エラーとなっている箇所を「切り取り」→「貼り付け」→「上書き保存」すると、エラー表示が消えます。

Eclipseの操作に慣れていない状況では、自分の間違いと思い込んでしまいがちですが、正しくてもエラーが出る場合があると覚えておきましょう。

注意　JSPファイルの保存場所

JSPファイルとHTMLファイルは動的Webプロジェクトのwebappディレクトリ以下に配置する必要があります。

ただし、WEB-INFディレクトリの中に配置すると、リクエストしても実行できなくなります。うっかりファイルを移動してしまうことがあるので、注意しましょう。実行した結果、「404ページ」が表示されたら、まずはファイルの保存場所を確認してください。

動的Webプロジェクトのディレクトリ構成のルールについては、付録B.2.1項で解説しています。

4.5 この章のまとめ

JSPファイルの基本

- JSPファイルはブラウザからリクエストして実行できる。
- JSPファイルの実行結果は一般的にはHTML（Webページ）である。
- JSPファイルはHTMLにJavaのコードを埋め込める。
- JSPファイルはサーブレットクラスに変換される。

JSPファイルの文法

- JSPファイル内のHTMLを「テンプレート」という。
- Javaのコードを記述するには「スクリプトレット」を使用する。
- Javaの変数、メソッドの戻り値などを出力するには「スクリプト式」を使用する。
- pageディレクティブのcontentType属性でcontent-typeヘッダの設定ができる。
- pageディレクティブのimport属性でインポートの設定ができる。

JSPファイルの実行

- JSPファイルはwebappの下に保存する。
- JSPファイルのURLは以下の形式となる。
  http://<サーバ名>/<アプリケーション名>/<webappからのパス>
- JSPファイルの更新は、次の実行時に反映される。

4.6 練習問題

練習4-1

```
                                                              Employee.java
                                                              (exパッケージ)
package ex;
public class Employee {
  private String id;
  private String name;
  public Employee(String id, String name) {
    this.id = id; this.name = name;
  }
  public String getId() { return id; }
  public String getName() { return name; }
}
```

　上記のクラスのインスタンスを生成し、そのフィールドが出力されるように、下記のJSPファイルの①〜⑤を埋めてください。出力文字コードはUTF-8、作成インスタンス名は「emp」、IDと名前は「0001」と「湊 雄輔」とします。

```
                                            ex.jsp (src/main/webappディレクトリ)
<%@ page contentType="①" import="②" %>
<% ③ %>
<!DOCTYPE html>
<html><body>  )━ head要素は省略
<p>IDは④、名前は⑤です</p>
</body></html>
```

練習4-2

　練習4-1のex.jspを修正し、IDと名前を10回繰り返して表示するJSPファイル
を作成してください。なお、1、4、7、10行目だけ赤色の文字（style属性で「color:
red」を指定）で表示されるようにしてください。

chapter 5
フォーム

この章では、Webアプリケーションを作成する上で
重要な技術の1つである「フォーム」を学びます。
「フォーム」を使えばユーザーがWebアプリケーションに
データを入力できるので、これをマスターして、
本格的なWebアプリケーション製作への第一歩を
踏み出しましょう。

contents

5.1 フォームの基本

5.1.1 フォームとは

 毎回結果が変わるWebページは作れるようになったけど、一方的で、ページを見てるほうはおもろないなぁ。

 そうだね。ではここで、ブラウザでデータを入力して送信するしくみを学んで、本格的なアプリケーションに近づけよう。

　一般的なアプリケーションは、ユーザーがデータを入力できるしくみを持ちます。Webアプリケーションでは**フォーム**でそれを実現します。**フォームを使うと、Webページに入力したデータをサーバサイドプログラムに送信できます**。このフォームは、検索サイトやショッピングサイトなどのほとんどのWebサイトで使われており、Webアプリケーションには欠かせない存在です。
　まずは「検索」を例に、フォームのおおまかなしくみを理解しましょう（図5-1）。

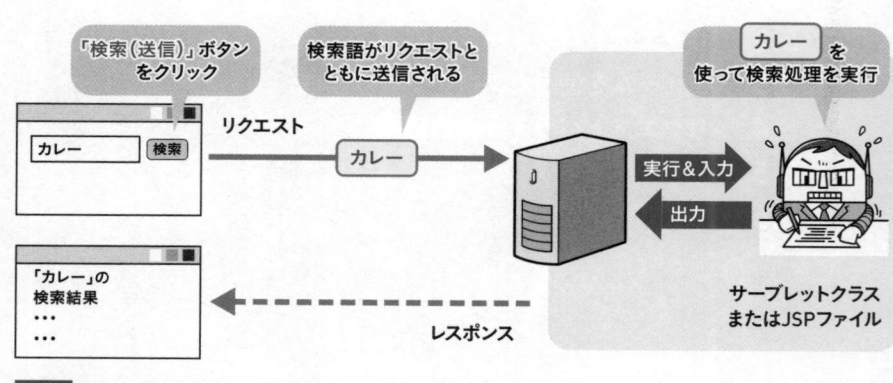

図5-1 フォームのしくみ

ユーザーが「送信」ボタン（図5-1では「検索」ボタン）をクリックすると、ユーザーが入力したデータはリクエストとともにアプリケーションサーバへ送られます。アプリケーションサーバはリクエストされたサーバサイドプログラム（サーブレットクラスまたはJSPファイル）を実行し、その際に、送られてきたデータを渡します。サーバサイドプログラムは、渡されたデータを使用して処理（図5-1の場合は、検索処理）を行います。

5.1.2 フォームの構造

ボタンを用意したり、データを送ったり……フォームって難しそうだな。

大丈夫。HTMLのタグで簡単に作れるよ。

フォームは複数のHTMLのタグを組み合わせて作成しますが、フォームの構造を理解すれば簡単に作成できます。図5-2にシンプルなフォームの例を挙げるので、フォームの構造とタグの関係を理解しましょう。

テキストボックス

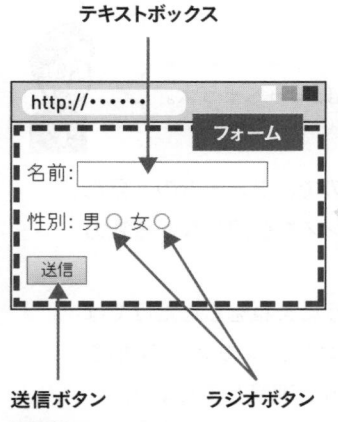

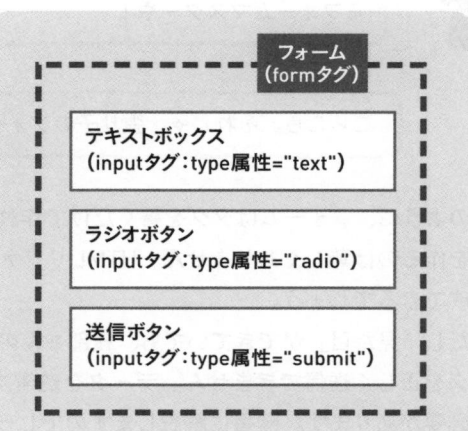

送信ボタン　　ラジオボタン

図5-2 基本的なフォーム

Webページにある入力項目のひとまとまりが「フォーム」です。フォーム自体はブラウザに表示されませんが、図5-2左の点線枠で囲まれた部分と考えればよいでしょう。フォームの中には、データ入力や送信のための部品（コントロールとも呼びます）を配置します。この例では、「テキストボックス」「ラジオボタン」「送信ボタン」の3種類の部品が入っています。

この構造をタグで書くと次のコード5-1のようになります。図5-2と見比べてみましょう（各タグの詳細はこの後で解説します）。

コード5-1 3つの部品を持つフォームの例

```
01  <form action="FormServlet" method="post">
02  名前：<input type="text" name="name"><br>
03  性別：
04  男<input type="radio" name="gender" value="0">
05  女<input type="radio" name="gender" value="1"><br>
06  <input type="submit" value="送信">
07  </form>
```

ようわからん属性もあるけどマネしたらできたわ！！　今日からフォームマスターや！

こらこら。それじゃ、張り子のフォームになっちゃうよ。

このように、フォームはタグを書くだけで作れるので、フォームの「見た目」を作るのは難しくありません。HTMLリファレンスを参照しながら独力で作成できるでしょう。

ただし「見た目」ができていても、綾部さんのようにまねをしただけではデータを正しく送信できません。データを送信するには、次の3つの事柄を学ぶ必要があります。順番に解説しますのでしっかりと理解しましょう。

・**フォームの部品**（5.1.3項）
・**フォームの作成**（5.1.4項）
・**データ送信のしくみ**（5.1.5項）

5.1.3 フォームの部品

HTMLには、データ入力や送信のための部品（コントロール）が用意されています（図5-3左）。各部品はタグを使って作成します。

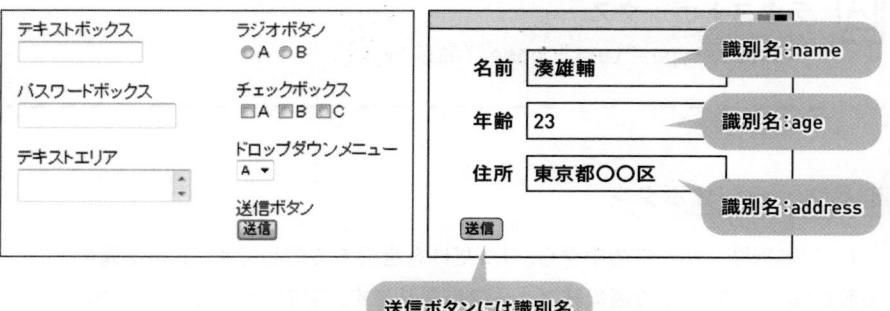

図5-3 主なフォームの部品と識別名

部品の作成自体はタグを書くだけなので難しくありませんが、部品の識別名には注意が必要です。**各部品には識別のために固有の名前を付けます**（図5-3右）。名前を付け忘れたり、複数の部品で重複する名前を付けたりすると、正しくデータを送信できません（一部の部品には例外もあります）。

> ### 部品に識別名を付ける
>
> 部品には固有の名前を必ず付ける。名前は重複させない。

本章では、図5-2（p.129）にも登場した代表的な3つの部品を作成するタグを紹介します（ほかの部品を調べるには、HTMLリファレンスの書籍やWebサイトを参照してください）。

部品①　テキストボックス

1行のテキストを入力できる部品です。入力したテキストが送信されます。

テキストボックス

```
<input type="text" name="名前">
```

部品②　ラジオボタン

1つの選択肢グループの中から、1つだけを選択する部品です。name属性の値が同じものが1つの選択肢グループになります。選択したボタンのvalue属性の値が送信されます。

ラジオボタン

```
<input type="radio" name="名前" value="値">
```

部品③　送信ボタン

クリックするとフォームに入力したデータを送信します。フォームに最低1つは必要です。

送信ボタン

```
<input type="submit" value="送信">
```

※ name属性は必須ではない。
※ value属性の値がボタンのラベルとして画面に表示される。

5.1.4 フォームの作成

次は部品を入れるフォーム自体の書き方について学ぼう。

　フォームはformタグで作成します。このformタグの内容に5.1.3項で紹介したフォームの部品を書きます。**formタグの外に部品を書くと、その部品の値は送信されないので注意してください。**なお、1つのformタグに入れる送信ボタンは原則1つにします。2つ以上作成すると、混乱を招くことがあります。

　また、formタグでは、action属性、method属性を使って送信に関する情報を指定する必要があります。

　action属性には送信先となるサーバサイドプログラム（サーブレットクラスまたはJSPファイル）を指定します。フォーム内の送信ボタンをクリックすると、ブラウザはこの属性に指定した先を**リクエストすると同時に、データを送信**します。リクエストを受けたサーバサイドプログラムは、リクエストとともに送信されてきたデータを実行時に取得できます。

　method属性には**リクエストメソッド**を指定して、送信先のサーバサイドプログラムへのリクエストを**GETリクエストにするかPOSTリクエストにするかを選択**します（p.54）。

- -

 formタグの構文

> <form action="送信先" method="リクエストメソッド">…</form>

- **action属性：送信先を指定する。**
    サーブレットクラスの場合→　URLパターン
    JSPファイルの場合→　webappからのパス
- **method属性：リクエストメソッドを指定する。**
    「get」（GETリクエスト）か「post」（POSTリクエスト）を指定する。
    method属性を省略するとGETリクエストになる。

- -

どちらのリクエストメソッドを指定するかにより、データの送信方法が変わります。その違いと使い分けに関しては5.1.6項で解説します。

> 送るものを中に入れ、宛先と送り方を書く。なんか、フォームって小包みたいやな。

5.1.5 データ送信のしくみ

> リクエストメソッドの違いについて説明する前に、フォームに入力されたデータがどのように送信されるのか、そのしくみについて学ぼう。

フォームの送信ボタンをクリックすると、フォームの部品に入力したデータは「部品名=値」の形式で送信されます。この形式を**リクエストパラメータ**といいます（図5-4）。

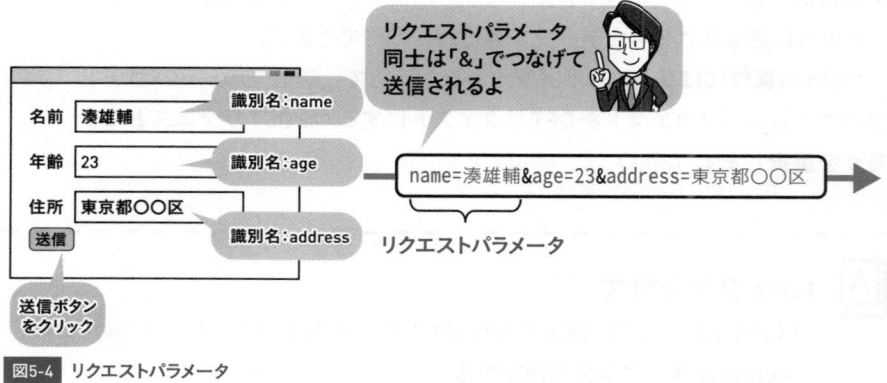

図5-4　リクエストパラメータ

リクエストパラメータは、送信の際に「URLエンコード」という変換処理が行われます。ここでは変換処理の詳しい解説を割愛しますが、**URLエンコードはブラウザが使用する文字コードをもとに行われます**（次ページの図5-5）。

そのため、変換されたリクエストパラメータを受け取ったサーバサイドプ

ログラムでは、URLエンコードに使用された文字コードと同じ文字コードを使って元に戻す必要があります。

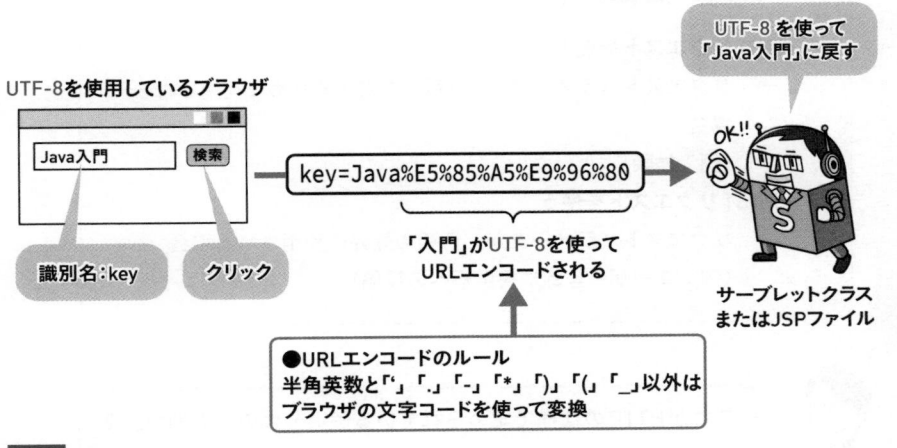

図5-5 URLエンコード

　リクエストパラメータがURLエンコードされると、実際は図5-5のような表記になります。しかし、本書では、読みやすさを優先し、図5-4のように変換前の文字列で表します。

5.1.6 GETリクエストとPOSTリクエスト

　リクエストパラメータを送信するリクエストのリクエストメソッドには、GETまたはPOSTを使用します。どちらのリクエストメソッドを使用するかは、フォームの作成者がformタグのmethod属性で決定します（p.133）。

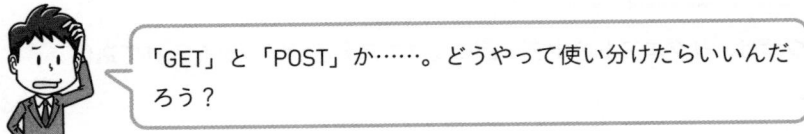

「GET」と「POST」か……。どうやって使い分けたらいいんだろう？

　GETリクエストは新しい情報（Webページなど）を取得するような場面で使用し、POSTリクエストはフォームに入力した情報を登録するような場面で使用する、という決まりになっています。フォームの作成者は、フォームのリクエスト先のプログラムが受け取ったリクエストパラメータを使って何を行うかで、GETかPOSTかを選択する必要があります。

GETリクエストとPOSTリクエストの使い分け①
<HTTP仕様>

- **GETリクエストを使う**
  - → リクエストパラメータが、情報を取得するために利用される場合
  - （例：検索）
- **POSTリクエストを使う**
  - → リクエストパラメータが、情報の登録に利用される場合
  - （例：ユーザー登録や掲示板への投稿）

> これがHTTPの仕様で定められている使い分けの大原則だ。そして、2つのリクエストによるいちばんの違いが、リクエストパラメータが外から「見える」か「見えないか」なんだ。

リクエストパラメータが「見える」か「見えないか」の違いは、GETリクエストとPOSTリクエストでは、リクエストパラメータの送信方法が異なる点に起因します。

GETリクエストで送信する場合

ブラウザは、リクエスト先のURLの末尾にリクエストパラメータを付加して送信する。

POSTリクエストで送信する場合

ブラウザは、リクエストのボディ部にリクエストパラメータを入れて送信する。

ブラウザは、リクエストしたURLをアドレスバーに表示するため、上記の違いにより、結果としてリクエストパラメータの見え方が異なります。**GETリクエストの場合はレスポンスを受け取ったブラウザのアドレスバーにリクエストパラメータが表示されますが、POSTリクエストの場合は表示されません。**この違いを図5-6で確認してみましょう。

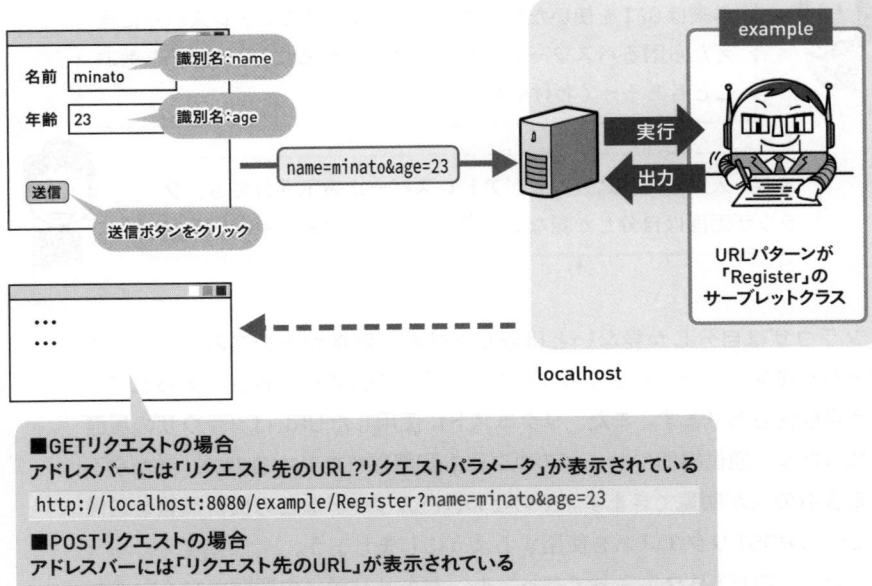

＜フォームの送信先が「http://localhost:8080/example/Register」であるとき＞

名前 minato　　識別名：name

年齢 23　　識別名：age

送信　　送信ボタンをクリック

name=minato&age=23

実行
出力

example

URLパターンが
「Register」の
サーブレットクラス

localhost

■GETリクエストの場合
アドレスバーには「リクエスト先のURL?リクエストパラメータ」が表示されている

```
http://localhost:8080/example/Register?name=minato&age=23
```

■POSTリクエストの場合
アドレスバーには「リクエスト先のURL」が表示されている

```
http://localhost:8080/example/Register
```

図5-6 GETリクエスト時とPOSTリクエスト時に表示されるURL

　こうしたリクエストパラメータの見え方の違いから、GETリクエストと
POSTリクエストを次のように使い分ける場合もあります。

GETリクエストとPOSTリクエストの使い分け②
＜URL表示＞

・**GETリクエストを使う**
　→　送信した結果を保存、共有する場合
　　　（例：アドレスバーに表示されるURLをブックマークやSNS
　　　で利用）
・**POSTリクエストを使う**
　→　データをアドレスバーに表示したくない場合
　　　（例：個人情報や機密情報の送信）

本来はGETを使いたいときでも、ブラウザのアドレスバーに見えたら困るパスワードみたいな情報を送るには、POSTを選ぶこともあるってわけね。

でも、入力したパスワードがアドレスバーに表示されても、ブラウザ画面は自分しか見ないんだから別にいいんじゃないかな。

　ブラウザは自分しか見ないとは限りません。背後からの盗み見（ショルダーハッキング）や、会議でのプロジェクターの操作中に他人に見られてしまう可能性もあります。また、リクエストに使用したURLはブラウザの履歴に残ったり、通信機器やサーバのログにも記録されたりするので、後から不特定多数の人が閲覧できます。そのため、パスワードなどの機密情報を送信する際はPOSTリクエストを使用するようにしましょう。

　ただし、POSTリクエストであっても、セキュリティの問題がなくなるわけではありません。HTTPの通信は暗号化されないため、送信された情報は盗聴などで漏えいする可能性があります。この問題に対応するには、通信を暗号化するSSLなどのしくみを利用する必要があります。

　なお、セキュリティについては専門的で高度な知識を含むため本書では詳しく解説していません（概要のみ付録B.5節で紹介）。Webアプリケーションを公開する上でセキュリティ対策は必須となりますから、具体的な方法については専門書を参考にしてください。

---

column

そのほかのリクエストメソッド

　ここまで紹介したGET、POST以外にも、PUT（情報の上書き）やDELETE（情報の削除）といったリクエストメソッドがあります。ただし、それらのリクエストメソッドを使用するには、JavaScriptやWebAPIなど別の技術の利用が必要です。

5.2 } リクエストパラメータの取得

5.2.1 リクエストパラメータを取得する方法

> フォームでデータを送信する方法がわかったら、次は送信先の
> プログラムでデータを受け取る方法を学ぼう。

　リクエストパラメータは、アプリケーションサーバによってHttpServlet
Requestインスタンスに格納され、送信先（リクエスト先）のサーブレット
クラスまたはJSPファイルに渡されます（図5-7）。

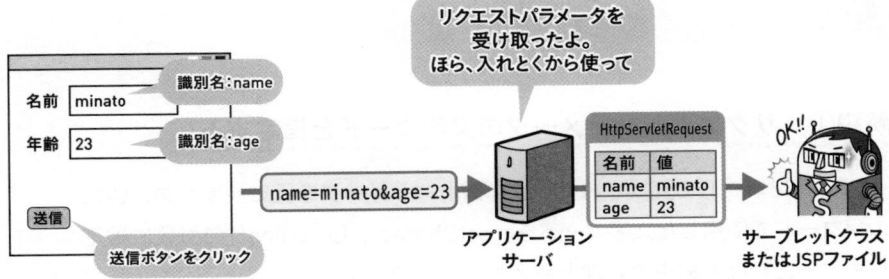

図5-7　リクエストパラメータはHttpServletRequestインスタンスが受け取る

　サーブレットクラスやJSPファイルは、HttpServletRequestのメソッドを
使用してリクエストパラメータを取り出せます。

5.2.2 サーブレットクラスでリクエストパラメータの値を取得

　まず、サーブレットクラスでリクエストパラメータを取得する例を見ま
しょう。次ページのコード5-2は、図5-2（p.129）のフォームで送信される
リクエストパラメータを取得するサーブレットクラスです。

コード5-2 リクエストパラメータを取得するサーブレットクラス

```
    … (import文は省略) …
01  @WebServlet("/FormServlet")  )──注意①
02  public class FormServlet extends HttpServlet {
03    protected void doPost(HttpServletRequest request,
                                                        注意②
          HttpServletResponse response)
          throws ServletException, IOException {
04      // リクエストパラメータの文字コードを指定
05      request.setCharacterEncoding("UTF-8");  )──解説①
06
07      // リクエストパラメータの取得
08      String name = request.getParameter("name");
                                                        解説②
09      String gender = request.getParameter("gender");
        … (以降は省略) …
10    }
11  }
```

解説① リクエストパラメータの文字コードを指定する

URLエンコードで変換されたリクエストパラメータを元に戻すため、URL
エンコードで使用した文字コードを、setCharacterEncoding()の引数に指定
します。これはお約束の処理と考えればよいでしょう。

解説② リクエストパラメータを取得する

getParameter()でリクエストパラメータの値を取得します。たとえば、リ
クエストパラメータ「name=minato」の値「minato」を取得するには、リ
クエストパラメータの名前である「name」を引数に指定します。

リクエストパラメータはひんぱんに取得するので、次ページの構文を確認
しておきましょう。

リクエストパラメータの取得

```
request.setCharacterEncoding("送信元HTMLの文字コード");
String xxx = request.getParameter("リクエストパラメータの名前");
```

※ 指定した名前のリクエストパラメータがない場合はnullが返される。
※ リクエストパラメータは大文字と小文字を区別する。

さらに、リクエストパラメータの送信先になるサーブレットクラスを作成するときは、次の2点に注意しなければなりません。

注意① URLパターンの一致

サーブレットクラスのURLパターンは、送信元フォームのaction属性で指定されたURLパターンと一致させる必要があります。

注意② 実行メソッドの一致

サーバサイドプログラムが実行するメソッド名は、送信元フォームのmethod属性で指定されたリクエストメソッドと対応させる必要があります。つまり、method属性がpostの場合はdoPost()、getの場合はdoGet()にします（3.2.4項）。

POSTリクエストって、フォームを使ってリクエストを送ったときだけ使うのかな？

確か、ブラウザのアドレスバーにURLを入力したときと、リンクをクリックしたときはGETリクエストやったね。

リクエストメソッドと実行メソッドの関係は重要だから、ここでちょっと整理しておこう。

リクエストメソッドがGETになるかPOSTになるかは、どのようなリクエストを行ったかで決まります。

リクエストメソッドとブラウザの操作

GETリクエストが送信されるのは……
- **アドレスバーにURLを入力したとき**
- **リンクをクリックしたとき**
- **ブックマーク（お気に入り）を選択したとき**
- **method属性が「get」である送信ボタンをクリックしたとき**

POSTリクエストが送信されるのは……
- **method属性が「post」である送信ボタンをクリックしたとき**

送信されるリクエストメソッドに合わせて、リクエスト先のサーブレットクラスに実行メソッドを準備する必要があります（図5-8）。

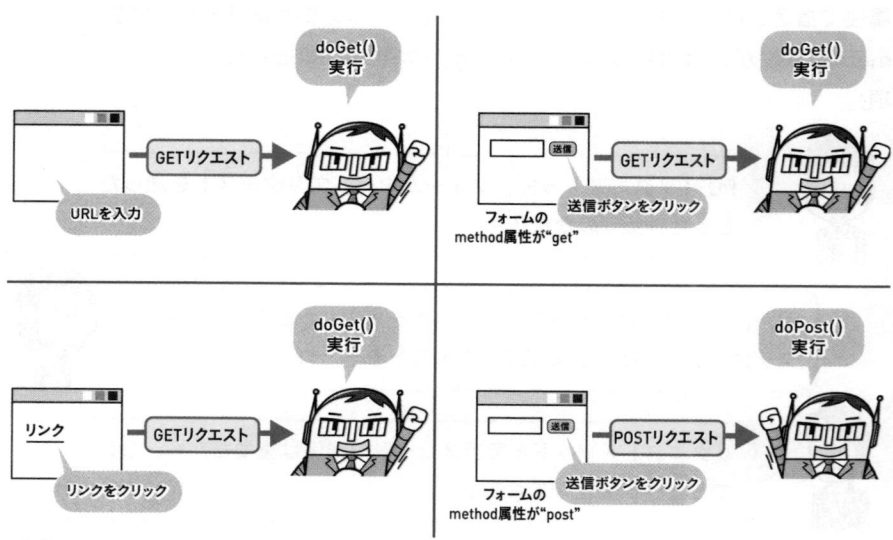

図5-8 リクエストメソッドと実行メソッド

リクエストされたサーブレットクラスが、リクエストメソッドに対応した実行メソッドを持たない場合、**405ページ**が表示されます。

5.2.3 | JSPファイルでリクエストパラメータの値を取得

JSPファイルでリクエストパラメータを受け取る方法について
も紹介しておこう。

　前項では、フォームの送信（リクエスト）先がサーブレットクラスの例を
紹介しましたが、フォームの送信先にはJSPファイルも指定できます。
　コード5-1（p.130）のフォームの送信先にJSPファイルを指定した場合、
送られてくるリクエストパラメータを取得するには、次のように記述します。

```
<%
request.setCharacterEncoding("UTF-8");
String name = request.getParameter("name");
String gender = request.getParameter("gender");
%>
```

サーブレットクラスで受け取るときと一緒だね。

doGet()とかdoPost()がないから楽でいいなあ。あれ？　そう
すると、この「request」って、どこで宣言してるんや？

いいところに気づいたね。これは暗黙オブジェクトっていうんだ。

　JSPファイルのスクリプトレットまたはスクリプト式には、**暗黙オブジェ
クト**という、特別なオブジェクトがあります。これらは定義済みのため、宣
言せずに利用できます。
　次ページの表5-1に暗黙オブジェクトをまとめました。

表5-1 暗黙オブジェクト

オブジェクトの名前	オブジェクトの型
pageContext	jakarta.servlet.jsp.PageContext
request	jakarta.servlet.http.HttpServletRequest
response	jakarta.servlet.http.HttpServletResponse
session	jakarta.servlet.http.HttpSession
application	jakarta.servlet.ServletContext
out	jakarta.servlet.jsp.JspWriter
config	jakarta.servlet.ServletConfig
page	java.lang.Object
exception	java.lang.Exception

うわー。たくさんある……。

大丈夫！　全部を覚える必要はないよ。

　本書で使用するのは、 `request` 、 `session` 、 `application` オブジェクトのみです。これらについては第Ⅲ部で紹介するので、現時点では細かく覚える必要はありません。暗黙オブジェクトという特別なオブジェクトがJSPには存在することだけを覚えておいてください。

注意　JSPファイルではリクエストパラメータ値を取得しない

　ここでは、JSPファイルでリクエストパラメータの値を取得する方法を紹介しましたが、第Ⅲ部で紹介するMVCモデルに従った設計では、原則として取得しません。そのため、この方法を実際に試す必要はないでしょう。

5.3 フォームを使った プログラムの作成

5.3.1 フォームを使ったプログラムの作成に挑戦しよう

説明はこれくらいにして、実際にフォームを使ってみよう。世の中のWebサイトでよく見るユーザー登録のようなものにしようか。

だいたい理解したつもりだけど、うまくできるかな……。

心配しなくても大丈夫。エラーは出るかもしれないが、まずは紹介するコードのとおりに入力して動かしてごらん。

　湊くんのように不安になる人も多いでしょう。しかし、自分の手でコードを入力して実際に動かしてみるのは、学んだ内容を定着させるための近道です。たとえエラーが起きたとしても、その原因を探る過程で因果関係が整理され、理解の手助けになるはずです。

　また、フォームを使いこなすためのポイントと、よく発生する問題も後で紹介するので、エラーが出た場合に参考にしてください。

それなら安心かも。よし！　挑戦してみるぞ。

　ここでは、フォームを利用した「ユーザー登録もどき」を作ります。もどきなので、実際にはファイルやデータベースにデータを記録しません。とはいえ、これまで練習してきたものよりも少し規模が大きくなるので、手始めに画面遷移の様子から見てみましょう（次ページの図5-9）。

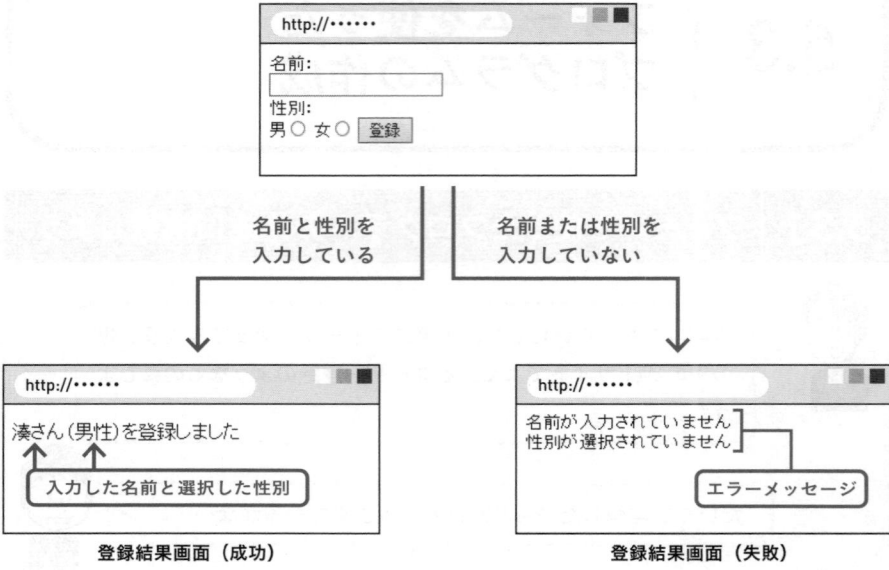

登録情報入力画面

名前と性別を
入力している

名前または性別を
入力していない

湊さん（男性）を登録しました

入力した名前と選択した性別

名前が入力されていません
性別が選択されていません

エラーメッセージ

登録結果画面（成功）

登録結果画面（失敗）

図5-9 ユーザー登録プログラムの画面遷移

名前と性別の両方を入力していれば「登録結果画面（成功）」を表示し、そうでなければ「登録結果画面（失敗）」を表示します。このような動きをするプログラムを、次ページの図5-10のようにJSPファイルとサーブレットクラスを組み合わせて作成します。

登録情報入力画面（図5-10）のフォームの表示は、HTMLファイルで可能だがJSPファイルで行うよ。そうしておくことで、後でJavaのコード追記しやすくなるからね。

注意　**サーブレットクラスとJSPファイルの使い分け**

現段階では、サーブレットクラスとJSPファイルをどのように使い分けるかを解説していないので、今回のプログラムではこの2種類の組み合わせ方を深く考える必要はありません。使い分けについては、第III部で解説します。

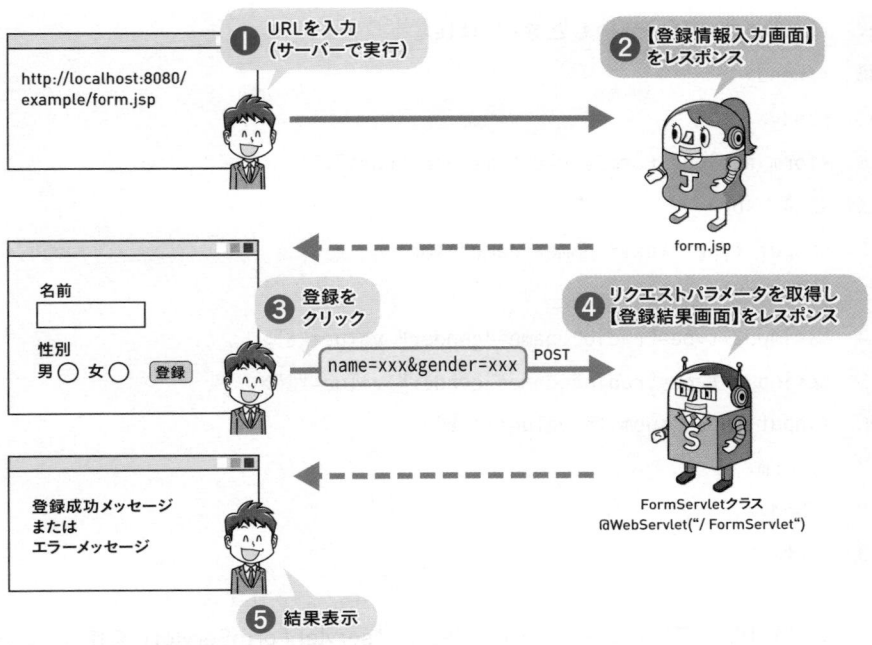

URLを入力
(サーバーで実行)

① http://localhost:8080/
example/form.jsp

② 【登録情報入力画面】
をレスポンス

form.jsp

名前

性別
男○ 女○ 登録

③ 登録を
クリック

name=xxx&gender=xxx POST

④ リクエストパラメータを取得し
【登録結果画面】をレスポンス

FormServletクラス
@WebServlet("/ FormServlet")

登録成功メッセージ
または
エラーメッセージ

⑤ 結果表示

図5-10 ユーザー登録プログラムの構成

chapter
5

5.3.2 プログラムを作成する

全体像のイメージがつかめたら、次のコード5-3のJSPファイル「form.
jsp」を、動的Webプロジェクト「example」のwebapp直下に作成してくだ
さい。

コード5-3 登録情報入力画面（フォーム）をレスポンスするJSPファイル

form.jsp (src/main/webapp ディレクトリ)

```
01  <%@ page language="java" contentType="text/html; charset=UTF-8"
02      pageEncoding="UTF-8" %>
03  <!DOCTYPE html>
04  <html>
05  <head>
06  <meta charset="UTF-8">
```

07	`<title>ユーザー登録もどき</title>`
08	`</head>`
09	`<body>`
10	`<form action="FormServlet" method="post">`
11	`名前： `
12	`<input type="text" name="name"> `
13	`性別： `
14	`男<input type="radio" name="gender" value="0">`
15	`女<input type="radio" name="gender" value="1">`
16	`<input type="submit" value="登録">`
17	`</form>`
18	`</body>`
19	`</html>`

次に、動的Webプロジェクト「example」に「servlet.FormServlet」を作成します（コード5-4）。Eclipseを用いてdoPost()を持つサーブレットクラスを作成するには、**サーブレットクラスの作成時にdoGet()ではなく、doPost()にチェックを入れてください**（Web付録を参照）。

コード5-4 登録結果画面をレスポンスするサーブレットクラス

01	`package servlet;`	FormServlet.java (servletパッケージ)
02		
03	`import java.io.IOException;`	
04	`import java.io.PrintWriter;`	
05	`import jakarta.servlet.ServletException;`	
06	`import jakarta.servlet.annotation.WebServlet;`	
07	`import jakarta.servlet.http.HttpServlet;`	
08	`import jakarta.servlet.http.HttpServletRequest;`	
09	`import jakarta.servlet.http.HttpServletResponse;`	
10		
11	`@WebServlet("/FormServlet")`	

```java
12  public class FormServlet extends HttpServlet {
13    private static final long serialVersionUID = 1L;
14
15    protected void doPost(HttpServletRequest request,
        HttpServletResponse response)
        throws ServletException, IOException {
16      // リクエストパラメータを取得
17      request.setCharacterEncoding("UTF-8");
18      String name = request.getParameter("name");
19      String gender = request.getParameter("gender");
20
21      // リクエストパラメータをチェック
22      String errorMsg = "";
23      if (name == null || name.length() == 0) {        )━━解説①
24        errorMsg += "名前が入力されていません<br>";
25      }
26      if (gender == null || gender.length() == 0) {
27        errorMsg += "性別が選択されていません<br>";
28      } else {
29        if (gender.equals("0")) { gender = "男性"; }
30        else if (gender.equals("1")) { gender = "女性"; }
31      }
32
33      // 表示するメッセージを設定
34      String msg = name + "さん (" + gender + ") を登録しました";
35      if (errorMsg.length() != 0) {
36        msg = errorMsg;
37      }
38
39      // HTMLを出力
```

```
40      response.setContentType("text/html; charset=UTF-8");
41      PrintWriter out = response.getWriter();
42      out.println("<!DOCTYPE html>");
43      out.println("<html>");
44      out.println("<head>");
45      out.println("<meta charset=¥"UTF-8¥">");
46      out.println("<title>ユーザー登録結果</title>");
47      out.println("</head>");
48      out.println("<body>");
49      out.println("<p>" + msg + "</p>");
50      out.println("</body>");
51      out.println("</html>");
52    }
53 }
```

解説① リクエストパラメータの未入力チェック

一般的な未入力チェックでは、入力値が空文字「""」(文字数が0の文字列)と一致するかを比較します。さらにnullとの比較で、リクエストパラメータがきちんと送信されてきているかもチェックしています。

5.3.3 プログラムを実行する

プログラムが作成できたら、「form.jsp」を次のいずれかの方法で実行して動作を確認しましょう。

方法①　次のURLをブラウザのアドレスバーに入力してリクエストする。
　　　　http://localhost:8080/example/form.jsp
方法②　Eclipseの実行機能で実行する。

なお、作成したサーブレットクラス「FormServlet.java」は、doGet()を持たないため、こちらを最初に実行してしまうと405ページが表示されます(p.142)。リクエストする順番に気をつけましょう。

5.3.4 4つの連係ポイント

菅原さ～ん、やっぱりエラーが出ちゃいます……（泣）。

私はうまくいったで！　性別が選択されてへん言われたけどな（笑）。

みなさんはどうだったでしょうか。うまくいかなかった場合はもちろん、うまくいった場合でも、フォーム利用時の注意点をここで知っておきましょう。

　フォームを利用したプログラムを作成する場合、フォームで送信したデータをサーブレットクラスで正しく取得するために、送信元のフォームと送信先のサーブレットクラスの間できちんと一致させなければならないポイントが4つあります。次の表5-2を見てください。

表5-2　フォームとサーブレットクラスで一致させるポイント

	送信元のフォーム	送信先のサーブレットクラス
①	action 属性	サーブレットクラスの URL パターン
②	method 属性	サーブレットクラスの実行メソッド
③	HTML の文字コード	setCharacterEncoding() の引数
④	各部品の name 属性	getParameter() の引数

　コード上で、これら4つのポイントを対応させる箇所を確認しましょう。フォーム（コード5-3の抜粋）の①〜④の部分と、サーブレットクラス（コード5-4の抜粋）の①〜④の部分を一致させればよいのです。

コード5-3の抜粋

```
01  <%@ page language="java" contentType="text/html; charset=UTF-8"
02      pageEncoding="UTF-8" %>                                        ③
…（省略）…
```

```
10   <form action="FormServlet" method="post">
11   名前：<br>
12   <input type="text" name="name"><br>
     … (省略) …
17   </form>
```

① ② ④

コード5-4の抜粋

```
     … (省略) …
11   @WebServlet("/FormServlet")                              ①
12   public class FormServlet extends HttpServlet {
     … (省略) …
15     protected void doPost(HttpServletRequest request,
                                                              ②
         HttpServletResponse response)
         throws ServletException, IOException {
16       // リクエストパラメータを取得
17       request.setCharacterEncoding("UTF-8");               ③
18       String name = request.getParameter("name");
     … (省略) …                                                ④
```

　もし、表5-2（p.151）の①から④のポイントが一致していない場合、次のような問題が発生します。

①が一致していない　→　送信ボタンを押すと「404ページ」が表示される。
②が一致していない　→　送信ボタンを押すと「405ページ」が表示される。
③が一致していない　→　取得したリクエストパラメータが文字化けする。
④が一致していない　→　取得したリクエストパラメータがnullになる。

　このような問題が発生した場合は、対応するポイントがフォームとサーブレットクラスで一致しているかを確認しましょう。それでも問題を解決できない場合は、「エラー解決・虎の巻」を参照してください。

5.4 リクエストパラメータの応用

5.4.1 開発者がプログラムにデータを送る

> 章の最後に、より本格的なWebプログラムを作るときに必要と
> なる知識について解説しよう。読んで難ければ、理解は後回し
> でもいいよ。

　規模が大きい本格的なWebアプリケーションでは、利用者がフォームの送
信ボタンやリンクをクリックした際、利用者自身は何も指定していなくても、
あるリクエストパラメータがコッソリとサーバに送信されるようなしくみを
作りたい場面があります。このようなとき、次の2つの方法を利用できます。

方法① hiddenフィールドを使用

　フォーム内にhiddenフィールドという部品を配置します。送信したいリク
エストパラメータの名前と値を、name属性とvalue属性で指定します。

---

 hiddenフィールド

```
<input type ="hidden" name="名前" value="値">
```
※ この部品は画面には表示されない。

　たとえば、次ページのように記述すると「hoge=foo」というリクエストパ
ラメータが送信されます。リクエスト先では `request.getParameter`
`("hoge")` とすれば、「foo」を取得できます。

```
<form action="SampleServlet" method="get">
<input type="hidden" name="hoge" value="foo">
<input type="submit" value="送信">
</form>
```

方法② リクエスト先URLの末尾に指定

リンクのhref属性で指定するリクエスト先に「?」を付け、その後ろにリクエストパラメータを追加します。

 リクエスト先URLの末尾に指定する

    `<a href="リクエスト先?名前=値">…</a>`

※ 複数送る場合は「&」でつなぐ（例：a=10&b=20）。
※ リンク先のサーブレットクラスはdoGet()を実行する。

次に例を示します。

```
<a href="SampleServlet?hoge=foo">リンク</a>
```

これら2つの方法はよく使用するので覚えておきましょう（方法②を利用する場面は、第8章で登場します）。

5.5 この章のまとめ

フォームの利用

- フォームを利用することで、ユーザーはブラウザ画面上でデータを入力し、サーバに送信できる。
- フォームを構成する部品には固有の名前を付ける。
- フォームに準備した送信ボタンをクリックすると、フォームの各部品に入力された内容がリクエストパラメータとして送信される。
- リクエストパラメータはGETまたはPOSTリクエストで送信される。
- GETまたはPOSTは、以下を考慮して使い分ける。
  ①リクエストパラメータの利用目的
  ②リクエストパラメータの可視性
- 送信元のフォームと、送信先のサーブレットクラス／JSPファイルで正確に一致させなければならないポイントが4つある。

表5-2 フォームとサーブレットクラスで一致させるポイント（再掲）

	送信元のフォーム	送信先のサーブレットクラス
①	action 属性	サーブレットクラスの URL パターン
②	method 属性	サーブレットクラスの実行メソッド
③	HTML の文字コード	setCharacterEncoding() の引数
④	各部品の name 属性	getParameter() の引数

リクエストパラメータの取得

- リクエストパラメータはHttpServletRequestインスタンスに格納される。
- 次の手順でHttpServletRequestインスタンスからリクエストパラメータを取得できる。
  ①リクエストパラメータの文字コードを指定
  ②リクエストパラメータの名前を指定して取得

5.6 〉練習問題

練習5-1

次のJSPファイルとサーブレットクラスがフォームで連係できるように、①～④に適切な語句を入れて完成させてください。

■JSPファイル

```
<%@ page language="java" contentType="text/html; charset=UTF-8"
    pageEncoding="UTF-8" %>
… （省略） …
<form action="①" method="post">
名前：<br>
<input type="text" name="name"><br>
<input type="submit" value="登録">
</form>
… （省略） …
```

■サーブレットクラス

```
@WebServlet("/Ex5_1")
public class Exercise1 extends HttpServlet {
  protected void  ② (HttpServletRequest request,
      HttpServletResponse response)
    throws ServletException, IOException {
    request.setCharacterEncoding("③");
    String name = request.getParameter("④");
  … （省略） …
```

```
    }
}
```

練習5-2

　HTMLフォームには、本章で紹介したもの以外にもさまざまなコントロールを配置できます。特に、inputタグ以外では、次の2つがよく使われます。

・ドロップダウンリスト（セレクトボックスともいう）
・テキストエリア

　ドロップダウンリストは、selectタグとoptionタグを使って実現します。テキストエリアはtextareaタグを使って実現します。HTMLリファレンスを調べながら、ドロップダウンリストとテキストエリアを用いた次のような「お問い合わせフォーム」を作成してください。

【お問い合わせフォームの仕様】

・ユーザーの「名前」を入力できるテキストボックスを「name」という名前で作成する。
・ユーザーが「お問い合わせの種類」を選択できるドロップダウンリストを「qtype」という名前で作成する。選択できるメニューと送信される値は、次のようにする。

表示	送信値
会社について	company
製品について	product
アフターサポートについて	support

・ユーザーが「お問い合わせ内容」を複数行で入力できるテキストエリアを「body」という名前で作成する。
・送信ボタンを押すと、「testenq」に対してPOSTメソッドでリクエストが送信される。

column

正規表現

　コード5-4（p.148）ではシンプルにnullと空文字をチェックしていますが、「正規表現」を使用すると、次のように「4文字の半角英数かどうか」といった柔軟なチェックができます。

　詳しくは『スッキリわかるJava入門 実践編 第4版』を参照してください。

```java
import java.util.regex.Pattern;
public class RegularExpressionSample {
  public static void main(String[] args) {
    // チェックする文字列
    String str = "java";
    // パターンの生成(半角英数4文字)
    Pattern pattern = Pattern.compile("^[0-9a-zA-Z]{4}$");
    // パターンと一致するか
    if (pattern.matcher(str).matches()) {
      // 一致したときの処理
    } else {
      // 一致しなかった時の処理
    }
  }
}
```

第 **III** 部

本格的な開発を
始めよう

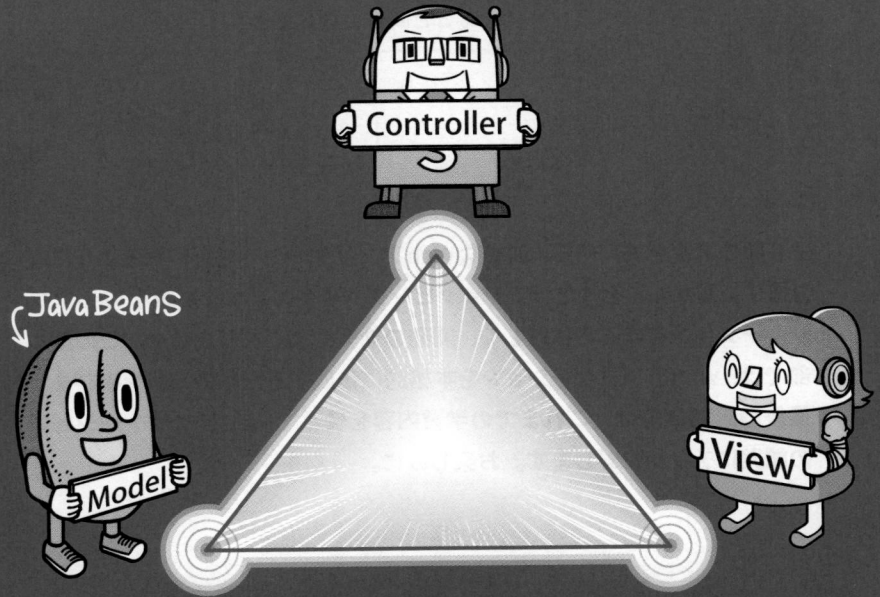

開発モデルを利用しよう

Webアプリケーションって楽しいね。Javaの基礎を勉強したときは、実行結果が文字ばっかりでちょっと退屈だったけど。

ほんまやね。文法も構文として割り切って覚えたら、そんなに難しくないし。そろそろ、ショッピングサイトでも作ろかな。

こらこら、調子にのるんじゃない。ここまでの基礎知識だけで本格的なWebアプリケーションを開発しようとすると、そのうち行き詰まってしまうだろう。

これからが学習の山場ってわけですね（ごくっ）。

でも、マスターしたらいろいろなアプリケーションが自由自在に作れるようになること間違いなしだよ。

よぉし、がんばるぞ！

第II部の学習を終えたら、簡単なWebアプリケーションを作れるようになります。しかし、それだけでショッピングサイトのような複雑なWebアプリケーションを作るのは難しく、開発の効率もよくありません。この第III部では、Webアプリケーションを本格的に作成するための知識を学びます。最後の第10章では、これまでの学習内容を使ってWebアプリケーションの開発にチャレンジします。お楽しみに。

chapter 6
MVC モデルと
処理の遷移

前章までは1つのリクエストを1つのサーブレットクラスまたは
JSPファイルで処理していました。
しかし、本格的なWebアプリケーションを開発するには、
より効率的な方法があります。
この章では、実際の開発現場でも採用されている、
Webアプリケーションの模範的な構造と開発手法を学びます。

contents

6.1　MVC モデル
6.2　処理の転送
6.3　この章のまとめ
6.4　練習問題

6.1 { MVC モデル

6.1.1 サーブレットと JSP ファイルを組み合わせる

> サーブレットと JSP の基本を勉強してみてどうだったかな？

> JSP のほうが楽ですね♪　だから、サーブレットは使わないでおこうっと。

> 私はサーブレットのほうが Java らしくて好きやし、こっちを使うことにするわ。

> ははは。それじゃそろそろ、サーブレットと JSP のそれぞれ得意なことと苦手なことを紹介しよう。

　サーブレットクラスと JSP ファイルはどちらを用いても同じ処理を実現できます。とはいえ、Web アプリケーションの開発の現場ではいずれか片方だけを使うわけではありません。実際は、**サーブレットクラスと JSP ファイルを組み合わせて Web アプリケーションを作成するのが一般的**です。両者のよいところを引き出すことで、効率よく開発ができるのです。

　サーブレットクラスと JSP ファイルを組み合わせて開発するときに、参考になるのが「MVC モデル」です。まずは、この MVC モデルの学習から始めましょう。

6.1.2 | MVC モデルとは

MVC モデルは、GUI アプリケーションのための模範的な構造です。ざっくりいえば、「ユーザーがボタンなどを使って操作するアプリケーションはこんな内部構造で作れば『いいこと』があるよ」というお手本やガイドラインのようなものだと思えばよいでしょう。

私たちが本書で学習しているサーブレットや JSP による Web アプリケーションも GUI アプリケーションなので、まさにこの MVC モデルをお手本とした開発が有効なのです。

「いいこと」って何やの？

それはあとで紹介するよ。まずは、アプリケーションをどんな構造にするのかを学習しよう。

MVC モデルでは、アプリケーションを、表6-1に挙げた3つの要素、**モデル（Model）**、**ビュー（View）**、**コントローラ（Controller）** に分けて開発することを定めています。**各要素は担当する役割が決められており、ほかの役割は担いません。**

表6-1 MVC モデルにおける開発の3つの要素

要素	役割
モデル（Model）	アプリケーションの主たる処理（計算処理など）や処理に関わるデータを格納する
ビュー（View）	ユーザーに対して画面の表示を行う
コントローラ（Controller）	ユーザーからの要求を受け取り、処理の実行をモデルに依頼し、その結果の表示をビューに依頼する

これらの要素が次の❶〜❼のように連係して、アプリケーションの機能をユーザーに提供します（次ページの図6-1）。

❶ ユーザーが、アプリケーションの提供する機能（検索など）を要求する。

❷ コントローラが要求を受け付ける。

❸ コントローラがモデルに処理の実行を依頼する。

❹ モデルが処理を実行する。

❺ コントローラが結果の表示をビューに依頼する。

❻ ビューがユーザーの要求の結果を表示する。

❼ ユーザーは要求の結果を見る。

<MVCモデルの3つの要素により、❶〜❼の順で処理が進められる>

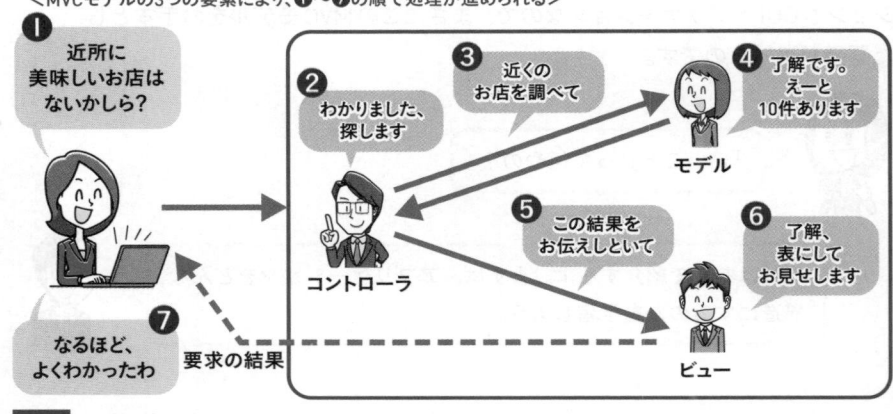

図6-1 MVC モデルのイメージ

　いわば、コントローラは受付兼指示係、モデルは実務係、ビューは表示係といったところです。このように役割を分担しておくことで、どの要素に手を加えたらよいかが明確になり、アプリケーションの保守や拡張がしやすくするというメリットがあります。

> 会社で、法律に関することは法務部、お金に関することは経理部というように、担当が分かれているのに似てますね。

> そうだね。役割や責任を分担すると、全体の効率アップにつながるんだ。

　では、サーブレットやJSPを用いたWebアプリケーションで、MVCモデ

第Ⅲ部

ルをどのように実現するかを、もう少し具体的に紹介しましょう（図6-2）。

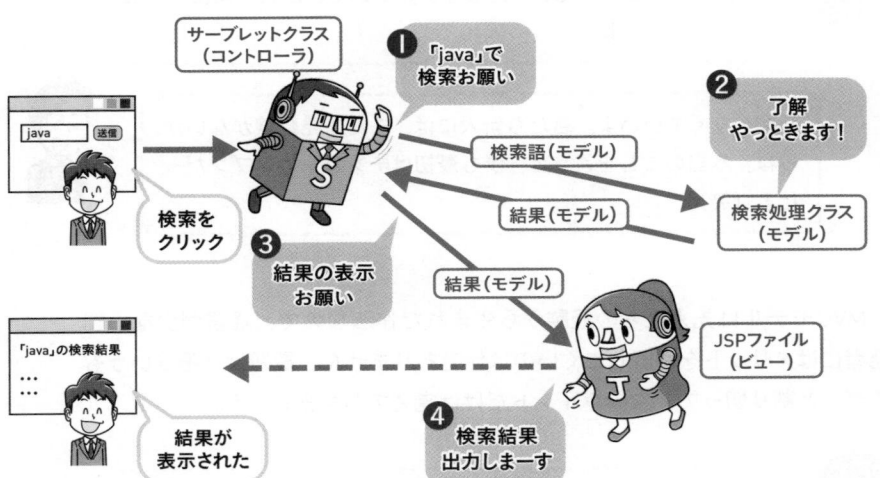

<ユーザーからの要求（リクエスト）を受け、❶〜❹の順で処理が進められる>

図6-2 Webアプリケーションにおける MVC モデルの実現イメージ

　ユーザーからの要求（リクエスト）を受けて全体の制御を行うコントローラは、サーブレットクラスが担当します。リクエストの受付はJSPファイルでもできますが、コントローラ役には複雑な制御や例外処理が求められます。そのような処理は、Javaが主体のサーブレットクラスのほうが適しています。

　ユーザーの要求（検索など）に応える処理や、その処理に関係するデータ（検索語や検索結果）を表すモデルは、一般的な Java のクラスが担当します。ここでいう一般的なクラスとは、HttpServletRequest のような Web アプリケーションに関するクラスやインタフェースを含まないクラスのことです。そのようなクラスにモデルの役割を受け持たせることで、Web アプリケーションの知識がない人でも、モデルの開発に参加できるようになります。

　出力を行うビューは、HTMLの出力を得意とする JSP ファイルが担当します。サーブレットクラスでも HTML の出力はできますが、println() を大量に必要とするため処理が煩雑になってしまいます。また、JSP ファイルは HTML をそのまま書けるので、Web ページのデザイン担当者に Java の知識がなくても画面を作成できる、という利点もあります。

うーん。なんとなくわかったけど、正直、いままでみたいにスッキリせーへんとこあるなぁ。ついていかれへんよーになったらどうしよ。

心配しなくていいよ。君たち新人には、まだ開発経験がないからね。本当のことを言うと、僕も最初はチンプンカンプンだったよ（笑）。

第III部

　MVCモデルは先人たちの経験から生まれた作法なので、経験が少ない開発者にはメリットを理解しにくいのは仕方ありません。**最初は「そういうものだ」と割り切って、次のポイントだけは覚えておきましょう。**

> ## 💡 MVCモデルとWebアプリケーション
>
> ・**リクエストを受けるのはサーブレットクラス（コントローラ）**
> ・**レスポンスをするのはJSPファイル（ビュー）**
> ・**処理を担うのは一般的なJavaのクラス（モデル）**

　次の第7章からは、プログラムをMVCモデルに沿って紹介します。さまざまな例に触れて徐々にMVCモデルに慣れましょう。経験が増えれば、理解できるところも増えていきます。

とりあえずは黄金パターンに慣れろってことやね。

そうそう。形から入ることも学習には大事だよ。

6.2 処理の転送

6.2.1 フォワードとは

早速MVCモデルにチャレンジしてみようと思ったんやけど……。
困ったわあ。

チャレンジするとは感心だね。どうしたんだい?

サーブレットからJSPファイルを利用するのって、どうやるん
やろ?

いいところに気づいたね。解決の方法を紹介しよう。

　MVCモデルで開発する場合、コントローラのサーブレットクラスが、ビュー
のJSPファイルに処理結果の表示を依頼する必要があります(図6-2の❸、
p.165)。しかし、JSPファイルは、Javaのクラスのようにnewで生成して呼
び出すわけにもいきません。これを解決するのが**フォワード**です。
　**フォワードを使用すると、処理を別のサーブレットクラスやJSPファイル
に転送できます。**サーブレットクラスからJSPファイルにフォワードするこ
とで、出力処理の担当をJSPファイルに任せられます(次ページの図6-3)。

フォワードはMVCモデルの実現には欠かせないんだ。

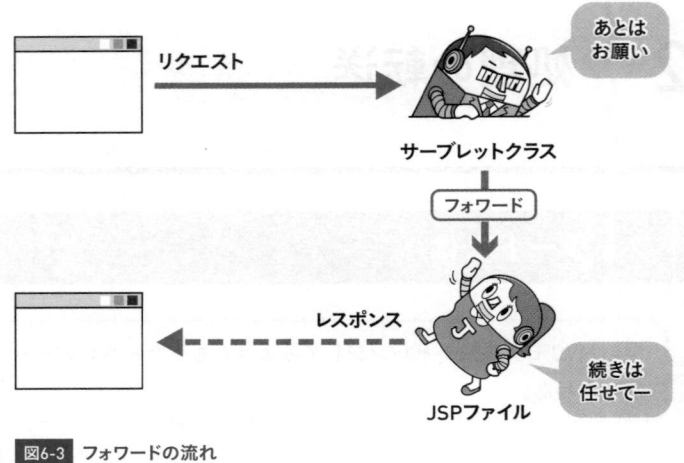

リクエスト

サーブレットクラス

あとは
お願い

フォワード

レスポンス

JSPファイル

続きは
任せてー

図6-3 フォワードの流れ

6.2.2 フォワードの実現方法

フォワードは、RequestDispatcherインスタンスのforward()で行います。

フォワードの指示

```
RequestDispatcher dispatcher =
request.getRequestDispatcher("フォワード先");
dispatcher.forward(request, response);
```
※「jakarta.servlet.RequestDispatcher」をインポートする必要がある。

　フォワード先にはJSPファイルだけでなくサーブレットクラスも指定できますが、同じWebアプリケーションに属している必要があるため注意してください。

A フォワード先に指定するもの
・JSP ファイルの場合　　　→　webapp からのパス
・サーブレットクラスの場合　→　URL パターン

6.2.3 | JSP ファイルへの直接リクエストを禁止する

> MVC モデルを使うと、ユーザーから JSP ファイルを直接リクエストされる機会はないから、ここで1つ安全対策をしておこう。

　MVC モデルに従って Web アプリケーションを作ると、ブラウザからリクエストされるのは基本的にサーブレットクラスになります。JSP ファイルはサーブレットクラスからフォワードされて動くのが前提になるので、ブラウザから直接呼び出されるとエラーや不具合が発生することがあります。

　そこで、フォワード先としてしか利用しない JSP ファイルは、ブラウザから直接リクエストできないように対策をしておきましょう。

　直接のリクエストを防ぐには、次の図6-4の場所に JSP ファイルを配置します。**ブラウザは、「WEB-INF」ディレクトリ以下に配置されたファイルを直接リクエストできません。**以降、本書では、フォワード先として利用される JSP ファイルは「WEB-INF/jsp」に配置します。

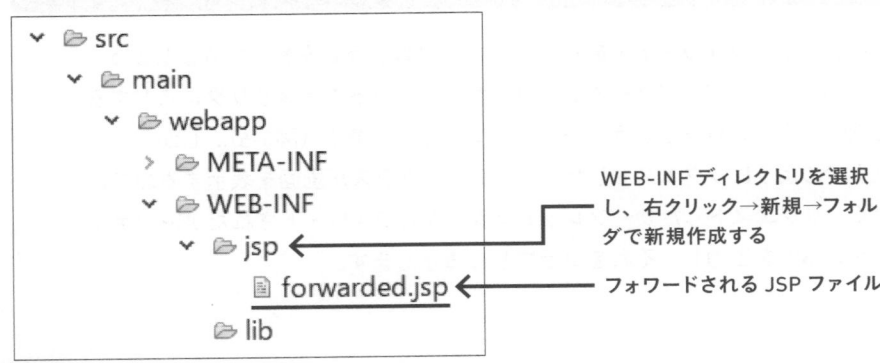

図6-4 フォワードされる JSP ファイルの配置場所（本書の場合）

次の図6-5に、これまで利用してきた場所も含め、4通りの配置場所とそれぞれに対応するフォワードの指示を整理しました。今後は、フォワード先となるJSPファイルを④の場所に配置して指示します。

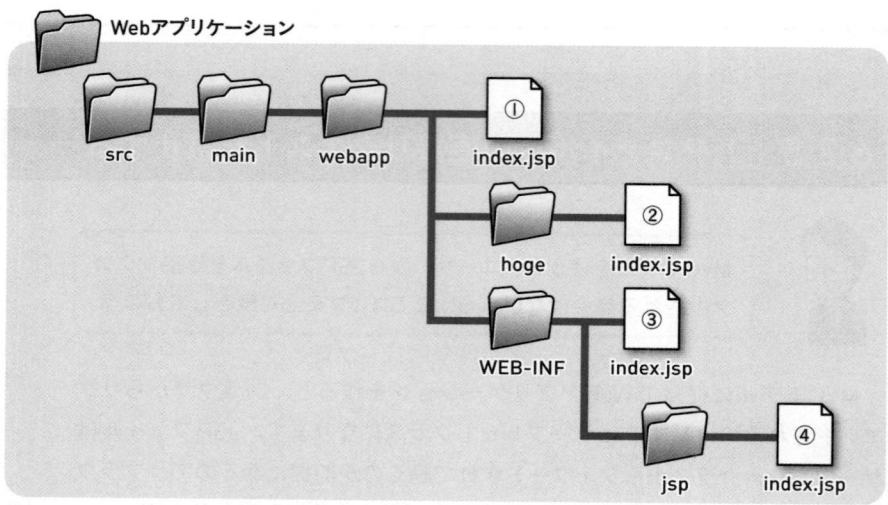

① request.getRequestDispatcher("index.jsp")
② request.getRequestDispatcher("hoge/index.jsp")
③ request.getRequestDispatcher("WEB-INF/index.jsp")
④ request.getRequestDispatcher("WEB-INF/jsp/index.jsp")

図6-5 配置場所ごとのJSPファイルへのフォワード指示

6.2.4 | フォワードの動作を試してみよう

それでは、フォワードの動作を確認するプログラムを作ってみましょう。

今回作成するアプリケーションは、サーブレットクラスをリクエストすると画面が表示されるという、一見シンプルなものです（図6-6）。しかし、これまでのようにリクエストしたサーブレットクラスが画面を表示するのではなく、リクエストしたサーブレットクラスからフォワードされたJSPファイルがHTMLを出力し、それをブラウザに表示します。

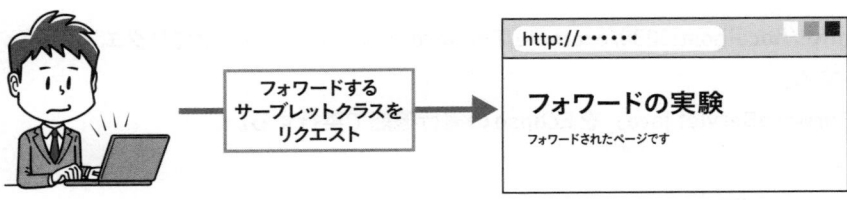

図6-6 フォワードするプログラムの動作

　次のサーブレットクラスとJSPファイルを作成し、これらを図6-7のように組み合わせます。

- ForwardServlet.java　　：リクエストを処理するコントローラ
- forward.jsp　　　　　　：「フォワード結果」画面を出力するビュー

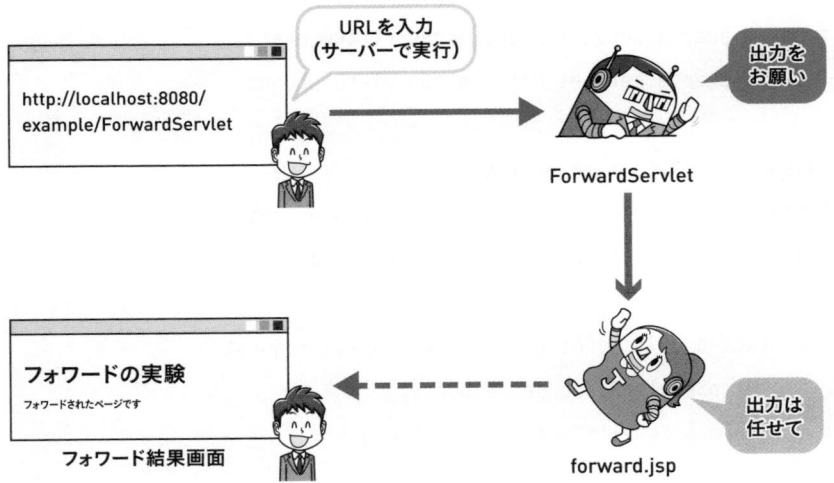

図6-7 フォワードするプログラムの流れ

　今回のサーブレットクラスは、JSPファイルにフォワードする処理だけを行います。ブラウザには、フォワードされたJSPファイルが出力する内容が表示されます。

　それでは、コード6-1（p.172）とコード6-2（p.173）を参考にフォワードのプログラムを作成してください。作成後、「ForwardServlet.java」を次のいずれかの方法で実行して動作を確認しましょう。

- 「http://localhost:8080/example/ForwardServlet」にブラウザでリクエストする。
- 「ForwardServlet.java」をEclipseの実行機能で実行する。

コード6-1 フォワードを行うサーブレットクラス

ForwardServlet.java
(servlet パッケージ)

```
01  package servlet;
02
03  import java.io.IOException;
04  import jakarta.servlet.RequestDispatcher;        ⎤ 追加する部分（Eclipseが
05  import jakarta.servlet.ServletException;           ⎦ 自動でインポートする）
06  import jakarta.servlet.annotation.WebServlet;
07  import jakarta.servlet.http.HttpServlet;
08  import jakarta.servlet.http.HttpServletRequest;
09  import jakarta.servlet.http.HttpServletResponse;
10
11  @WebServlet("/ForwardServlet")
12  public class ForwardServlet extends HttpServlet {
13    private static final long serialVersionUID = 1L;
14
15    protected void doGet(HttpServletRequest request,
          HttpServletResponse response)
          throws ServletException, IOException {
16      // フォワード
17      RequestDispatcher dispatcher =
            request.getRequestDispatcher("WEB-INF/jsp/forward.jsp");
18      dispatcher.forward(request, response);
19    }
20  }
```

次ページのコード6-2のJSPファイルは、「WEB-INF/jspディレクトリ」内

に保存します。jspディレクトリは、前項で解説した方法で作成します。

コード6-2 フォワード先のJSPファイル

forward.jsp (src/main/webapp/WEB-INF/jsp ディレクトリ)

```
01  <%@ page language="java" contentType="text/html; charset=UTF-8"
02      pageEncoding="UTF-8" %>
03  <!DOCTYPE html>
04  <html>
05  <head>
06  <meta charset="UTF-8">
07  <title>フォワードの実験</title>
08  </head>
09  <body>
10  <h1>フォワードの実験</h1>
11  <p>フォワードされたページです</p>
12  </body>
13  </html>
```

できた！ これでMVCモデルに一歩前進や！！

6.2.5 リダイレクトとは

フォワードもマスターしたし、これで処理の転送は完璧ですね。

実はフォワード以外にも処理を転送する方法があるんだ。それ
も紹介しておこう。

処理を別の処理へ転送する方法はフォワードだけではありません。もう1

つ、リダイレクトという方法があります。リダイレクトは、ブラウザのリクエスト先を変更して処理の転送を行います。リダイレクトでは、次の図6-8のように処理が進行します。

❶ ブラウザがリクエストを送ると、サーブレットクラスから「ここにリクエストをしなさい」という命令がレスポンスされる。
❷ 命令を受けたブラウザは、指示された先に自動的に再リクエストを行う。
❸ 再リクエストの結果が、ブラウザに表示される。

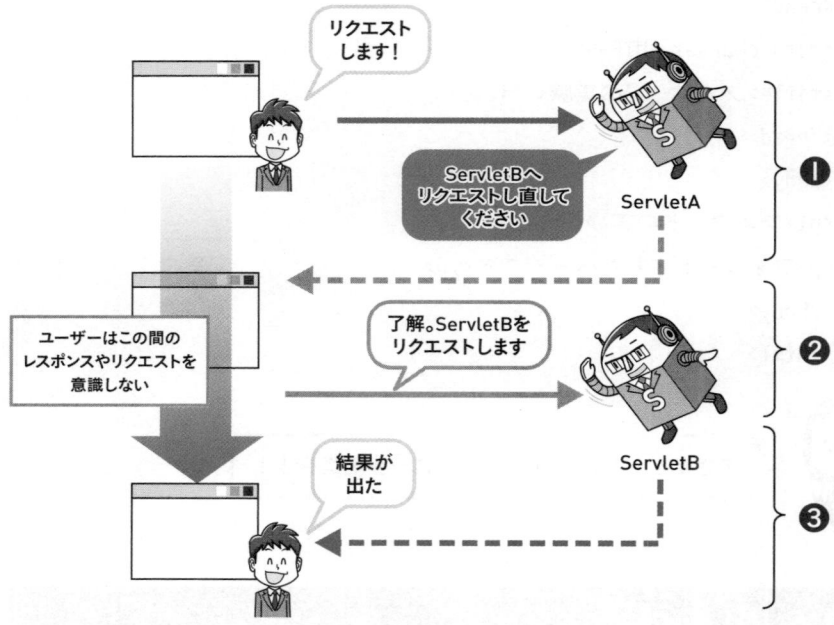

図6-8 リダイレクトの流れ

なお、図6-8ではサーブレットクラスへリダイレクトしていますが、ブラウザがリクエストできる先ならばどこへでもリダイレクトできます。

6.2.6 リダイレクトの実現方法

リダイレクトは、HttpServletResponse インスタンスの sendRedirect() で行います。

リダイレクトの指示

```
response.sendRedirect("リダイレクト先のURL");
```

※ リダイレクト先は、ブラウザがリクエストできる先であればどこでも可能。

リダイレクト先はURLで指定します。ただし、リダイレクト先が同じアプリケーションの場合は、次のようにURLを使用せずにリダイレクト先を指定できます。

 リダイレクト先に指定するもの（同じアプリケーションの場合）
- ・サーブレットクラスの場合→　URLパターン
- ・JSPファイルの場合　　　→　webappからのパス

URLで指定する例

```
response.sendRedirect("http://www.example.com/example/SampleServlet");
```

URLパターンで指定する例

```
response.sendRedirect("SampleServlet");
```

6.2.7 リダイレクトの動作を試してみよう

リダイレクトの動作を確認するプログラムを作りましょう。フォワードの場合と同様、ブラウザからサーブレットクラスをリクエストすると画面が表示されるだけです。結果画面は、リクエストしたサーブレットクラスではなく、リダイレクト先が出力するのがポイントです（次ページの図6-9）。

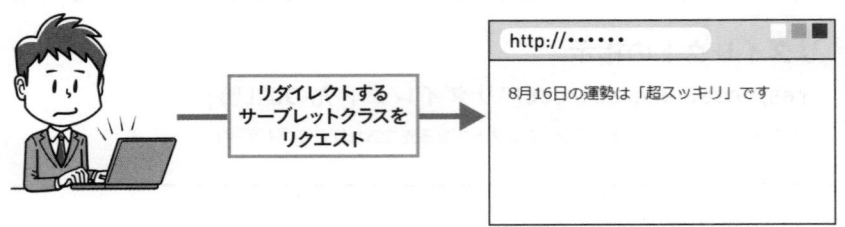

図6-9 リダイレクトするプログラムの動作

次のサーブレットクラスを図6-10の流れになるように組み合わせます。

- RedirectServlet.java ：リクエストを処理するコントローラ
- UranaiServlet.java ：占いを行い、結果を出力するサーブレットクラ
  ス（第3章で作成済み）

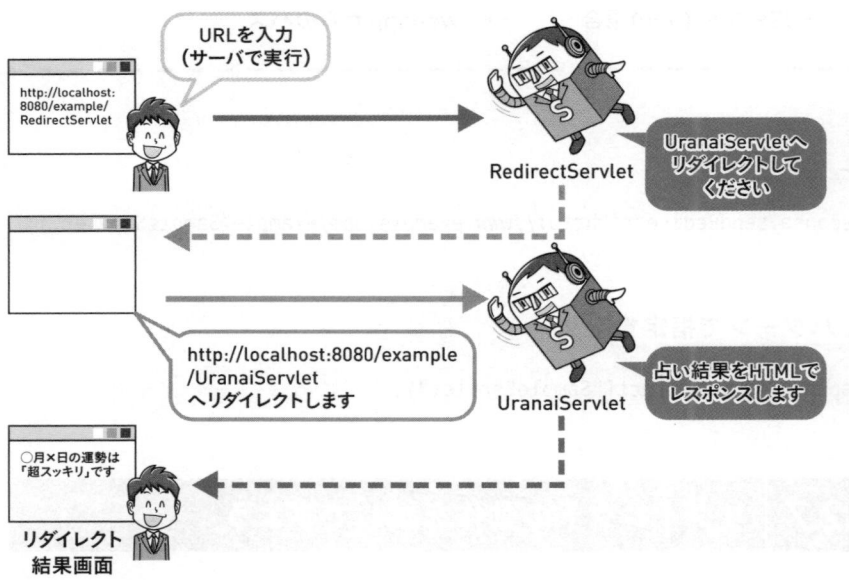

図6-10 リダイレクトするプログラムの流れ

　リクエストされたサーブレットクラス（RedirectServlet）は、リクエスト
を受けると、リダイレクトのみを行います。リダイレクト先は第3章で作成
したサーブレットクラス（UranaiServlet）です（コード3-4、p.92）。実行す
ると、サーブレットクラスが出力した占いの結果がブラウザに表示されます。

それでは次のコード6-3を参考に、リダイレクトのプログラムを作成してください。作成後、「RedirectServlet.java」を次のいずれかの方法で実行して、動作を確認しましょう。

- 「http://localhost:8080/example/RedirectServlet」にブラウザでリクエストする。
- 「RedirectServlet.java」をEclipseの実行機能で実行する。

コード6-3 リダイレクトを行うサーブレットクラス

RedirectServlet.java
（servletパッケージ）

```java
01  package servlet;
02
03  import java.io.IOException;
04  import jakarta.servlet.ServletException;
05  import jakarta.servlet.annotation.WebServlet;
06  import jakarta.servlet.http.HttpServlet;
07  import jakarta.servlet.http.HttpServletRequest;
08  import jakarta.servlet.http.HttpServletResponse;
09
10  @WebServlet("/RedirectServlet")
11  public class RedirectServlet extends HttpServlet {
12    private static final long serialVersionUID = 1L;
13
14    protected void doGet(HttpServletRequest request,
          HttpServletResponse response)
          throws ServletException, IOException {
15      // リダイレクト
16      response.sendRedirect("UranaiServlet");    ── 解説①
17    }
18  }
```

解説①　リダイレクト先の指定

次のように、URLを使ったリダイレクト先の指定もできます。

```
response.sendRedirect("http://localhost:8080/example/UranaiServlet");
```

6.2.8 | フォワードとリダイレクトの使い分け

結局、フォワードとリダイレクトのどっちを使っても同じことなのかな？

「処理が転送される」という結果は同じだけど、転送の内容が違うんだよ。ちょっと振り返ってみよう。

フォワードとリダイレクトの動作や転送を比較すると、それぞれ次のような特徴があります。

フォワードとリダイレクトの動作と転送の比較

フォワード
- 同じアプリケーション内のサーブレットクラスやJSPファイルに処理を移す。
- リクエスト／レスポンスは1往復する。

リダイレクト
- ブラウザに別のサーブレットクラスやJSPファイルをリクエストさせ、実行し直す。
- リクエスト／レスポンスは2往復する。

結果が似ているので難しく感じるかもしれませんが、フォワードとリダイレクトは、転送元と転送先の関係で使い分けるのが基本です。

転送元と転送先のWebアプリケーションが「別」の場合は、リダイレク

178

トを使うしかありません。一方、転送元と転送先のWebアプリケーションが
「同じ」場合、フォワードとリダイレクトの両方を使用できます。基本的に
は、フォワードのほうがリクエスト／レスポンスの往復が少ないぶん、転送
処理が速いので、フォワードを使用します。

> 外部への転送はリダイレクトで、内部への転送はフォワードか。

> まず基本としてそう覚えよう。これ以降、サーブレット→JSP
> ファイルは、フォワードを使って転送するよ。

> ははーん、基本ということは、例外もあるんやね？

> 鋭いね。内部への転送でもリダイレクトを使用する例を、次の
> 項で1つ紹介しよう。

6.2.9 | 転送後のURLの違い

　フォワードとリダイレクトの転送方法の違いは、ブラウザのアドレスバー
に表示されるURLに現れます。

転送後のアドレスバーに表示されるURL

・フォワード後　　→　URLはリクエスト時のまま。
・リダイレクト後　→　リダイレクト先のURLに変更される。

　リダイレクトは、ブラウザに再度リクエストさせるため、アドレスバーの
URLが書き換わるのです。たとえば、サーブレットクラス「Hello」をリク
エストし、そのサーブレットクラスが処理を「GoodBye」へ転送した場合、

実行後に次のURLが表示されます。

フォワードで転送した場合

```
http://localhost:8080/example/Hello
```

リダイレクトで転送した場合

```
http://localhost:8080/example/GoodBye
```

フォワードで転送すると、画面は「GoodBye」によって出力された結果が表示されますが、URLは「Hello」のままです。このように、**フォワードを使うとURLと画面の表示内容にズレが生じる場合があります。このようなURLと画面のズレは、不具合の原因になるケースもあるので、できるだけ避けましょう**。この場合、フォワードではなくリダイレクトを使用すれば解決します（該当の例は第10章で登場します）。

> 具体的な場面は想像しにくいかもしれないけど、ここでは、「内部の転送でもリダイレクトを使う場合がある」とだけ覚えておこう。

6.2.10 | フォワードとリダイレクトの比較

> お疲れさま。最後に2つの転送処理の違いを整理しておこうか。

フォワードとリダイレクトの違いを整理すると、次ページの表6-2のようになります。

表6-2 フォワードとリダイレクトの違い

	フォワード	リダイレクト
転送先	サーブレットクラスまたは JSP ファイル	ブラウザがリクエストできるものすべてが対象（サーブレットクラス、JSP ファイル、HTML ファイルなど）
転送先の Web アプリケーション	転送元と同じ Web アプリケーションのみ	すべての Web アプリケーションに転送できる（他サイトでもよい）
アドレスバーに表示される URL	リクエスト時のまま変わらない	リダイレクト先の URL に変わる
リクエストスコープの引き継ぎ※	できる	できない

※「リクエストスコープの引き継ぎ」に関しては第7章の7.4.1項で解説します。

リダイレクトはブラウザのアドレスバーを書き換えて、強制的にリクエストさせるみたいな感じやね。

気づかないうちにリクエストが発生してるなんて、なんかちょっと気持ち悪いなあ。

昔のInternet Explorerでは、リクエストすると「カチッ」という音が鳴ったから、その音で「あ、リダイレクトしたな」って気づけたんだけどね。

昔、「カチカチカチカチ」って鳴って、変なサイトのページが開いたことがあります。あれはリダイレクトだったんですね！！

……（何のページを見てたんやろ）。

6.3 この章のまとめ

MVCモデル

- MVCモデルは、WebアプリケーションなどのGUIアプリケーションを効率よく開発するための模範的な構造である。
- MVCモデルは、アプリケーション内のプログラムを、モデル（実務係）、ビュー（表示係）、コントローラ（受付兼指示係）という3要素に分けて開発する。
- 通常、サーブレットが「コントローラ」を、JSPが「ビュー」を、一般的なJavaのクラスが「モデル」を担当する。

処理の転送

- 処理を転送する方法には、「フォワード」と「リダイレクト」がある。
- フォワードは、同じWebアプリケーション内のサーブレットクラスやJSPファイルに処理を移す。
- リダイレクトは、ブラウザに別のサーブレットクラスやJSPファイルなどをリクエストさせる。
- リダイレクトはアドレスバーのURLを転送先のURLに書き換える。

column

2種類のモデル

　表6-1（p.163）では、MVCモデルの3つの要素（モデル、ビュー、コントロー
ラ）について紹介しました。「モデル」は、さらに次の2種類に分けられます。

・データモデル　：アプリケーションが扱う情報の保持を行う。
・ロジックモデル：アプリケーションが行う処理ロジックを担う。

　同じモデルに分類されますが、両者はまったく異なるクラスです。図6-2（p.165）
では、「検索語」と「結果」がデータモデル、「検索処理クラス」がロジックモデ
ルに相当します。2種類のモデルがあることを念頭に読み進めてください。

chapter
6

6.4 練習問題

練習6-1

以下はMVCモデルと処理の遷移に関する記述です。(1)から(10)に適切な語句を入れて文章を完成させてください。

MVCモデルはアプリケーション内部をモデル、ビュー、コントローラの3つの要素に分けて開発を行うことを推奨している。それぞれの要素には役割が決められており、| (1) |はユーザーの要求に応える処理を担当し、| (2) |はユーザーへの表示を担当する。| (3) |は、ユーザーからの指示とデータを受け取る窓口となり、指示とその結果の表示を専門の担当に依頼する司令塔の役割を果たす。

JavaによるWebアプリケーションでは、| (4) |でコントローラを、| (5) |でモデルを、| (6) |でビューを作成するのが一般的である。

なお、| (4) |から| (6) |へ処理を遷移させる方法は2つあり、Webサーバ内で処理を即時転送する| (7) |と、転送先URLにアクセスするようブラウザに指示する応答を返す| (8) |がある。| (7) |をした場合、転送後のアドレスバーには| (9) |のURLが表示される。一方、| (8) |をした場合、転送後のアドレスバーには| (10) |のURLが表示される。

練習6-2

redirected.jspとforwarded.jspの2つのJSPファイルが動的Webプロジェクト「ex」のwebappに用意されています。このとき、ブラウザで「http://localhost:8080/ex/ex62」にGETでアクセスすると動作し、発生させた乱数(0〜9)が奇数ならばredirected.jspにリダイレクトし、偶数ならばforwarded.jspにフォワードするサーブレットクラスを作成してください。JSPファイルはともにwebappの直下に配置するものとします。

chapter 7
リクエスト
スコープ

第6章では、フォワードを使ってサーブレットクラスから
JSP ファイルへ処理を転送する方法を学びました。
しかし、それだけではサーブレットクラスと
JSP ファイルの連係は完成しません。
なぜなら、フォワード転送は処理だけの連係であり、
データは連係できないからです。
このままでは、JSP ファイルでサーブレットクラスの
処理結果を出力できません。
そこで、この章では、フォワードの転送元と転送先で
データを連係させる方法を学びましょう。

contents

7.1 スコープの基本

7.1.1 スコープとは

あれ？　綾部さん、しかめっ面してどうしたんだい？

それが……。サーブレットからJSPファイルに転送する方法は
わかったけど、インスタンスはどうやって渡したらいいんやろ。

確かに。引数で渡せないし、ファイルとかデータベースを使う
のかな。

2人とも悩んでいるね。いい方法があるから紹介しよう。

　Webアプリケーションでは、あるサーブレットクラスで生成したインスタ
ンスを別のサーブレットクラスやJSPファイルで利用したい場面が多くあり
ます。しかし、それぞれのサーブレットクラスやJSPファイルは独立してい
るため、**フォワード元のサーブレットクラスで生成したインスタンスは、フォ
ワード先のJSPファイルでは利用できません。**

　第3章ではサーブレットクラスだけで占って結果を表示しましたが、占い
処理を行うサーブレットクラスと、結果表示のHTMLを組み立てるJSPファ
イルに分けて作る場合で考えてみます。

　サーブレットクラスで占った後、その結果を含むHTMLを組み立てるため
にJSPファイルへフォワードします。しかし、JSPファイルは、サーブレッ
トクラスが生成した占い結果のStringインスタンスを使用できません（次
ページの図7-1）。

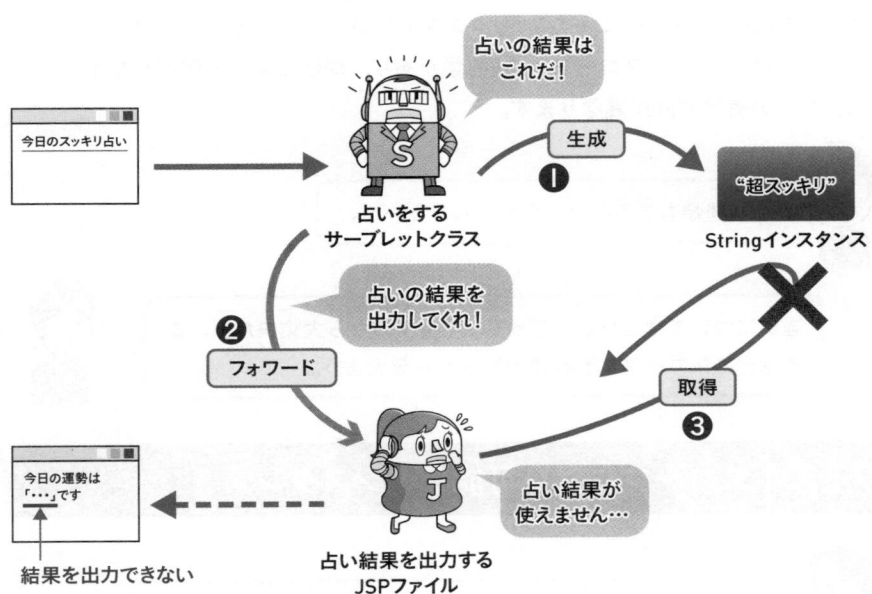

サーブレットクラスが占い結果を生成し（❶）、その出力依頼をJSPファイルにフォワード（❷）しても、
JSPファイルはその結果（インスタンス）を取得できない（❸）。

図7-1 インスタンスを共有できず結果出力できない

　サーブレットクラスが生成したインスタンスをJSPファイルで利用するに
は、**スコープ**を使います。**スコープとはインスタンスを保存できる領域**であ
り、サーブレットクラスとJSPファイルが任意のインスタンスを保存したり、
保存されたインスタンスを取得したりできます。**スコープを経由させること
で、サーブレットクラスとJSPファイルの間でインスタンスの共有が可能に
なる**のです（図7-2）。

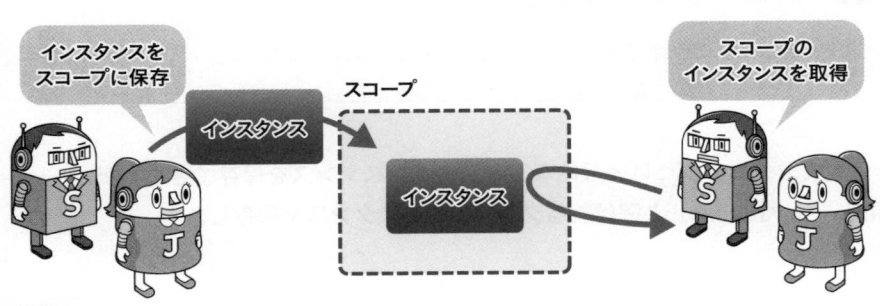

図7-2 スコープによるインスタンスの共有

スコープには「ページスコープ」「リクエストスコープ」「セッションスコープ」「アプリケーションスコープ」の4種類があり、**種類によって保存したインスタンスの有効期限が異なります。**

4種類もあるのか。ややこしそう……。

違いについてはこれからじっくり学習するから大丈夫だよ。まずはどのスコープでも共通の知識から覚えよう。

7.1.2 | スコープに保存可能なインスタンス

まず、スコープに保存する「もの」の特徴を理解しよう。

スコープには何でも保存できるわけではなく、保存できるのは「インスタンス」に限られます。int型やdouble型などの**基本データ型のデータはインスタンスではないので、スコープには保存できません。**基本データ型のデータをスコープに保存したい場合は、ラッパークラス（基本データ型のデータだけを格納するIntegerやDoubleなどのクラス）を使用します。

スコープに保存できるもの

スコープに保存できるのはインスタンス「だけ」である。

そして、スコープには一般的なクラスのインスタンスを保存できますが、原則、**「JavaBeans」と呼ばれるクラスのインスタンスを保存**します。

じゃばびーんず？　コーヒー豆……、シャレかい！

JavaBeansとは、Javaのクラスの独立性を高め、部品として再利用しやすくするためのルール、またはそのルールを守っているクラス（のインスタンス）です。Webアプリケーションに限らず広い分野で利用されています。

難しく考える必要はないよ。いろんなアプリケーションで使い回すための「お約束」を守っているクラスのことなんだ。

その「お約束」を覚えたらいいんやね。

JavaBeansのルール

ルール①　直列化可能である（java.io.Serializableを実装している）。
ルール②　クラスはpublicでパッケージに所属する。
ルール③　publicで引数のないコンストラクタを持つ。
ルール④　フィールドはカプセル化（隠蔽化）する。

厳密にはJavaBeansのルールはこれだけではありませんが、スコープへの保存を目的としたJavaBeansであれば、これだけで十分です。

7.1.3　JavaBeansの例

次ページのコード7-1は、人間に関する情報（今回は名前と年齢のみ）を持つJavaBeansの例です。これを使って、各ルールの適用方法を解説します。
　なお、JavaBeansを含め、一般的なJavaのクラスをEclipseで新規に作成する方法は、Web付録を参照してください。

コード7-1 JavaBeans の例

```
                                                              Human.java
                                                            (model パッケージ)
01  package model;  ──── ルール②
02  import java.io.Serializable;
03
04  public class Human implements Serializable {  ─── ルール①と②
05    private String name;  ┐
06    private int age;      ┘ ルール④
07
08    public Human() { }  ──── ルール③
09    public Human(String name, int age) {
10      this.name = name;
11      this.age = age;
12    }
13    public String getName() { return name; }  ┐
14    public void setName(String name) { this.name = name; }  │
15    public int getAge() { return age; }                       ├ ルール④
16    public void setAge(int age) { this.age = age; }          ┘
17  }
```

JavaBeans のルール①　直列化可能である

　直列化を可能にするために java.io.Serializable インタフェースを実装します。**直列化**とは、インスタンスのフィールドの内容をバイト列に変換してファイルなどに保存し、それをまたインスタンスに復元する技術です。JavaBeans を作ったり利用したりするだけであれば、詳しい内容を理解する必要はありません。

JavaBeans のルール②　クラスは public でパッケージに所属する

　package 文でパッケージ宣言を行い、クラスを public で修飾します。

JavaBeans のルール③　public で引数のないコンストラクタを持つ

　今回のコードのように、明示的に引数なしのコンストラクタを定義するか、

コンストラクタを1つも定義しません。なお、追加で引数を持つコンストラクタを定義してもかまいません。

JavaBeansのルール④　フィールドはカプセル化する

　フィールド変数を「private」で修飾して外部から直接アクセスされるのを禁止します。また、フィールド変数を読み書きするgetter/setterを必要に応じて定義します。getterは呼び出し元にフィールドの値を戻し、setterは渡された引数の値をフィールドに保存するpublicなメソッドです。これらを定義する場合、次の命名規則に従って定義します。

getterとsetterの命名規則

getterの命名規則

・メソッド名は「get」から始め、それに続く単語の頭文字は大文字にする。ただし、戻り値の型がbooleanの場合は「is」から始める。

・引数はなし。戻り値はフィールド。

setterの命名規則

・メソッド名は「set」から始め、それに続く単語の頭文字は大文字にする。

・引数は1つでフィールドに設定する値を受け取る。戻り値はなし。

※ Eclipseの「ソースメニュー」→「getterおよびsetterの生成」を選択すると、命名規則に従ったgetter/setterを自動生成できる。

なんだ、また新しいことを覚えなきゃいけないのかと心配したけど、それほど難しくなかった。

安心したかい？　でも、JavaBeansにはプロパティというちょっとややこしい概念があるから気をつけよう。

JavaBeansの**プロパティ**とは、インスタンスの属性（特性、特質といった情報）のことです。たとえば、先述のHumanクラスの場合なら「age」「name」というプロパティを持ちます。

> それってフィールドやん。つまり「フィールド＝プロパティ」？

> そうなることがほとんどだけど、厳密には違うんだ。

結果的に「フィールド＝プロパティ」となる場合がほとんどですが、これらは個別に定義されます。「name」というフィールドを作っても「name」プロパティは作られません。JavaBeansの**プロパティはgetterまたはsetterを作ることで定義されます**。たとえば、「name」プロパティは「getName()」や「setName()」の作成によって定義されるのです。

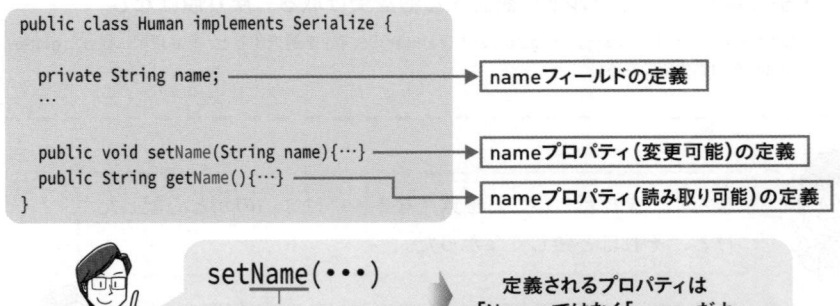

```
public class Human implements Serialize {

    private String name;              ─────▶ nameフィールドの定義
    …

    public void setName(String name){…}  ─────▶ nameプロパティ(変更可能)の定義
    public String getName(){…}           ─────▶ nameプロパティ(読み取り可能)の定義
}
```

setName(・・・) ← プロパティ名   定義されるプロパティは「Name」ではなく「name」だよ

図7-3 フィールドとプロパティの定義

getterやsetterの「get」または「set」以降に付けられた名前が、プロパティ名になります（1文字目は小文字に変換される）。たとえば、「getName()」または「setName()」を作ると「nameプロパティ」ができます。また、getterとsetterのどちらを作るかによって、プロパティの読み取りや変更の可否が

決まります（図7-3、p.192）。

プロパティとgetter／setter

getter／setterとプロパティは次のように対応する。
- **プロパティを読み取る＝getterを実行する**
- **プロパティを変更する＝setterを実行する**

このように、フィールドとプロパティは成立する過程が異なるので、次のように、**フィールド変数名とプロパティ名が一致していなくても、プロパティは定義**されます。

```
private int age; // フィールド                        「nenrei」プロパティ
                                                      の定義

public void setNenrei(int nenrei) { this.age = nenrei; }
public int getNenrei() { return age; }

// 戻り値がbooleanのgetter（戻り値の型がbooleanの場合isから始める）
public boolean isAdult() { return age >= 18; }        「adult」プロパティの定義
```

Webアプリケーションにおける JavaBeans の役割は、**関連する複数の情報をひとまとめにして保持すること**です。たとえば、コード7-1のHumanという JavaBeans は、人間の名前と年齢の2つの情報をまとめて保持します。

サーブレットクラスでは、複数の情報を JavaBeans にまとめて格納し、その JavaBeans をスコープに保存します。一方の JSP ファイルでは、その JavaBeans をスコープから取り出して、複数の情報をまとめて受け取ります。

7.2 リクエストスコープの基礎

7.2.1 リクエストスコープの特徴

> スコープの基礎がわかったところで、お待ちかねの「リクエストスコープ」を紹介しよう。

リクエストスコープは、リクエストごとに生成されるスコープです。このスコープに保存したインスタンスは、レスポンスが返されるまで利用できます。このスコープを利用することで、フォワード元とフォワード先でインスタンスの共有が可能になります（図7-4）。

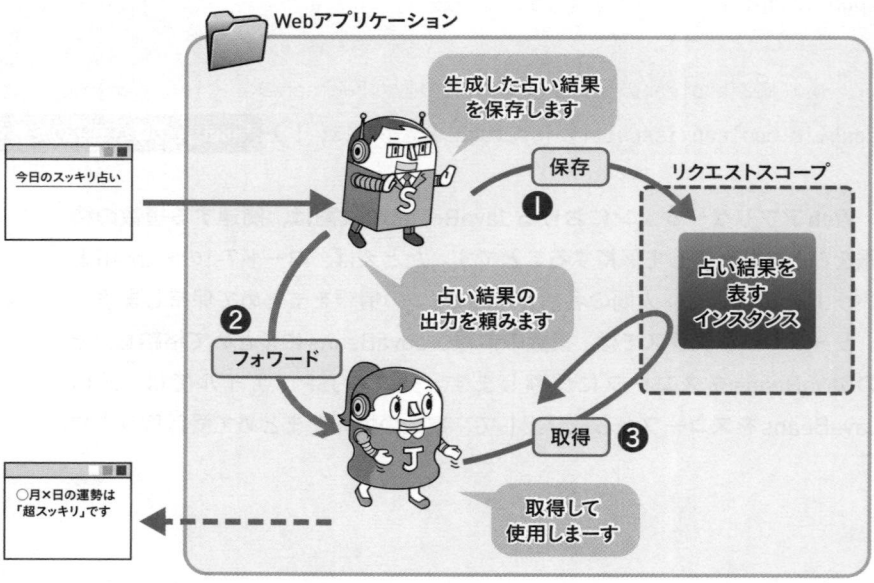

サーブレットクラスが、生成した占い結果を表すインスタンスをリクエストスコープに保存し（❶）、その出力依頼をJSPファイルにフォワードする（❷）と、JSPファイルはそのインスタンスを取得して（❸）結果をブラウザに返す。

図7-4 リクエストスコープの働き

7.2.2 リクエストスコープの基本操作

リクエストスコープの正体は、おなじみのHttpServletRequestインスタンスです。**リクエストスコープを操作するのは、言い換えるとHttpServletRequestインスタンスのメソッドを使うのと同じです。**

具体的な方法を見てみましょう。次のコード7-2は、サーブレットクラスでJavaBeansインスタンス（コード7-1のHumanクラス、p.190）をリクエストスコープに保存し、保存したインスタンスをリクエストスコープから取得する例です（requestには、HttpServletRequestインスタンスが代入されています）。

コード7-2 **サーブレットクラスでリクエストスコープを利用する**

```
01  // リクエストスコープに保存するインスタンスの生成
02  Human human = new Human("湊 雄輔", 23);
03
04  // リクエストスコープにインスタンスを保存
05  request.setAttribute("human", human);            解説①
06
07  // リクエストスコープからインスタンスを取得
08  Human h = (Human)request.getAttribute("human");  解説②
```

解説①　リクエストスコープにインスタンスを保存

リクエストスコープにインスタンスを保存するには、HttpServletRequestインスタンスのsetAttribute()を使用します。

- -

 リクエストスコープにインスタンスを保存する
```
request.setAttribute("属性名", インスタンス);
```

※ 第1引数はString型、第2引数はObject型。
※ 第2引数にはあらゆるクラスのインスタンスを指定できる。
※ すでに同じ属性名のインスタンスが保存されている場合、上書きされる。

- -

chapter
7

第1引数は、スコープに保存するインスタンスの管理用の名前を指定します。この名前を**属性名**ともいい、スコープに保存したインスタンスを取得する際に必要です。なお、属性名は大文字と小文字が区別され、同じ属性名で保存した場合には上書きされます。第2引数は、保存するインスタンスを指定します。引数の型がObjectなので、あらゆるクラスのインスタンスを渡せます。

解説② 　リクエストスコープ内のインスタンスを取得

　リクエストスコープに保存したインスタンスを利用するには、HttpServletRequestのgetAttribute()で取得します。

 リクエストスコープからインスタンスを取得

> 取得するインスタンスの型 変数名 =
>
> 　　（取得するインスタンスの型） request.getAttribute("属性名");

※ 引数には取得するインスタンスの属性名をString型で指定する。
※ 属性名は大文字と小文字を区別する。
※ 戻り値はObject型で返されるため、取得したインスタンスは元の型にキャスト（型変換）する必要がある。
※ 指定した属性名のインスタンスが保存されていない場合、nullを返す。

　引数には、取得するインスタンスの属性名（setAttribute()の第1引数に指定した名前）を指定します。このメソッドはObject型のインスタンスを返すので、コード7-2（p.195）に示したように**キャストで元の型に戻す必要があ**ります。

あいまいになってしまったモノを改めて「Human」として捉え直すんですね。

そうだね。キャストを含めて構文として覚えてしまおう。また、instanceof演算子を使えばより安全に取り出せるよ。

7.2.3 JSPファイルでリクエストスコープを利用する

MVCモデルでのJSPファイルの役割は、リクエストスコープに保存されているJavaBeansインスタンスを取得し、そのプロパティの値を出力するビューである場合がほとんどです。JSPファイルでリクエストスコープを利用するには、暗黙オブジェクトであるrequest（p.144）を使用します。

次のコード7-3は、リクエストスコープに保存されたHumanインスタンス（コード7-1、p.190）を取得して、nameとageプロパティの値を出力しています。

コード7-3 JSPファイルでリクエストスコープを利用する

```
01  <%@ page language="java" contentType="text/html;
02      pageEncoding="UTF-8" %>
03  <%@ page import="model.Human" %>          取得するインスタンスのクラスを
                                               インポート
04  <%
05  // リクエストスコープからインスタンスを取得
06  Human h = (Human)request.getAttribute("human");
07  %>
08  <!DOCTYPE html>
    … （省略） …
09  <%= h.getName() %>さんは<%= h.getAge() %>歳です
    … （省略） …
```

パッケージに入っていないクラスはインポートできません。スコープに保存するJavaBeansのクラスを作成する際に、**パッケージに入れる**ことを忘れないようにしましょう。

> これで、サーブレットクラスからもJSPファイルからもリクエストスコープを操作できるようになったね。

7.3 リクエストスコープを使ったプログラムの作成

7.3.1 健康診断アプリケーションを作ってみよう

> リクエストスコープを使って、Web アプリケーションを MVC モデルで作ってみよう。

リクエストスコープを使って、「健康診断アプリケーション」を作ってみましょう。身長と体重から「BMI」（ボディマス指数）を算出して体型（肥満度）を判断します。BMIの算出には、次の計算式を使います。

```
BMI＝体重(kg)÷（身長(m)×身長(m)）
```

※ 身長の単位はcmではなくmであることに注意。

算出したBMIから、次の基準で体型（肥満度）を判定できます（判定基準は国によって異なります。表は日本肥満学会の基準から抜粋したものです）。

表7-1 BMI判定基準

BMI	体型
18.5 未満	痩せ型
18.5 以上、25 未満	普通
25 以上	肥満

この「健康診断アプリケーション」は、次ページの図7-5のように画面を遷移します。

> 画面では身長をcmで入力するけど、計算はmでするんやね。間違わんように気をつけなあかんな。

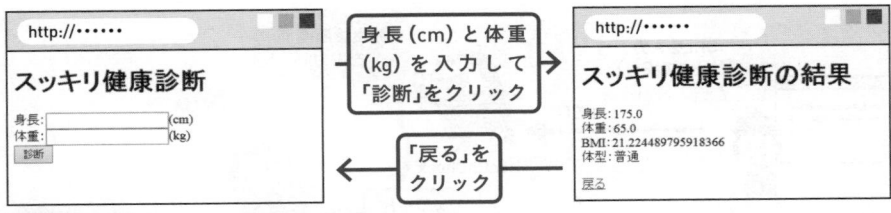

図7-5 健康診断アプリケーションの画面遷移

このアプリケーションでは、次のクラスやJSPファイルを作成します。

- Health.java   ：健康診断に関する情報（身長、体重、BMI、体型）を持つJavaBeansのモデル
- HealthCheckLogic.java ：健康診断に関する処理（BMI値算出、体型判定）を行うモデル
- healthCheck.jsp   ：健康診断画面を出力するビュー
- healthCheckResult.jsp ：健康診断結果画面を出力するビュー
- HealthCheck.java   ：健康診断に関するリクエストを処理するコントローラ

> モデル、ビュー、コントローラ、全部揃ってますね。

> 記念すべきMVCモデルWebアプリケーション開発、初体験っちゅーわけやな！

> おっと、いきなり作り始める前に、まずはアプリケーションの全体像を確認しておこう。

このアプリケーションは、さきほどの5つのファイルを次ページの図7-6のように連係させます。

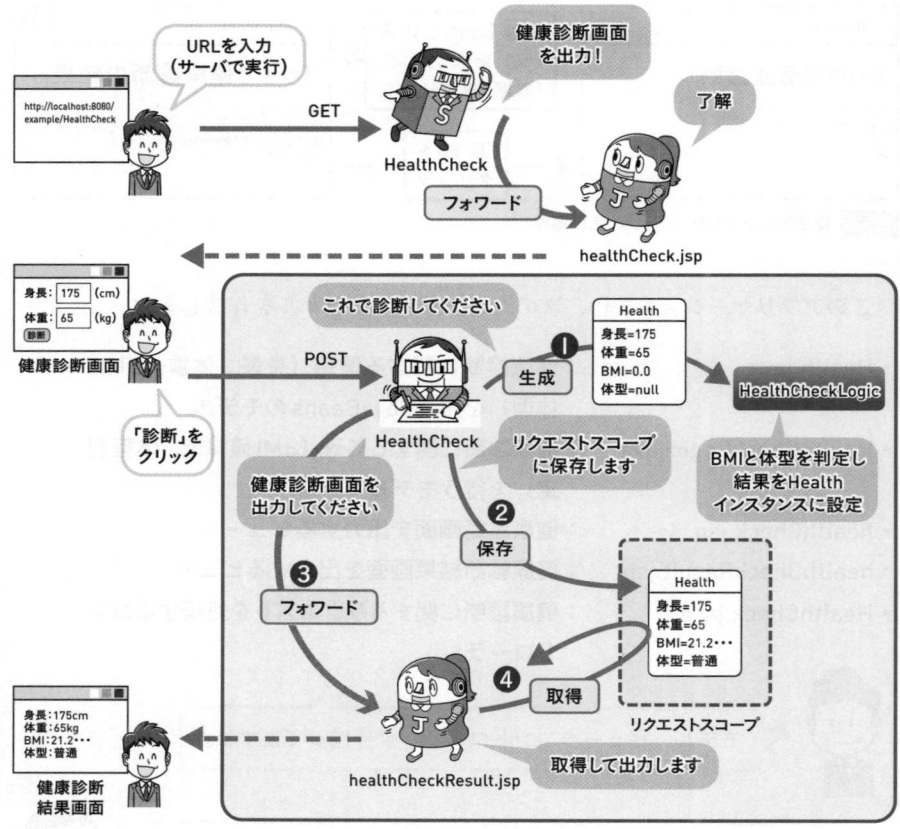

図7-6 健康診断アプリケーションの構成

7.3.2 健康診断アプリケーションの作成

それでは、次ページ以降のコード7-4〜7-8を参考に、「健康診断アプリケーション」を作成しましょう。今回は、ソースコードをシンプルにするため、入力値のチェックは行っていません。そのため、身長や体重を数値以外で入力した場合は、実行時エラーが発生して「500ページ」が表示されるので注意してください。

作成後、次のいずれかの方法で実行して図7-5のように動作するかを確認しましょう。

- 「http://localhost:8080/example/HealthCheck」にブラウザでリクエストする。
- 「HealthCheck.java」をEclipseの実行機能で実行する。

コード7-4 健康診断に関する情報を持つJavaBeans

Health.java
(model パッケージ)

```java
01  package model;
02
03  import java.io.Serializable;
04
05  public class Health implements Serializable {
06    private double height, weight, bmi;
07    private String bodyType;
08
09    public double getHeight() { return height; }
10    public void setHeight(double height) { this.height = height; }
11    public double getWeight() { return weight; }
12    public void setWeight(double weight) { this.weight = weight; }
13    public void setBmi(double bmi) { this.bmi = bmi; }
14    public double getBmi(){ return this.bmi; }
15    public void setBodyType(String bodyType) {
          this.bodyType = bodyType; }
16    public String getBodyType() { return this.bodyType; }
17  }
```

コード7-5 健康診断に関する処理を行うモデル

HealthCheckLogic.java
(model パッケージ)

```java
01  package model;
02
03  public class HealthCheckLogic {
04    public void execute(Health health) {
05      // BMIを算出して設定
```

```
06      double weight = health.getWeight();
07      double height = health.getHeight();
08      double bmi = weight / (height / 100.0 * height / 100.0);
09      health.setBmi(bmi);
10
11      // BMI指数から体型を判定して設定
12      String bodyType;
13      if (bmi < 18.5) {
14        bodyType = "痩せ型";
15      } else if (bmi < 25) {
16        bodyType = "普通";
17      } else {
18        bodyType = "肥満";
19      }
20      health.setBodyType(bodyType);
21    }
22  }
```

コード7-6 健康診断に関するリクエストを処理するコントローラ

```
01  package servlet;
02
03  import java.io.IOException;
04  import jakarta.servlet.RequestDispatcher;
05  import jakarta.servlet.ServletException;
06  import jakarta.servlet.annotation.WebServlet;
07  import jakarta.servlet.http.HttpServlet;
08  import jakarta.servlet.http.HttpServletRequest;
09  import jakarta.servlet.http.HttpServletResponse;
10  import model.Health;
11  import model.HealthCheckLogic;
```

HealthCheck.java
（servletパッケージ）

```java
12
13  @WebServlet("/HealthCheck")
14  public class HealthCheck extends HttpServlet {
15    private static final long serialVersionUID = 1L;
16
17    protected void doGet(HttpServletRequest request,
          HttpServletResponse response)
          throws ServletException, IOException {
18      // フォワード
19      RequestDispatcher dispatcher =
          request.getRequestDispatcher
          ("WEB-INF/jsp/healthCheck.jsp");
20      dispatcher.forward(request, response);
21    }
22
23    protected void doPost(HttpServletRequest request,
          HttpServletResponse response)
          throws ServletException, IOException {
24      // リクエストパラメータを取得
25      String weight = request.getParameter("weight"); // 体重
26      String height = request.getParameter("height"); // 身長
27
28      // 入力値をプロパティに設定
29      Health health = new Health();
30      health.setHeight(Double.parseDouble(height));
31      health.setWeight(Double.parseDouble(weight));
32
33      // 健康診断を実行し結果を設定
34      HealthCheckLogic healthCheckLogic = new HealthCheckLogic();
35      healthCheckLogic.execute(health); ⟩━ 解説①
```

```
36
37     // リクエストスコープに保存
38     request.setAttribute("health", health);
39
40     // フォワード
41     RequestDispatcher dispatcher =
           request.getRequestDispatcher
           ("WEB-INF/jsp/healthCheckResult.jsp");
42     dispatcher.forward(request, response);
43   }
44 }
```

解説① 引数で渡したインスタンスの変更

　メソッドにインスタンスを引数で渡した場合、呼び出し先のメソッドで引数のインスタンスを変更すると呼び出し元のインスタンスも変更されます（参照渡し）。そのため、execute()内で引数のHealthインスタンスにBMIと体型を設定すると、サーブレットクラスのHealthインスタンスにもBMIと体型が設定されます。

コード7-7 健康診断画面を出力するビュー

healthCheck.jsp（src/main/webapp/WEB-INF/jsp ディレクトリ）

```
01 <%@ page language="java" contentType="text/html; charset=UTF-8"
02     pageEncoding="UTF-8" %>
03 <!DOCTYPE html>
04 <html>
05 <head>
06 <meta charset="UTF-8">
07 <title>スッキリ健康診断</title>
08 </head>
09 <body>
```

```
10  <h1>スッキリ健康診断</h1>
11  <form action="HealthCheck" method="post">
12  身長：<input type="text" name="height">(cm)<br>
13  体重：<input type="text" name="weight">(kg)<br>
14  <input type="submit" value="診断">
15  </form>
16  </body>
17  </html>
```

コード7-8 健康診断結果画面を出力するビュー

```
01  <%@ page language="java" contentType="text/html; charset=UTF-8"
02      pageEncoding="UTF-8" %>
03  <%@ page import="model.Health" %>
04  <%
05  // リクエストスコープに保存されたHealthインスタンスを取得
06  Health health = (Health)request.getAttribute("health");
07  %>
08  <!DOCTYPE html>
09  <html>
10  <head>
11  <meta charset="UTF-8">
12  <title>スッキリ健康診断</title>
13  </head>
14  <body>
15  <h1>スッキリ健康診断の結果</h1>
16  <p>
17  身長：<%= health.getHeight() %><br>
18  体重：<%= health.getWeight() %><br>
19  BMI：<%= health.getBmi() %><br>
20  体型：<%= health.getBodyType() %>
```

21	`</p>`
22	`<a href="HealthCheck">戻る</a>`
23	`</body>`
24	`</html>`

ん？　ミナト先輩の作ったやつおかしいで。

えっ！？　どこがおかしい？

あ、背の高さ、cmやなくてmで入力してもうてた。

……。

column

MVCモデルと分業

　MVCモデルは分業で真価を発揮します。**開発の現場ではすべてを1人で作ることはほとんどなく、手分けをするのが一般的です。** モデルの開発担当者は、Webアプリケーション全般の知識がなくても担当する処理の知識さえあれば開発に参加できます（p.201のコード7-4とコード7-5にWebアプリケーション関係のコードが登場しないことに注目してください）。同様に、ビュー（JSPファイル）の開発担当者は主にHTMLの知識、コントローラ（サーブレットクラス）の開発担当者は主にWebアプリケーション関係の知識があれば、ユーザーの要求に応える処理（今回の健康診断や検索など）の知識がなくても参加できます。

　このように、**MVCモデルは手分けして開発を行う場面でより真価を発揮します。** 分業の状況をイメージしながら、掲載されたソースコードを見たり書いたりすれば、MVCモデルの理解が早まるでしょう。

第Ⅲ部

7.4 リクエストスコープの注意点

7.4.1 リクエストスコープでできないこと

できた！ リクエストスコープがあれば何でも作れそうだね。

ショッピングサイトを作って、ひと儲けしようかなあ。

まだまだ。リクエストスコープだけでは作れるアプリケーションには限界があるよ。それを知っておこう。

リクエストスコープの正体であるHttpServletRequestインスタンスは、レスポンスが返されると同時に消滅します。それに伴ってリクエストスコープに保存していたインスタンスも消えてしまいます。

そのため、**リクエストスコープに保存したインスタンスは、次回のリクエストでは取得できません。**

リクエストスコープに保存したインスタンスの限界

インスタンスはリクエストをまたいで共有できない。

しかし、ショッピングカートの情報やログイン情報など、Webアプリケーションにはリクエストをまたいで共有すべきインスタンスが多くあります（次ページの図7-7）。

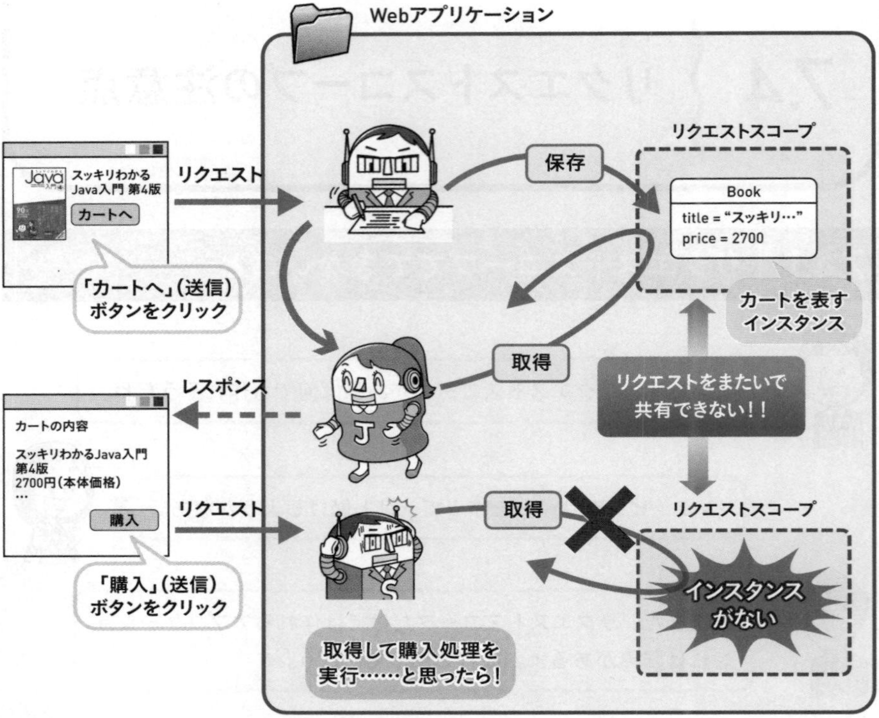

Webアプリケーション

リクエストスコープ

Book
title = "スッキリ…"
price = 2700

スッキリわかる
Java入門 第4版
カートへ

リクエスト

保存

カートを表す
インスタンス

「カートへ」(送信)
ボタンをクリック

取得

レスポンス

リクエストをまたいで
共有できない!!

カートの内容

スッキリわかるJava入門
第4版
2700円(本体価格)
…

リクエスト

購入

取得

リクエストスコープ

インスタンス
がない

×

「購入」(送信)
ボタンをクリック

取得して購入処理を
実行……と思ったら!

図7-7 リクエストスコープはリクエストをまたぐデータを共有できない

　リクエストをまたいでインスタンスを共有するには、リクエストスコープではなく別の種類のスコープを使用します。詳しくは次の章で解説します。

こんなん作れたらおもしろそうやなぁ!

　また、リダイレクトはフォワードと異なり、転送前に一度レスポンスを返します。したがって**リダイレクト元でリクエストスコープに保存したインスタンスは、リダイレクト先では取得できない**ので注意しましょう(次ページの図7-8)。

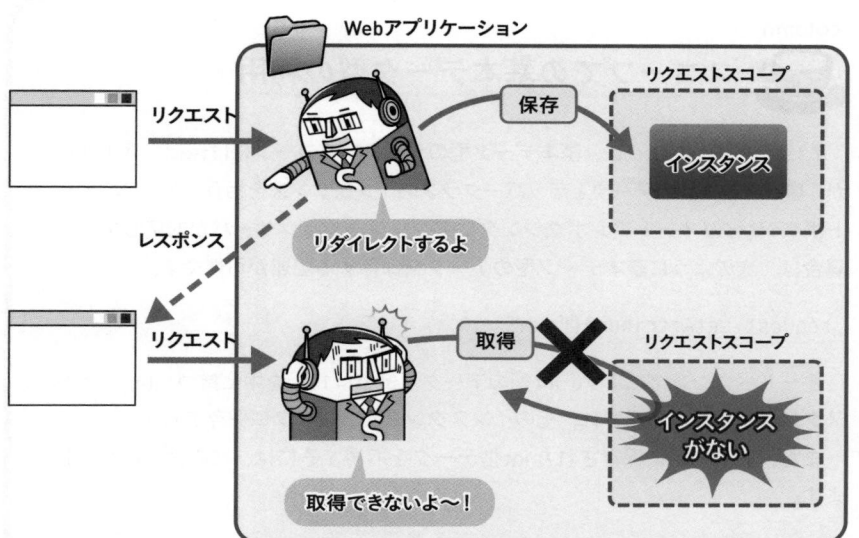

図7-8 リクエストスコープはリダイレクト先と共有できない

リダイレクトとフォワードの違いはここにもあるんやな。要チェックや！

フォワードとリクエストスコープは相性良し、リダイレクトとリクエストスコープは相性悪し、だね。

リクエストスコープの寿命と転送

リクエストスコープの内容は、サーバーからHTTPレスポンスが返ると消失する。つまり……

・ブラウザにHTTPレスポンスを返さず転送するフォワードでは消失しない。
・ブラウザにHTTPレスポンスを返して転送するリダイレクトでは消失する。

スコープでの基本データ型の利用

7.1.2で解説したように、基本データ型のデータはスコープには保存できませんが、基本データ型のデータとラッパークラスのインスタンスを相互変換する、オートボクシング/オートアンボクシングにアプリケーションサーバが対応している場合は、次のように基本データ型のデータを保存する記述が可能です。

```
request.setAttribute("num", 10);
```

オートボクシングにより、int型のデータ（例では10）を中に持つIntegerインスタンスが自動で生成され、そのインスタンスがスコープに保存されます。

また、スコープに保存されたint型データを取得するには、次のように記述します。

```
int num = (int)request.getAttribute("num");
```

スコープからIntegerインスタンスを取得した後、オートアンボクシングにより、Integerインスタンスの中からint型のデータが自動で取り出され、それが変数に代入されます。

もし、スコープから取得した結果がnullの場合、オートアンボクシングに失敗しNullPointerExceptionが発生します。出力された例外メッセージを読んでも原因がわかりにくいため、エラー解決に手間取ることがあります。

```
java.lang.NullPointerException: Cannot invoke "java.lang.
Integer.intValue()" because the return value of "jakarta.
servlet.http.HttpServletRequest.getAttribute(String)" is null
```

オートボクシング/オートアンボクシングは、コードが簡潔になるなどのメリットがありますが、予期しないNullPointerExceptionの発生やパフォーマンスの低下などのデメリットもあるので、使用する際には注意しましょう。オートボクシング/オートアンボクシング、ラッパークラスの詳細については「スッキリわかるJava入門 第4版」を参照してください。

なお、本書で使用しているApache Tomcatは、オートボクシング/オートアンボクシングに対応していますが、初学者の方の混乱を減らすことを意図し、敢えて使用していません。

7.5 この章のまとめ

スコープ

- サーブレットクラスやJSPファイルがインスタンスを共有する領域を「スコープ」という。
- スコープには「アプリケーションスコープ」「セッションスコープ」「リクエストスコープ」「ページスコープ」の4種類がある。
- スコープには原則、「JavaBeans」に従って作成されたインスタンスを保存する。

JavaBeans

- JavaBeansは、再利用性を高めるために決められたルールを満たすクラス、またはそのインスタンスである。
- Webアプリケーションのデータ管理はJavaBeansで行う。
- getter/setterによって「プロパティ」が定義される。

リクエストスコープ

- リクエストスコープの正体はHttpServletRequestインスタンスである。
- サーブレットクラスの場合、doGet()/doPost()の引数を介して受け渡される。
- JSPファイルの場合、HttpServletRequestインスタンスは暗黙オブジェクト「request」で利用できる。
- インスタンスの保存にはsetAttribute()、インスタンスの取得にはgetAttribute()を使用する。
- 保存したインスタンスはブラウザにレスポンスが返されるまで使用できる。
- 保存したインスタンスはリクエストをまたいで使用できない。
- 保存したインスタンスは、フォワード先では取得できるが、リダイレクト先では一度レスポンスが返されるため取得できない。

7.6 練習問題

練習7-1

次の（1）〜（4）に適切な語句を入れて文章を完成させてください。

スコープは、サーブレットクラスとJSPファイルが自由にオブジェクトを保存したり取り出したりできる共有領域であり、アプリケーションスコープ、 (1) スコープ、 (2) スコープ、ページスコープの4種類がある。

スコープに保存するオブジェクトは原則、 (3) という再利用性を高めるためのルールを実装させる。 (3) には (4) という、getXxx() / setXxx()で定義される属性がある。

練習7-2

下記のFruitクラスがあります。

```
package ex;
public class Fruit implements java.io.Serializable {
  private String name;
  private int price;
  public Fruit() {}
  public Fruit(String name, int price) {
    this.name = name;
    this.price = price;
  }
  public String getName() { return name; }
  public int getPrice() { return price; }
}
```

Fruit.java
(exパッケージ)

GETリクエストによって起動し、次のような動作をするサーブレットクラス（FruitServlet.java）をexパッケージに作成してください。

- 「700円のいちご」を表すFruitインスタンスを生成する。
- 生成したFruitインスタンスをリクエストスコープに「fruit」という名前で格納する。
- webapp内のWEB-INF/ex/fruit.jspに処理をフォワードする。

　また、fruit.jspの内容について、次の①～③に適切な記述をしてください。

fruit.jsp (src/main/webapp/WEB-INF/ex ディレクトリ)
`<%@ page contentType="text/html; charset=UTF-8" %>`
`<%@ page import="①" %>`
`<% Fruit fruit = ②; %>`
`<!DOCTYPE html>`
`<html>`
… （省略） …
`<body>`
`<p><%= fruit.getName() %>の値段は③円です。</p>`
`</body>`
`</html>`

chapter
7

chapter 8
セッション
スコープ

第7章で学んだリクエストスコープには、リクエストをまたいで
インスタンスを共有できないという限界がありました。
本章では、その限界を克服するセッションスコープについて
学びます。
セッションスコープは、本格的なWebアプリケーション開発に
欠かせない大変重要なポイントです。
時間をかけてじっくり取り組みましょう。

contents

8.1 セッションスコープの基礎

8.1.1 セッションスコープの特徴

 リクエストスコープは使えるようになったけど、保存したインスタンスがリクエストをまたげないんじゃ不便だなぁ……。

そこで、リクエストをまたぐ方法を学習しよう。これを身に付けたら作れるアプリケーションの幅が「ぐっ」と広がるよ。

 逆に、身に付けないと、作れるものが限られるということやね。

　リクエストスコープに保存したインスタンスは、そのリクエストの終了とともに消滅してしまい、次のリクエスト時には利用できない（リクエストをまたげない）ことを前章で学びました。

　リクエストをまたいでインスタンスを利用するには、リクエストスコープではなく**セッションスコープ**を使用します。**セッションスコープに保存したインスタンスの有効期間は開発者が決める**ことができます。レスポンス後もインスタンスを残せるので、リクエストをまたいでインスタンスを利用できます（次ページの図8-1）。

 セッションスコープに保存したインスタンスの寿命

- 保存したインスタンスの有効期間は、開発者が決定できる。
- レスポンス後も保存したインスタンスを残せるため、リクエストをまたいで利用できる。

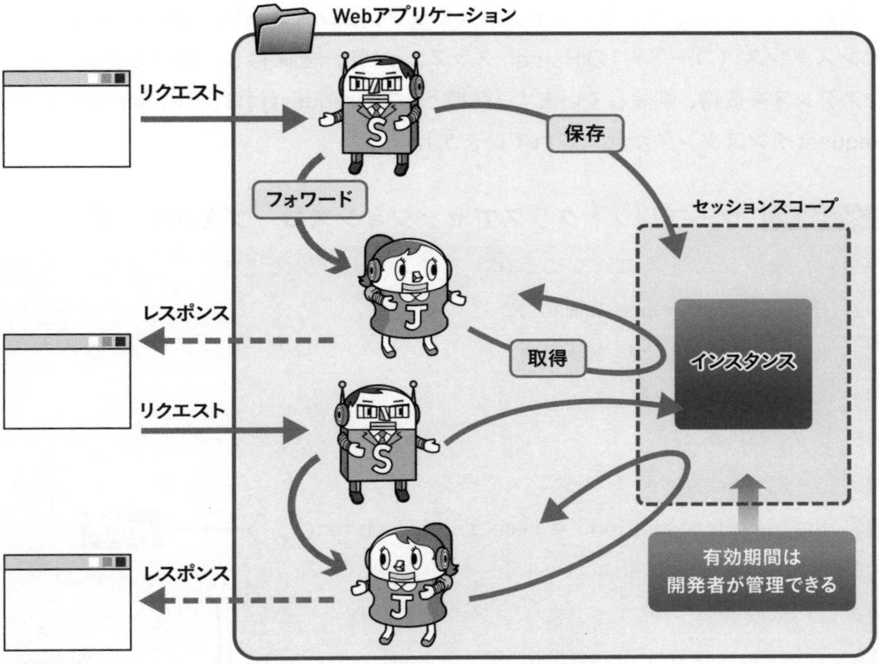

Webアプリケーション

リクエスト

保存

フォワード

セッションスコープ

レスポンス

取得

インスタンス

リクエスト

レスポンス

有効期間は
開発者が管理できる

図8-1 セッションスコープの働き

8.1.2 | セッションスコープの基本操作

リクエストスコープのときは、HttpServletRequest インスタン
スを使いましたよね。もしかしてセッションスコープも……。

残念。セッションスコープでは、また別のものを使うんだよ。

　リクエストスコープの正体である HttpServletRequest インスタンスは、レ
スポンスが返されると消滅してしまうため、セッションスコープには使えま
せん。セッションスコープの正体は jakarta.servlet.http.HttpSession インス
タンスです。このインスタンスのメソッドを使用して、セッションスコープ
を操作できます。

次のコード8-1は、サーブレットクラスでセッションスコープにJavaBeans
インスタンス（コード7-1のHumanクラス、p.190）を保存し、保存したイ
ンスタンスを取得、削除しています（前提として、requestには、HttpServlet
Requestインスタンスが代入されています）。

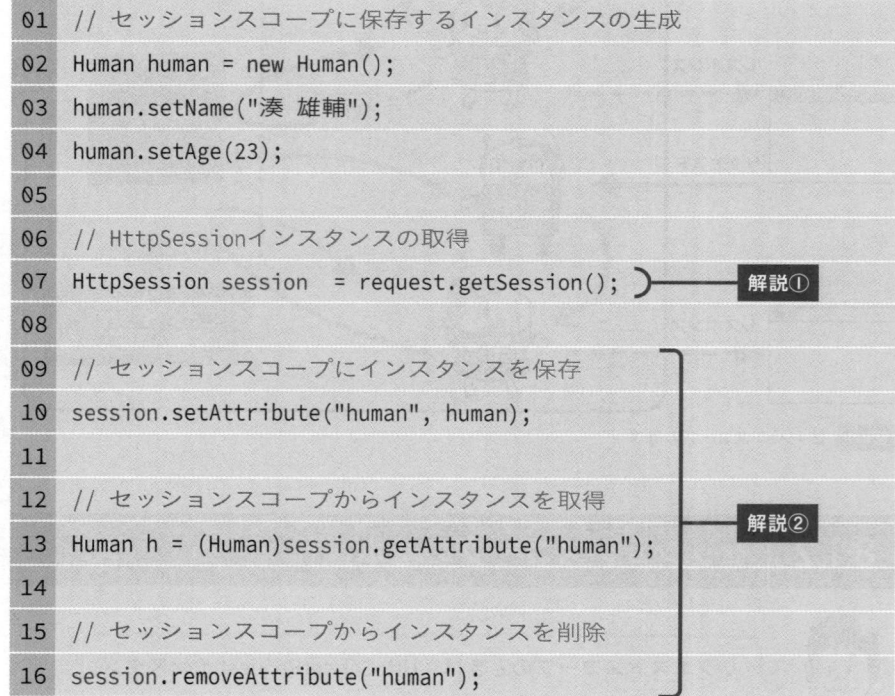

コード8-1 サーブレットクラスでセッションスコープを利用する

```
01  // セッションスコープに保存するインスタンスの生成
02  Human human = new Human();
03  human.setName("湊 雄輔");
04  human.setAge(23);
05
06  // HttpSessionインスタンスの取得
07  HttpSession session  = request.getSession();    ─── 解説①
08
09  // セッションスコープにインスタンスを保存
10  session.setAttribute("human", human);
11
12  // セッションスコープからインスタンスを取得       解説②
13  Human h = (Human)session.getAttribute("human");
14
15  // セッションスコープからインスタンスを削除
16  session.removeAttribute("human");
```

解説① セッションスコープの取得

HttpSession インスタンス は、HttpServletRequest インスタンス の
getSession()で取得します。

セッションスコープの取得

```
HttpSession  session = request.getSession();
```
※ jakarta.servlet.http.HttpSessionをインポートする必要がある。

解説② セッションスコープの基本操作

　セッションスコープにインスタンスを保存したり、保存したインスタンスを取得したりするには、リクエストスコープの場合と同様に、setAttribute()とgetAttribute()を使用します。

セッションスコープにインスタンスを保存する

```
session.setAttribute("属性名", インスタンス);
```
※ 第1引数には保存するインスタンスの属性名をString型で指定する。
※ 属性名は大文字と小文字を区別する。
※ 第2引数には保存するインスタンスを指定する。Object型のためあらゆるクラスのインスタンスを指定できる。
※ すでに同じ属性名のインスタンスが保存されている場合、上書きされる。

セッションスコープからインスタンスを取得する

```
取得するインスタンスの型 変数名 =
    (取得するインスタンスの型) session.getAttribute("属性名");
```
※ 引数には取得するインスタンスの属性名をString型で指定する。
※ 属性名は大文字と小文字を区別する。
※ 戻り値はObject型で返されるため、取得したインスタンスは元の型にキャストする必要がある。
※ 指定した属性名のインスタンスが保存されていない場合、nullを返す。

使い方はリクエストスコープとまったく同じだね！

　セッションスコープに保存したインスタンスは、removeAttribute()で明示的に削除できます。このメソッドが必要な理由は本章の最後で解説します。

セッションスコープからインスタンスを削除する

```
session.removeAttribute("属性名");
```

※ 引数には削除するインスタンスの属性名をString型で指定する。
※ 属性名は大文字と小文字を区別する。

JSPファイルでセッションスコープを利用するには、暗黙オブジェクトである session を使用します（p.144）。わざわざ getSession() を使って HttpSession インスタンスを取得する必要はありません。

次のコード8-2は、セッションスコープに保存されている JavaBeans インスタンス（コード7-1の Human クラス、p.190）を取得し、そのプロパティの値を出力しています。

コード8-2 JSPファイルでセッションスコープを利用する

```
01  <%@ page language="java" contentType="text/html;
02      pageEncoding="UTF-8" %>
03  <%@ page import="model.Human" %>     取得するインスタンスの
                                          クラスをインポート
04  <%
05  // セッションスコープからインスタンスを取得
06  Human h = (Human)session.getAttribute("human");
07  %>
08  <!DOCTYPE html>
    … （省略） …
09  <%= h.getName() %>さんは<%= h.getAge() %>歳です
    … （省略） …
```

8.2 | セッションスコープを使ったプログラムの作成

8.2.1 | ユーザー登録機能を作ってみよう

> リクエストをまたいで情報を保持するアプリケーションを作ってみよう。今回の機能は難しいから時間をかけて理解するつもりでね。

セッションスコープを使ってユーザー登録機能を作ってみましょう。このプログラムは、次の図8-2のように画面遷移するものとします。

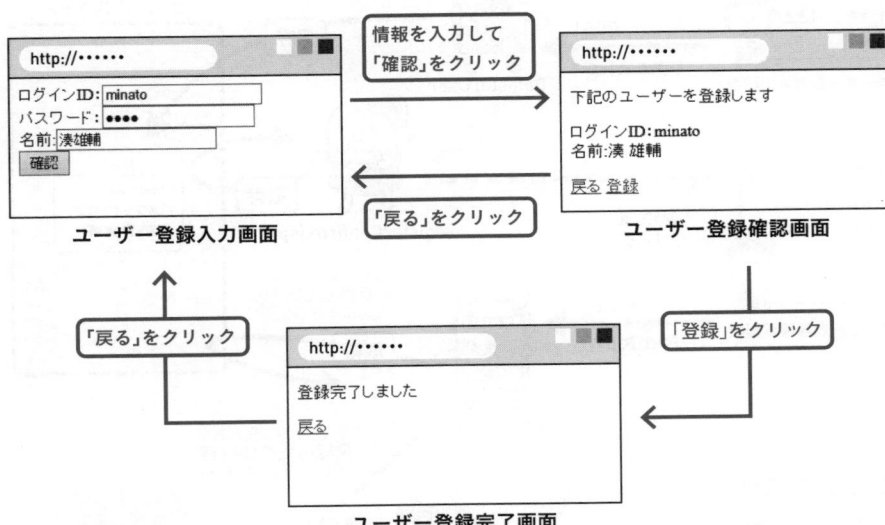

図8-2 ユーザー登録の画面遷移

このアプリケーションでは次のクラスやJSPファイルを作成します。

- **User.java：登録するユーザーを表すJavaBeansのモデル**

- RegisterUserLogic.java ： ユーザー登録を行うモデル（ファイルやデータベースへの登録は行わない）
- registerForm.jsp ： ユーザー登録入力画面を出力するビュー
- registerConfirm.jsp ： ユーザー登録確認画面を出力するビュー
- registerDone.jsp ： ユーザー登録完了画面を出力するビュー
- RegisterUser.java ： ユーザー登録に関するリクエストを処理するコントローラ

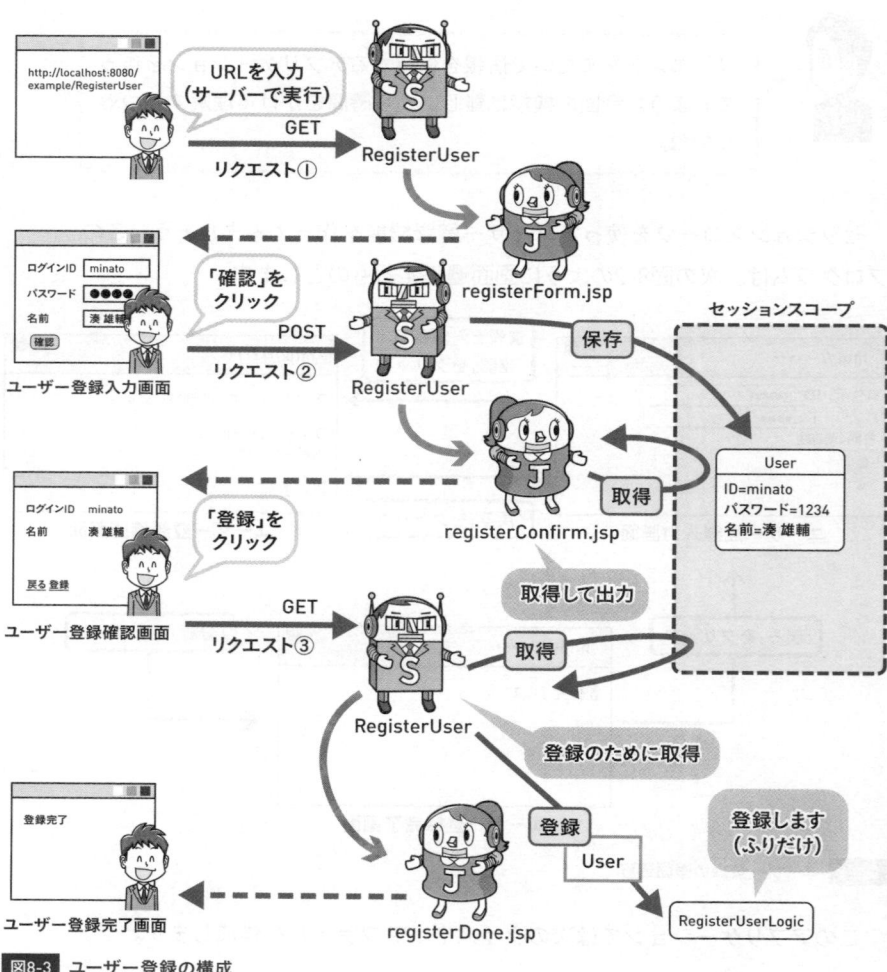

図8-3 ユーザー登録の構成

このアプリケーションは、図8-3（p.222）のように動作します。ここでの最大のポイントは、登録するUserインスタンス（登録するユーザー情報）の扱いです。このインスタンスは、ユーザ登録入力画面から送信された情報をもとにRegisterUserによって作成されます。Userインスタンスが持つ情報は、ユーザー登録確認画面のリクエスト先であるRegisterUserでも利用が必要なため、セッションスコープに保存しておく必要があります。

　ユーザー登録確認画面がリクエストしたRegisterUserでは、セッションスコープから取得したUserインスタンスを、ユーザー登録処理を担当するRegisterUserLogicに渡して登録を依頼します（今回はファイルやデータベースなどには登録しません）。

8.2.2 リクエストパラメータによる処理の振り分け

　このアプリケーションにはもう1つポイントがあります。図8-3（p.222）のように、RegisterUserのdoGetメソッドは、プログラムの開始時（リクエスト①）とユーザー情報の登録時（リクエスト③）の両方のリクエストによって実行されます。それぞれのリクエストによりdoGetメソッドで行うべき処理が異なるため、どちらのリクエストかを判断して処理を分岐する必要があります。

　このように、**1つの実行メソッドに対してリクエスト元が複数ある場合、その実行メソッドでは、どこからのリクエストなのかを判断する必要があります**。その判断材料によく使用されるのが、リクエストパラメータです。

　具体的には、リクエスト元ごとに異なる値のリクエストパラメータを送信するようにします。その結果、実行メソッドでは、リクエストパラメータによってリクエスト元を判断できるようになります。

　今回は、次ページの図8-4のように、「action」というリクエストパラメータでリクエスト元を判断します。プログラムの開始時（リクエスト①）にRegisterUserをGETリクエストするときはactionの値を送信せず、ユーザー情報の登録時（リクエスト③）にRegisterUserをGETリクエストするときは「done」を設定して送信します。

　RegisterUserのdoGetメソッドは、取得したactionの値がnullならばリクエスト元はプログラム開始のリクエスト、「done」ならばユーザー情報登録のリクエストと判断できます。

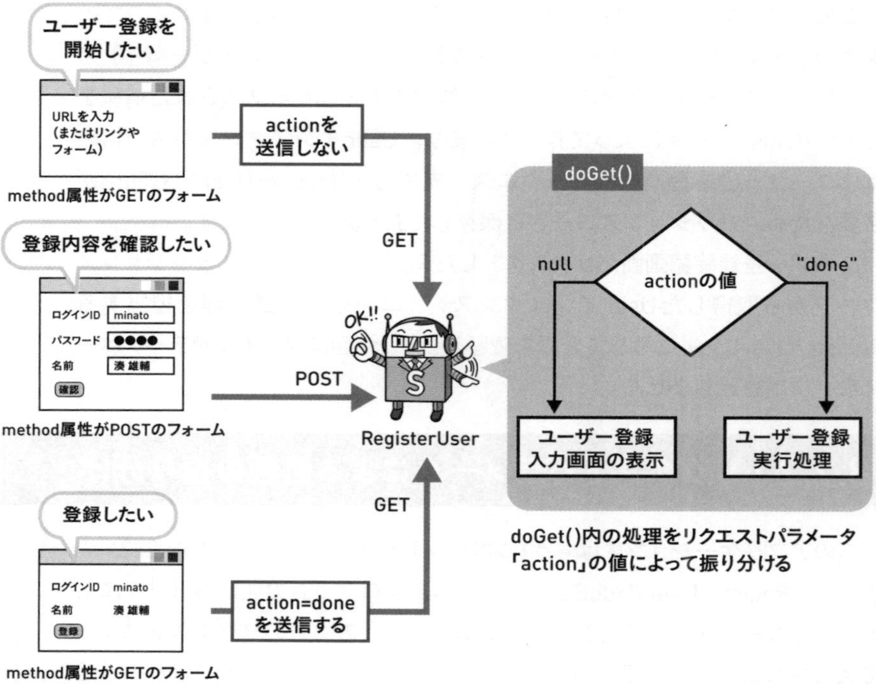

図8-4 リクエストパラメータによる処理の振り分け

column

リクエストとサーブレットクラスの対応

　今回のユーザー登録機能では、すべてのリクエストをRegisterUserに集中させましたが、必ずしもそうする必要はありません。リクエストごとにサーブレットクラスを作成する方法が採られる場合もあります。リクエストとサーブレットクラスの対応は、開発するアプリケーションの規模や複雑さ、設計方針などから決定します。

8.2.3 ユーザー登録機能の作成

　それでは、次ページからのコード8-3〜8-8を参考にプログラムを作成して

224

ください。作成後、次のいずれかの方法で実行して動作を確認しましょう。

- 「http://localhost:8080/example/RegisterUser」にブラウザでリクエストする。
- 「RegisterUser.java」をEclipseの実行機能で実行する。

　なお、このサンプルプログラムは開発の途中で動作確認すると、コードが正しくても思ったような結果にならない場合があります。そのようなときは、開いているブラウザをすべて閉じてから動作確認をやり直してみてください。詳細は次節で解説します。

セッションスコープを使うプログラム実行時の注意点

セッションスコープを使用するプログラムの実行結果がおかしいときは、ブラウザをすべて閉じてから実行し直す。

コード8-3 登録するユーザーを表すJavaBeans

```
01  package model;
02
03  import java.io.Serializable;
04
05  public class User implements Serializable {
06    private String id;
07    private String name;
08    private String pass;
09
10    public User() { }
11    public User(String id, String name, String pass) {
12      this.id = id;
13      this.name = name;
14      this.pass = pass;
```

User.java
(modelパッケージ)

```
15    }
16    public String getId() { return id; }
17    public String getPass() { return pass; }
18    public String getName() { return name; }
19 }
```

コード8-4 ユーザー登録を行うモデル

RegisterUserLogic.java
(model パッケージ)

```
01 package model;
02
03 public class RegisterUserLogic {
04   public boolean execute(User user) {
05     // 登録処理（実際の登録処理は行わない）
06     return true;
07   }
08 }
```

　次のコード8-5では、リクエストパラメータ「action」の値によって、処理や遷移先を振り分ける点に注目してください。

コード8-5 ユーザー登録に関するリクエストを処理するコントローラ

RegisterUser.java
(servlet パッケージ)

```
01 package servlet;
02
03 import java.io.IOException;
04 import jakarta.servlet.RequestDispatcher;
05 import jakarta.servlet.ServletException;
06 import jakarta.servlet.annotation.WebServlet;
07 import jakarta.servlet.http.HttpServlet;
08 import jakarta.servlet.http.HttpServletRequest;
09 import jakarta.servlet.http.HttpServletResponse;
10 import jakarta.servlet.http.HttpSession;
```

```java
11  import model.RegisterUserLogic;
12  import model.User;
13
14  @WebServlet("/RegisterUser")
15  public class RegisterUser extends HttpServlet {
16    private static final long serialVersionUID = 1L;
17
18    protected void doGet(HttpServletRequest request,
        HttpServletResponse response)
        throws ServletException, IOException {
19      // フォワード先
20      String forwardPath = null;
21
22      // サーブレットクラスの動作を決定する「action」の値を
23      // リクエストパラメータから取得
24      String action = request.getParameter("action");
25
26      // 「登録の開始」をリクエストされたときの処理
27      if (action == null) {
28        // フォワード先を設定
29        forwardPath = "WEB-INF/jsp/registerForm.jsp";
30      }
31      // 登録確認画面から「登録実行」をリクエストされたときの処理
32      else if (action.equals("done")) {
33        // セッションスコープに保存された登録ユーザーを取得
34        HttpSession session = request.getSession();
35        User registerUser =
              (User)session.getAttribute("registerUser");
36
37        // 登録処理の呼び出し
```

```
38      RegisterUserLogic logic = new RegisterUserLogic();

39      logic.execute(registerUser);

40

41      // 不要となったセッションスコープ内のインスタンスを削除

42      session.removeAttribute("registerUser");  )── 解説①

43

44      // 登録後のフォワード先を設定

45      forwardPath = "WEB-INF/jsp/registerDone.jsp";

46    }

47

48    // 設定されたフォワード先にフォワード

49    RequestDispatcher dispatcher =
          request.getRequestDispatcher(forwardPath);

50    dispatcher.forward(request, response);

51  }

52

53  protected void doPost(HttpServletRequest request,
        HttpServletResponse response)
        throws ServletException, IOException {

54    // リクエストパラメータの取得

55    request.setCharacterEncoding("UTF-8");

56    String id = request.getParameter("id");

57    String name = request.getParameter("name");

58    String pass = request.getParameter("pass");

59

60    // 登録するユーザーの情報を設定

61    User registerUser = new User(id, name, pass);

62

63    // セッションスコープに登録ユーザーを保存

64    HttpSession session = request.getSession();
```

第Ⅲ部

65	`        session.setAttribute("registerUser", registerUser);`
66	
67	`        // フォワード`
68	`        RequestDispatcher dispatcher =`
	`            request.getRequestDispatcher`
	`            ("WEB-INF/jsp/registerConfirm.jsp");`
69	`        dispatcher.forward(request, response);`
70	`    }`
71	`}`

解説① セッションスコープ内のインスタンスを削除

removeAttribute()で、登録ユーザーの情報を削除しています。これが必要な理由は8.4節で解説します。

コード8-6 ユーザー登録入力画面を出力するビュー

registerForm.jsp (src/main/webapp/WEB-INF/jsp ディレクトリ)

01	`<%@ page language="java" contentType="text/html; charset=UTF-8"`
02	`    pageEncoding="UTF-8" %>`
03	`<!DOCTYPE html>`
04	`<html>`
05	`<head>`
06	`<meta charset="UTF-8">`
07	`<title>ユーザー登録</title>`
08	`</head>`
09	`<body>`
10	`<form action="RegisterUser" method="post">`
11	`ログインID：<input type="text" name="id"> `
12	`パスワード：<input type="password" name="pass"> ` 解説②
13	`名前:<input type="text" name="name"> `
14	`<input type="submit" value="確認">`
15	`</form>`

```
16    </body>
17    </html>
```

解説② パスワードボックス

input タグの type 属性の値を password にすると、パスワードボックスが作成できます。パスワードボックスに入力した文字列は「●●●」のように伏せ字で表示されます。

コード8-7 ユーザー登録確認画面を出力するビュー

registerConfirm.jsp (src/main/webapp/WEB-INF/jsp ディレクトリ)

```
01    <%@ page language="java" contentType="text/html; charset=UTF-8"
02        pageEncoding="UTF-8" %>
03    <%@ page import="model.User" %>
04    <%
05    User registerUser = (User) session.getAttribute("registerUser");
06    %>
07    <!DOCTYPE html>
08    <html>
09    <head>
10    <meta charset="UTF-8">
11    <title>ユーザー登録</title>
12    </head>
13    <body>
14    <p>下記のユーザーを登録します</p>
15    <p>
16    ログインID：<%= registerUser.getId() %><br>
17    名前:<%= registerUser.getName() %><br>
18    </p>
19    <a href="RegisterUser">戻る</a>
20    <a href="RegisterUser?action=done">登録</a>
21    </body>
```

解説③

```
22  </html>
```

解説③　リクエストパラメータ「action」の送信

　リンクでリクエストパラメータを送る方法（p.154）を使って、「action=done」
を送信しています。

コード8-8　ユーザー登録完了画面を出力するビュー

registerDone.jsp (src/main/webapp/WEB-INF/jsp ディレクトリ)

```
01  <%@ page language="java" contentType="text/html; charset=UTF-8"
02      pageEncoding="UTF-8" %>
03  <!DOCTYPE html>
04  <html>
05  <head>
06  <meta charset="UTF-8">
07  <title>ユーザー登録</title>
08  </head>
09  <body>
10  <p>登録完了しました</p>
11  <a href="RegisterUser">戻る</a>
12  </body>
13  </html>
```

8.3 セッションスコープのしくみ

8.3.1 セッションID

なるほどな〜。セッションスコープを使えばショッピングカートが作れるんやね。これでいよいよ店を開けそうやわ。

商魂たくましいなあ（笑）。そういえば、Webページによくあるカートって、僕が入れた内容は僕にしか見えないよね。どうなってるんだろう？

それはセッションスコープのしくみに秘密があるよ。セッションスコープはよく使うので、基本的なしくみも理解しておこう。

セッションスコープの正体である **HttpSession インスタンスはユーザー（ブラウザ）ごとに作成されます**（そのユーザーにとって最初の getSession() を実行するタイミング）。このとき、アプリケーションサーバは内部で**セッション ID** と呼ばれるユーザー（ブラウザ）固有のIDを新たに発行し、HttpSession インスタンスとブラウザに設定します。

次ページの図8-5のように、セッションIDを設定されたブラウザは、以降のリクエストのたびに設定されたセッションIDを送信します。アプリケーションサーバは送られてきたセッションIDを取得し、2回目以降の getSession() を実行する際に、取得したセッションIDと同じIDを持つ HttpSession インスタンスを取得します。

このようなしくみにより、各ユーザーは自分専用のセッションスコープを使用できます。

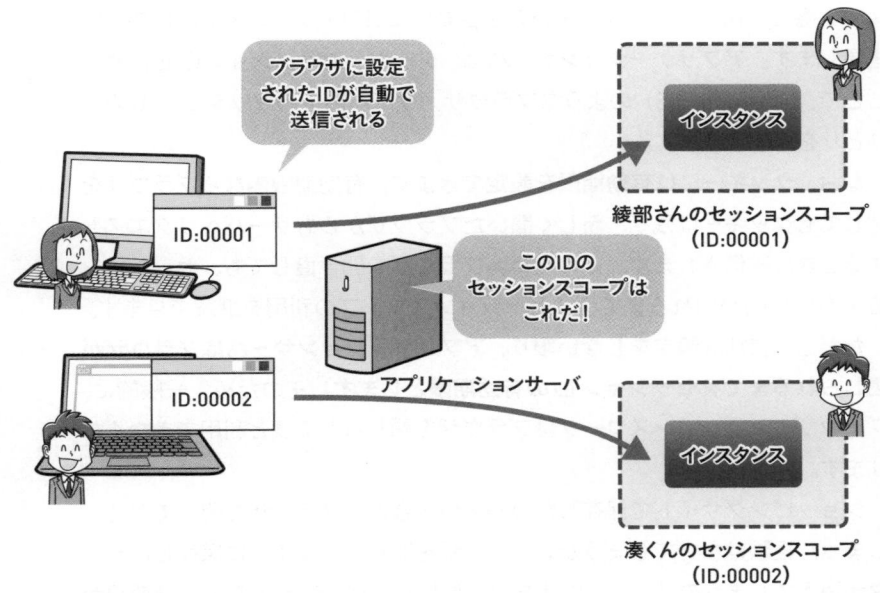

図8-5 セッションIDによるユーザーの区別

8.3.2 | セッションIDとクッキー

でも、どうやってサーバとブラウザはセッションIDをやりとりしているんだろう。そんなコードを書いた覚えはないぞ。

それを実現しているのは、リクエストとレスポンスの裏で使われる、クッキーという技術なんだ。

出た〜！ コーヒーにはクッキーやな。

クッキー（Cookie）とは、Webサーバ（またはアプリケーションサーバ）がブラウザにデータを保存、送信させるしくみです。サーバがレスポンスに「クッキー」と呼ばれるデータを含めると、レスポンスを受信したブラウザはクッキーをコンピュータに保存します。そして以後、そのサーバにアクセ

スする際は、保存したクッキー情報を自動的にHTTPリクエストに付加して送信します。アプリケーションサーバは、クッキーにセッションIDを含めることで、図8-5（p.233）のようなブラウザ／サーバ間でのセッションIDのやりとりを可能にします。

　なお、**クッキーには有効期限を設定できます**。有効期限内ならブラウザを閉じてもクッキーは残り、新しく開いたブラウザからもサーバへリクエストするときに送信されます。そのため、ブラウザを開き直しても、セッションIDの有効期限が切れるまでは、セッションスコープの利用を継続できます。

　ただし、**特別な設定をしない限り、アプリケーションサーバはブラウザが閉じられるまでをセッションIDの有効期限とします**。そのため、一般的に、ブラウザのセッションスコープはブラウザを閉じると二度と利用できなくなります。

　ショッピングサイトで保存したカートの内容が、ブラウザを閉じて消えてしまった経験はないでしょうか。ブラウザを閉じるとサイトに保存したデータが消えてしまうのは、ブラウザを閉じたためにセッションIDの有効期限が切れるのが原因です（ブラウザを閉じてもデータが残るサイトは、有効期限を変更したり、セッションスコープ以外の方法を用いたりして、データを残しています）。

　また、ブラウザのウィンドウを複数開くときは注意してください。Google Chromeなどのほとんどのブラウザは、開いているすべてのウィンドウでセッションIDを共有します。そのため、何らかの処理を行ったウィンドウを残したまま次の処理を実行すると、発行済みのセッションIDが新しく開いたウィンドウにも設定されてしまいます。すると、セッションスコープは前回実行時の状態を引き継いでしまうので、もしセッションスコープが空の状態の動作を期待していたとしても、そのとおりにはなりません。予期しない動作を防ぐために、**セッションスコープを使ったプログラムの動作確認は、必ずブラウザのウィンドウをすべて閉じてからにしましょう**。

ユーザー登録機能の動作確認で注意があったのは、このことだったんだね（p.225）。

8.4 セッションスコープの注意点

8.4.1 セッションのタイムアウト

セッションスコープって便利だなぁ。これさえあれば、リクエストスコープなんかいらないや。

おっと、そうはいかない。セッションスコープにも欠点があるんだ。

セッションスコープが便利だからといって多用し過ぎると、アプリケーションサーバがメモリ不足になり性能の低下やサーバの停止を引き起こしてしまう危険があります。なぜなら、セッションスコープの正体であるHttpSessionインスタンスは、使われない状態になってもサーバからすぐには消滅しないからです。

Javaって、いらなくなったインスタンスをJVMが自動で捨ててくれるんじゃなかったの？

そうそう。確か「ガベージコレクション」ってヤツやね。

HttpSessionインスタンスはほかのインスタンスとは異なり、使用されない状態になっても、すぐにはガベージコレクションの対象になりません。これは、HttpSessionインスタンスが不要かどうかをサーバが判断できないためです。

たとえば、あるショッピングサイトにアクセスした湊くんが、ひととおり

の買い物を終えた後、ブラウザを閉じて別の作業を始めた状況を想像してみてください。湊くんのセッションスコープは不要になりますが、サーバ側は湊くんの状況を確認できないので、ブラウザを閉じたことに気づけません。そのため、HttpSessionインスタンスをガベージコレクションの対象にできないのです。

　しかしこれでは、永遠にHttpSessionインスタンスを破棄できず、アプリケーションサーバ内に大量のHttpSessionインスタンスを保持し続けてしまいます。そこでアプリケーションサーバは、一定時間利用されていないHttpSessionインスタンスについては不要と判断し、ガベージコレクションの対象にします。これを**セッションタイムアウト**といいます。Apache Tomcatの場合、セッションタイムアウトまでの時間は30分に初期設定されています。

> ああ、30分以上操作しないと無効になりますって書いてあるのを見たことがあります。あれはタイムアウトのことだったんですね。

8.4.2 セッションスコープの破棄とインスタンスの削除

> なーんや。セッションタイムアウトがあるなら、やっぱりほっといていいんや。

> おっと、ところがそうはいかないよ。

　たとえセッションタイムアウトがあっても、短時間にリクエストが集中すれば、ガベージコレクションが間に合わずメモリがパンクする可能性があります。そうならないためにも、**開発者自身がセッションスコープに格納するインスタンスを積極的に管理する必要があります。**

　まず重要なのは、セッションスコープに保存したインスタンスが不要になったタイミングで、きちんとremoveAttribute()を呼んで削除することです。

だから、コード8-5のユーザー登録が終わったタイミング（解説①の部分、p.228）で削除していたんですね。

　次に重要なのは、そもそもセッションスコープ自体が不要になったタイミングで、スコープそのものを破棄することです。

 セッションスコープを破棄する

```
session.invalidate();
```

※ スコープ自体が破棄され、保存していたすべてのインスタンスが消滅する。
※ 実行後にgetSession()を実行すると、新しいHttpSessionインスタンスが生成される。

---

　invalidate()を最もよく使うのは、ショッピングサイトなどでユーザーが「ログアウト」したタイミングです。ログイン中のユーザーIDやカートに入れた商品など、セッションスコープに格納していた内容を、invalidate()ですべてクリアできます。

リクエストスコープはサーバが勝手に掃除してくれるけど、セッションスコープは自分で掃除せなあかんのやね。

column

☕ ステートフルな通信

　リクエストをまたいでユーザーの情報を保持する通信のことを**ステートフル**な通信、反対にリクエストをまたいで情報を保持しない通信を**ステートレス**な通信といいます。

　Webアプリケーションの通信で使用されるHTTPは**ステートフル**なしくみを提供していません。そのため、ステートフルを実現するには特別な工夫が必要です。今回紹介したセッションスコープはその1つです。セッションスコープ以外にも、リクエストパラメータやクッキーを使ってステートフルな通信を実現できます。

8.5 この章のまとめ

セッションスコープ

- セッションスコープ の 正体はHttpSessionインスタンスである。
- サーブレットクラスの場合、HttpServletRequestインスタンスのgetSession()で取得する。
- JSPファイルの場合、HttpSessionインスタンスは暗黙オブジェクト「session」で利用できる。
- インスタンスの保存はsetAttribute()、インスタンスの取得はgetAttribute()、インスタンスの削除はremoveAttribute()を使用する。
- セッションスコープに保存したインスタンスは、リクエストをまたいで使用できる。

セッションスコープのしくみ

- セッションスコープはブラウザごとに作成され、固有のセッションIDがブラウザとHttpSessionインスタンスに設定される。
- Apache Tomcatの初期設定では、ブラウザを閉じるとそれ以前に利用していたHttpSessionインスタンスを利用できなくなる。
- Apache Tomcatの初期設定では、30分間利用されていないHttpSessionインスタンスは破棄される。
- 不要となったインスタンスを残していると不具合の原因になる。
- HttpSessionインスタンスの破棄は、invalidate()を使用する。

練習8-1

　サーブレットやJSPファイルの間でオブジェクトを引き渡すために、リクエストスコープとセッションスコープのどちらかを利用します。次のそれぞれの状況でより好ましいものを選んでください。

(1) 画面Aから呼び出されたサーブレットクラスがJSPファイルに処理をリダイレクトする際にオブジェクトを引き渡したい。
(2) 画面Bから呼び出されたサーブレットクラスがJSPファイルに処理をフォワードする際にオブジェクトを引き渡したい。
(3) パスワード登録画面の「送信」ボタンのクリックで起動するサーブレットクラスで、もし登録画面で入力されたパスワードが8文字未満の場合、error.jspにフォワードして「?文字のパスワードは短すぎます」と表示したい（?には入力された文字数を表示する）。
(4) ログイン画面の「送信」ボタンのクリックで起動するサーブレットクラスにおいて、画面で入力されたID情報（文字列インスタンス）を保存しておき、以後さまざまなサーブレットクラスやJSPファイルで取り出して利用したい。

練習8-2

　練習7-2（p.212）では、Fruitインスタンスをリクエストスコープ経由でやりとりするサーブレットクラスとJSPファイルを作成しました。このコードについて、リクエストスコープではなくセッションスコープを用いるよう修正してください。

column

セッションスコープと直列化

　アプリケーションサーバは、停止時にセッションスコープ内のインスタンスを直列化（p.190）してファイルに保存し、再起動時に保存したファイルからインスタンスを復元します。これにより、サーバを再起動しても、ユーザー（ブラウザ）は、再起動前の状態を保持したセッションスコープを利用できます。

　また、割り当てられたメモリがいっぱいになった場合でも、アプリケーションサーバはセッションスコープのインスタンスを直列化して、メモリからファイルに待避できます。

　このように、セッションスコープ内のインスタンスは直列化されることがあるので、java.io.Serializableインタフェースを実装して直列化に対応しておく必要があります。これを忘れると、直列化されるときに問題が発生することがあります（「エラー解決・虎の巻」A.2.5項の**8**）。自作クラスのインスタンスをセッションスコープに保存する場合には、直列化の対応を忘れないようにしましょう（String、IntegerやArrayListといったAPIに用意されている代表的なクラスはすでに直列化が実装されています）。

chapter 9
アプリケーション
スコープ

第7章で紹介したリクエストスコープと第8章で
紹介したセッションスコープは、ユーザーごとに
割り当てられるスコープです。
しかし、アプリケーションの中にはすべてのユーザーで
共通して利用したいデータもあります。
そのようなインスタンスを扱うには、別のスコープを
利用する必要があります。
この章では、全ユーザーが利用できる「懐が深い」
スコープを紹介しましょう。

contents

9.1 | アプリケーションスコープの基礎

9.1.1 | アプリケーションスコープの特徴

ユーザーごとのデータが保存できちゃうなんて、セッションスコープって便利だね。

でも、みんなで共有したいデータを使いたいときもあるやん？そういうときは、やっぱり、データベースとかを使うんかな？

確かにデータベースが一般的だけど、「アプリケーションスコープ」を使う方法もあるよ。

アプリケーションスコープは、1つのアプリケーションにつき1つだけ作成されるスコープです。そのため、アプリケーションスコープに保存したインスタンスは、**Webアプリケーションが終了するまでの間、アプリケーション内のすべてのサーブレットクラスとJSPファイルで利用できます**（次ページの図9-1）。

---

column

データベース vs アプリケーションスコープ

　データベースは、高度なデータ管理やデータ保護のしくみを備えています。一方、アプリケーションスコープは、そのようなしくみは備えていませんが、インスタンスがサーバのメモリ上にあるため、高速にアクセスでき、手軽に利用できるのです。

　データベースとアプリケーションスコープのそれぞれの強みと弱みを把握して有効に活用しましょう。

第Ⅲ部

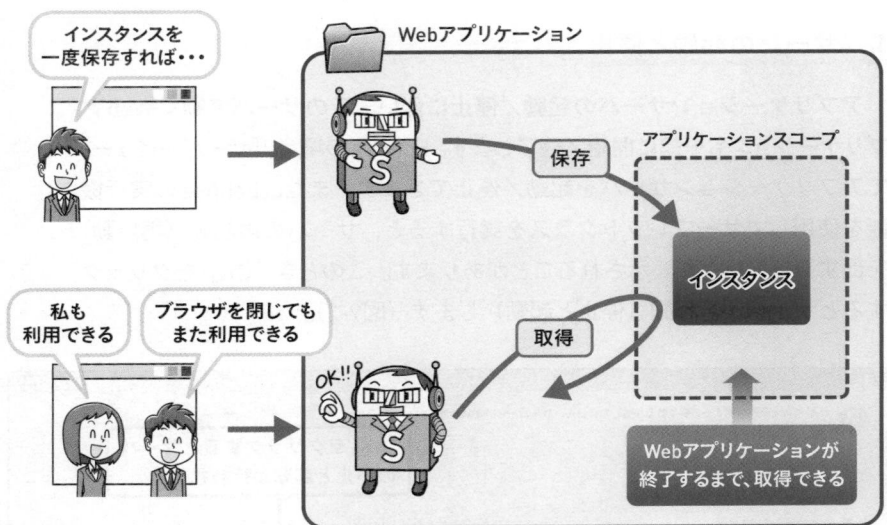

図9-1 アプリケーションスコープの働き

「セッションスコープ」はオレのもの、「アプリケーションスコープ」はみんなのものやね。

9.1.2 Webアプリケーションの開始と終了

Webアプリケーションの終了まで使えるのはわかったんですが、そもそもアプリケーションっていつ終了するんですか？

Webアプリケーションの開始と終了は、次のような操作や機能で行われます。

1. **サーバの起動と停止**
2. **オートリロード機能**
3. **管理ツールによる開始と終了**

これらについて、もう少し詳しく説明するよ。

1. サーバの起動と停止

アプリケーションサーバの起動／停止に伴い、そのサーバで動くWebアプリケーションも一緒に開始／終了します。Eclipseの場合、「サーバービュー」でアプリケーションサーバを起動／停止できます。また、Eclipseの実行機能を使用してサーブレットクラスを実行すると、サーバの再起動（再始動）を促すダイアログが表示されることがあります。このとき「OK」をクリックするとサーバが再起動（停止と起動）します（図9-2）。

図9-2 サーバの再起動

2. オートリロード機能

Webアプリケーションサーバには、一度実行したサーブレットクラスのソースコードを修正すると、そのサーブレットクラスのWebアプリケーションを再読み込み（終了と開始）する**オートリロード**があります。

Pleiadesに同梱されたApache Tomcatでは、このオートリロード機能がデフォルトで無効になっています（p.98）。

3. 管理ツールによる開始と終了

アプリケーションサーバは、Webアプリケーションを管理するツールを提供しています。この管理ツールを使うと、特定のWebアプリケーションを開始／終了できます（Apach Tomcatの場合は「Tomcat Webアプリケーションマネージャ」というツールで行いますが、本書では、このツールは使用しません）。

前述のとおり、本書では2と3の操作は行いません。そのため、**サーバの停止と再起動をした場合のみ**Webアプリケーションが終了し、アプリケーショ

ンスコープと保存したインスタンスが消滅します。

2のオートリロードを有効にすると、自動でWebアプリケーショ
ンが終了するので注意しよう。

9.1.3 アプリケーションスコープの基本操作

アプリケーションスコープの正体はjakarta.servlet.**ServletContext**インス
タンスです。このインスタンスを介してアプリケーションスコープを操作す
ることになります。次のコード9-1は、サーブレットクラスでアプリケーショ
ンスコープにJavaBeansインスタンス（コード7-1のHumanクラス、p.190）
を保存し、保存されているインスタンスを取得、削除しています。

コード9-1 サーブレットクラスでアプリケーションスコープを利用する

```
01  // アプリケーションスコープに保存するインスタンスの生成
02  Human human = new Human("湊 雄輔", 23);
03
04  // ServletContextインスタンスの取得
05  ServletContext application  = this.getServletContext();
06                                                              解説①
07  // アプリケーションスコープにインスタンスを保存
08  application.setAttribute("human", human);
09
10  // アプリケーションスコープからインスタンスを取得    解説②
11  Human h = (Human)application.getAttribute("human");
12
13  // アプリケーションコープからインスタンスを削除
14  application.removeAttribute("human");
```

解説① アプリケーションスコープの取得

ServletContextインスタンスは、サーブレットクラスのスーパークラスである HttpServlet から継承した getServletContext() で取得できます。

アプリケーションスコープを取得する

```
ServletContext application = this.getServletContext();
```

※ jakarta.servlet.ServletContext をインポートする必要がある。
※「this.」は省略可。

解説② アプリケーションスコープの基本操作

アプリケーションスコープにインスタンスを保存する方法と、保存したインスタンスの取得と削除の操作は、ほかのスコープと同じです。

アプリケーションスコープにインスタンスを保存する

```
application.setAttribute("属性名", インスタンス);
```

※ 第1引数には保存するインスタンスの属性名を String 型で指定する。
※ 属性名は大文字と小文字を区別する。
※ 第2引数には保存するインスタンスを指定する。Object 型のためあらゆるクラスのインスタンスを指定できる。
※ すでに同じ属性名のインスタンスが保存されている場合、上書きされる。

アプリケーションスコープからインスタンスを取得する

```
取得するインスタンスの型 変数名 =
    (取得するインスタンスの型)application.getAttribute("属性名");
```

※ 引数には取得するインスタンスの属性名を String 型で指定する。
※ 属性名は大文字と小文字を区別する。
※ 戻り値は Object 型で返されるため、取得したインスタンスは元の型にキャストする必要がある。
※ 指定した属性名のインスタンスが保存されていない場合、null を返す。

Ⓐ **アプリケーションスコープからインスタンスを削除する**

```
application.removeAttribute("属性名");
```

※ 引数には削除するインスタンスの属性名を String型で指定する。
※ 属性名は大文字と小文字を区別する。

JSPファイルでアプリケーションスコープを利用するには、暗黙オブジェクトであるapplicationを使用します（p.144）。わざわざgetServletContext()を用いてServletContextを取得する必要はありません。

次のコード9-2は、アプリケーションスコープに保存されているJavaBeansインスタンス（コード7-1のHumanクラス、p.190）を取得し、そのプロパティの値を出力しています。

コード9-2 **JSPファイルでアプリケーションスコープを利用する**

```jsp
01  <%@ page language="java" contentType="text/html;
02      pageEncoding="UTF-8" %>
03  <%@ page import="model.Human" %>        取得するインスタンスの
                                            クラスをインポート
04  <%
05  // アプリケーションスコープからインスタンスを取得
06  Human h = (Human)application.getAttribute("human");
07  %>
08  <!DOCTYPE html>
    … (省略) …
09  <%= h.getName() %>さんは<%= h.getAge() %>歳です
    … (省略) …
```

暗黙オブジェクトが違うだけで、使い方はやっぱり同じやな！

9.2 アプリケーションスコープを使ったプログラムの作成

9.2.1 評価ボタン機能を作ってみよう

それじゃあアプリケーションスコープを使って、全ユーザーで
データを共有するアプリケーションを作ってみよう。

アプリケーションスコープを使ってサイトの評価ボタン機能を作ってみま
しょう。「よいね」と「よくないね」をクリックした人数をカウントし、アプ
リケーションスコープに保存します。

まずは評価ボタン機能の画面遷移を確認しましょう（図9-3）。

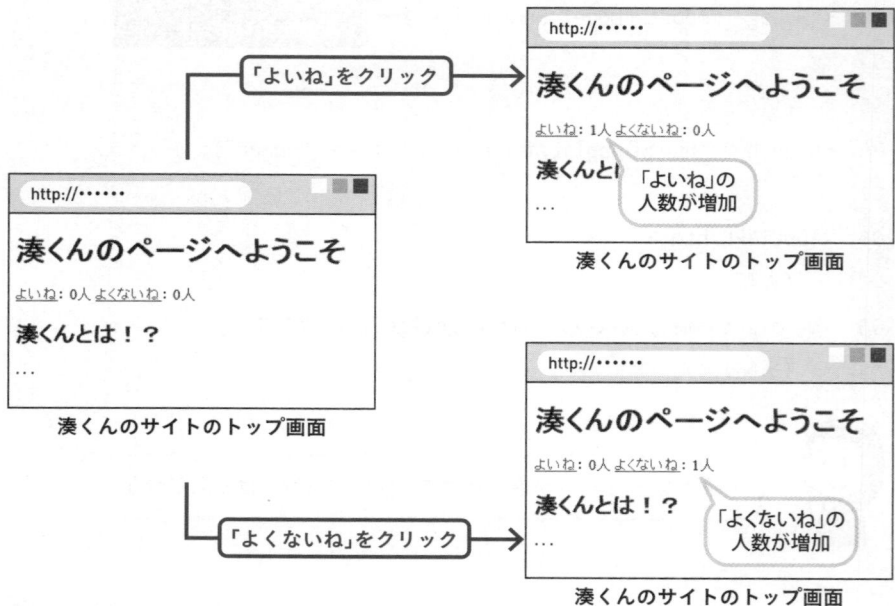

図9-3 評価ボタン機能の画面遷移

ここでは次のサーブレットクラスと JSP ファイルを作成します。

- SiteEV.java　　　　：**サイト評価に関する情報（「よいね」と「よくない**
ね」の数）を持つ JavaBeans のモデル
- SiteEVLogic.java　：**サイト評価に関する処理（「よいね」または「よく**
ないね」の数を増やす）を行うモデル
- minatoIndex.jsp　：**湊くんのサイトのトップ画面を出力するビュー**
- MinatoIndex.java　：**湊くんのサイトのトップ画面に関するリクエストを**
処理するコントローラ

　ポイントはアプリケーションスコープに保存するサイト評価の情報（SiteEV
インスタンス）です。これはアプリケーションに関する情報なので、セッ
ションスコープではなくアプリケーションスコープに保存します。
　サーブレットクラス MinatoIndex は、リクエストパラメータ「action」の
値が、「like」ならば「よいね」が、「dislike」ならば「よくないね」がクリッ
クされたと判断します。そして、「SiteEVLogic」に依頼してサイトの評価を
変更します。
　これらを次ページの図9-4のように組み合わせて作成します。

9.2.2 | 評価ボタン機能の作成

　それでは、次ページからのコード9-3〜9-6を参考にプログラムを作成して
ください。作成後、次のいずれかの方法で動作を確認しましょう。

- **「http://localhost:8080/example/MinatoIndex」に、ブラウザでリクエス**
トする。
- **「MinatoIndex.java」を Eclipse の実行機能で実行する。**

　アプリケーションスコープの効果として、ブラウザを閉じた後に再度アク
セスしても「よいね」と「よくないね」の人数が残ることも確認しましょう。
　なお、9.1.2項（p.243）で解説したように、サーバの停止や再起動を行う
と、アプリケーションスコープに保存されているインスタンスが消滅するた
め、「よいね」と「よくないね」の数が0に戻ります（オートリロード有効時
は特に注意）。

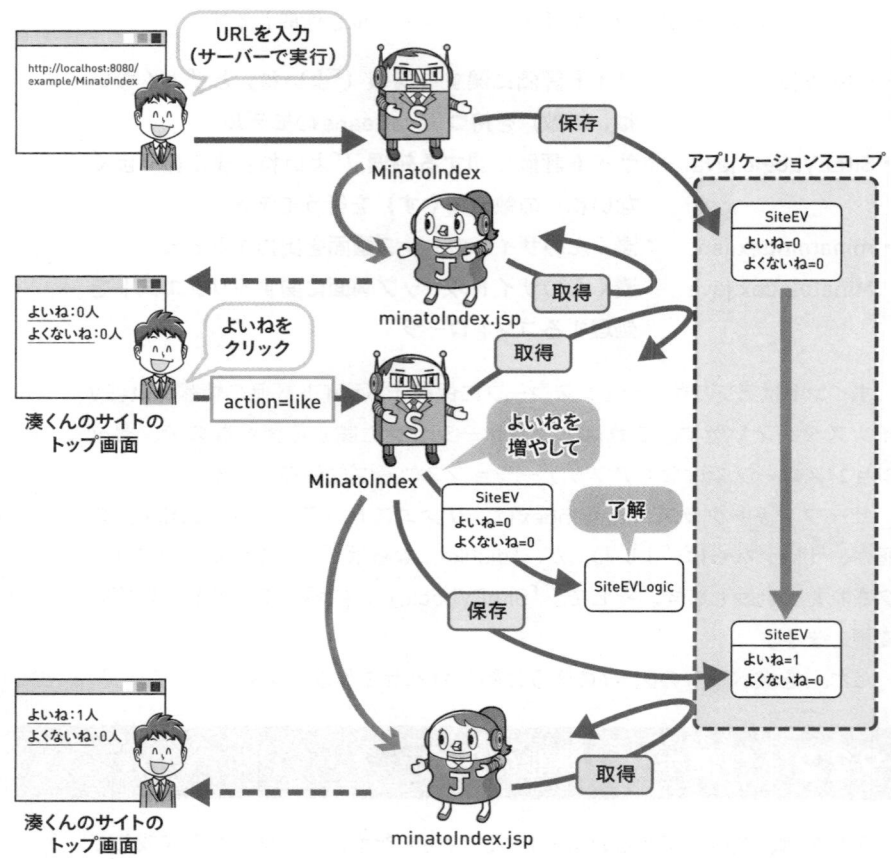

図9-4 評価ボタン機能のしくみ

コード9-3 サイト評価に関する情報を持つJavaBeans

```
                                                              SiteEV.java
                                                          (model パッケージ)
01  package model;

02  import java.io.Serializable;

03

04  public class SiteEV implements Serializable {

05    private int like;    // よいねの数

06    private int dislike; // よくないねの数

07

08    public SiteEV() {
```

```
09     like = 0;
10     dislike = 0;
11   }
12   public int getLike() { return like; }
13   public void setLike(int like) {
14     this.like = like;
15   }
16   public int getDislike() { return dislike; }
17   public void setDislike(int dislike) {
18     this.dislike = dislike;
19   }
20 }
```

コード9-4　サイト評価に関する処理を行うモデル

SiteEVLogic.java
(model パッケージ)

```
01 package model;
02
03 public class SiteEVLogic {
04   public void like(SiteEV site) {
05     int count = site.getLike();
06     site.setLike(count + 1);
07   }
08   public void dislike(SiteEV site) {
09     int count = site.getDislike();
10     site.setDislike(count + 1);
11   }
12 }
```

コード9-5　サイトのトップ画面に関するリクエストを処理するコントローラ

MinatoIndex.java
(servlet パッケージ)

```
01 package servlet;
02
```

```
03   import java.io.IOException;
04   import jakarta.servlet.RequestDispatcher;
05   import jakarta.servlet.ServletContext;
06   import jakarta.servlet.ServletException;
07   import jakarta.servlet.annotation.WebServlet;
08   import jakarta.servlet.http.HttpServlet;
09   import jakarta.servlet.http.HttpServletRequest;
10   import jakarta.servlet.http.HttpServletResponse;
11   import model.SiteEV;
12   import model.SiteEVLogic;
13
14   @WebServlet("/MinatoIndex")
15   public class MinatoIndex extends HttpServlet {
16     private static final long serialVersionUID = 1L;
17
18     protected void doGet(HttpServletRequest request,
         HttpServletResponse response)
         throws ServletException, IOException {
19       // アプリケーションスコープに保存されたサイト評価を取得
20       ServletContext application = this.getServletContext();
21       SiteEV siteEV = (SiteEV)application.getAttribute("siteEV");
22
23       // サイト評価の初期化（初回リクエスト時実行）
24       if (siteEV == null) {  ——解説①
25         siteEV = new SiteEV();
26       }
27
28       // リクエストパラメータの取得
29       request.setCharacterEncoding("UTF-8");
30       String action = request.getParameter("action");
```

```
31
32    // サイトの評価処理（初回リクエスト時は実行しない）
33    SiteEVLogic siteEVLogic = new SiteEVLogic();
34    if (action != null && action.equals("like")) {
35      siteEVLogic.like(siteEV);
36    } else if (action != null && action.equals("dislike")) {
37      siteEVLogic.dislike(siteEV);
38    }
39
40    // アプリケーションスコープにサイト評価を保存
41    application.setAttribute("siteEV", siteEV);
42
43    // フォワード
44    RequestDispatcher dispatcher =
        request.getRequestDispatcher
        ("WEB-INF/jsp/minatoIndex.jsp");
45    dispatcher.forward(request, response);
46    }
47 }
```

解説① スコープからインスタンスが取得できなかった場合

最初の画面表示（図9-4の左上の状態、p.250）のときは、そもそも評価情報を持つSiteEVを生成していません。スコープにも保存していないため、getAttribute()はnullを返します。

コード9-6 サイトのトップ画面を出力するビュー

minatoIndex.jsp (src/main/webapp/WEB-INF/jsp ディレクトリ)

```
01 <%@ page language="java" contentType="text/html; charset=UTF-8"
02     pageEncoding="UTF-8" %>
03 <%@ page import="model.SiteEV" %>
04 <%
```

```
05  SiteEV siteEV = (SiteEV)application.getAttribute("siteEV");
06  %>
07  <!DOCTYPE html>
08  <html>
09  <head>
10  <meta charset="UTF-8">
11  <title>湊くんのページ</title>
12  </head>
13  <body>
14  <h1>湊くんのページへようこそ</h1>
15  <p>
16  <a href="MinatoIndex?action=like">よいね</a> :
17  <%= siteEV.getLike() %>人
18  <a href="MinatoIndex?action=dislike">よくないね</a> :
19  <%= siteEV.getDislike() %>人
20  </p>
21  <h2>湊くんとは！？</h2>
22  <p>・・・</p>
23  </body>
24  </html>
```

それそれっ！

あー！ 「よくないね」をいっぱいにするなー！！

254

9.3 アプリケーションスコープの注意点

9.3.1 アプリケーションスコープのトラブル

> ミナト先輩の「よいね」を増やすの、協力しますわ。オラオラー！！

> よし、僕も。連打♪連打♪……って、あれ？　連打した割に「よいね」が増えてないぞ？

　湊くんが気づいたのはアプリケーションスコープに起因する問題です。ここで、アプリケーションスコープ利用時の注意点を2つ紹介しておきましょう。

注意① 同時アクセスによる不整合

　アプリケーションスコープ内のインスタンスを更新する複数のリクエストをほぼ同じタイミングで行うと、インスタンスに不整合が発生する場合があります。

　たとえば、評価ボタン機能の場合、ほぼ同時に2人が「よいね」をクリックすると1人分しか「よいね」の人数が増えません。これは、綾部さんが実行したサーブレットクラスが人数を更新する前に、ほぼ同時に実行した湊くんのサーブレットクラスが人数を取得してしまう、競合が原因です（次ページの図9-5）。

　この問題に対処するには、このような不整合がアプリケーションにとって致命的になるデータをアプリケーションスコープに保存しないようにします。または、保存は一度だけに限り、後の処理では更新せずに取得だけにとどめます。

　どうしても更新が必要な処理では、競合への根本的な対応が必要です。具体的には、「スレッド」による調停を行います。**スレッド**とは処理の単位を

表し、リクエストごとに作成されます。次の図9-5の「湊くんのリクエスト
の処理」と「綾部さんのリクエストの処理」をそれぞれのスレッドと捉える
とよいでしょう。スレッドの競合と調停については、コラム（p.332）を参照
してください。

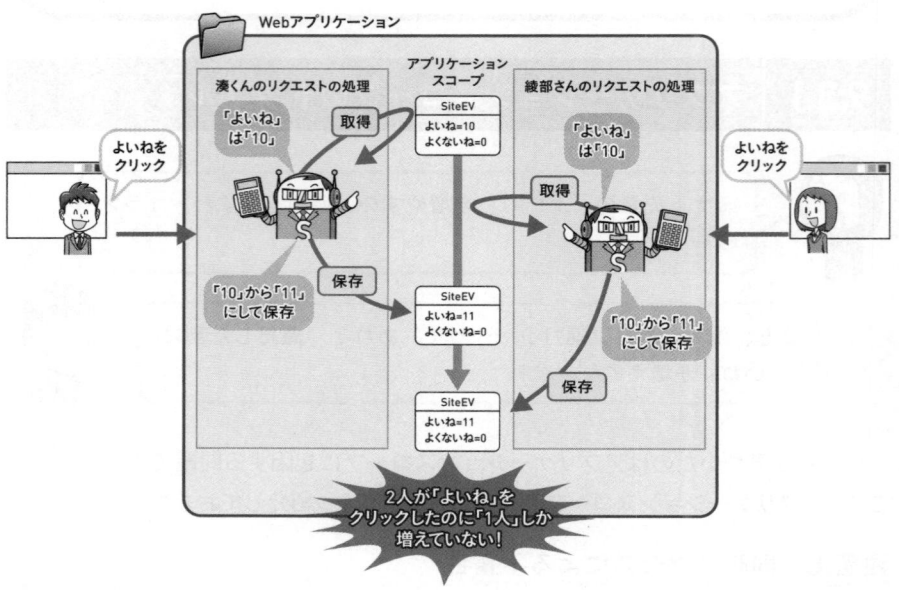

図9-5 ほぼ同時にリクエストされると不整合が生じる

注意②　インスタンスの保存期間

アプリケーションスコープに保存したデータ（インスタンス）は、Webア
プリケーションを終了すると消滅します。Webアプリケーションの再開後で
も使用できるようにするには、ファイルやデータベースなど、アプリケーショ
ンの外に保存する必要があります。また、セッションスコープと違いタイム
アウトがないので、明示的に削除しないとメモリにインスタンスが残り続け
てしまいます。大量のインスタンスを保存したままにすると、メモリを圧迫
し続けるので注意が必要です。

9.4 スコープの比較

9.4.1 各スコープの特徴

　第II部を通して、リクエスト、セッション、アプリケーションといったさまざまなスコープを学習しました。各スコープの特徴を表9-1に整理してみます。

表9-1　各スコープの特徴

	リクエストスコープ	セッションスコープ	アプリケーションスコープ
インスタンス	HttpServletRequest	HttpSession	ServletContext
暗黙オブジェクト	request	session	application
作成される単位	リクエストごと	ユーザーごと（ブラウザごと）	アプリケーションごと
保存したインスタンスが取得できる期間	削除するかレスポンスするまで	削除するか、セッションタイムアウトするまで	削除するか、アプリケーションが終了するまで
リクエストをまたいでインスタンスを保存	できない	できる	できる
ユーザーごとのインスタンスを保存	できる（リクエストごとに保存する）	できる	できない（全ユーザーで共有する）

> ちなみに第4のスコープである「ページスコープ」は、意識的に利用することがほとんどないから、上記の3つをしっかりマスターすれば大丈夫だ。

　Webアプリケーション開発では、これらのスコープを使いこなせるかどうかがとても重要になります。時間をかけて、確実に身に付けていきましょう。

9.5 この章のまとめ

アプリケーションスコープ

- アプリケーションスコープの正体はServletContextインスタンスである。
- サーブレットクラスの場合、スーパークラス（HttpServlet）のgetServlet
Context()で取得する。
- JSPファイルの場合、ServletContextインスタンスは暗黙オブジェクト
「application」で利用できる。
- インスタンスの保存はsetAttribute()、インスタンスの取得はgetAttribute()、
インスタンスの削除はremoveAttribute()を使用する。
- アプリケーションごとに作成され、保存したインスタンスは全ユーザー共通で
利用できる。
- 保存したインスタンスはアプリケーションが終了すると消滅する。

アプリケーションスコープの注意点

- 保存したインスタンスの更新を複数のユーザーがほぼ同時に行った場合、不整
合が発生することがある。
- アプリケーションスコープを削除するか、アプリケーションを終了するまで、
メモリにインスタンスが残るので、大量のインスタンスを保存するとメモリを
圧迫する。

9.6 練習問題

練習9-1

　次に挙げる特性は、リクエスト／セッション／アプリケーションのどのスコープに当てはまるかを答えてください。なお、2つ以上のスコープが当てはまる場合は、すべて挙げてください。

(1) 保存したインスタンスはアプリケーションサーバにアクセスする複数のユーザーで共有される。

(2) サーバからブラウザにレスポンスが返ると、中身が消えてしまう。

(3) 基本的には、ブラウザを閉じても中身が消えない。

(4) getAttribute()とsetAttribute()を用いて、インスタンスを保存、取得ができる。

(5) invalidate()を用いて、スコープ自体を破棄できる。

(6) アプリケーションサーバを停止したり、明示的な削除指示をしたりしなければ、保存したインスタンスは自動では消えないため、乱用するとメモリを圧迫する点に特に注意が必要である。

練習9-2

　練習8-2（p.239）では、Fruitインスタンスをセッションスコープ経由でやりとりするサーブレットクラスとJSPファイルを作成しました。このコードについて、セッションスコープではなくアプリケーションスコープを用いるように修正してください。

ServletContextの「Context」(コンテキスト)とはWebアプリケーションのことです。Webアプリケーションをリクエストする URL には、厳密には動的 Web プロジェクトの名前ではなく、下記のようにコンテキストの名前を指定する必要があります。

http://<サーバ>/<コンテキストの名前>/…

デフォルトでは、動的 Web プロジェクトの名前が、そのままコンテキストの名前になります。そのため本書では、動的 Web プロジェクト名を URL で指定しています。

chapter 10
つぶやきアプリの開発

この章はこれまでの総決算です。
より実践的な Web アプリケーション開発を通じて、
これまで学んできたことへの理解を深めます。
慣れないうちはエラーがたくさん出て、なかなか思うように
進まないかもしれませんが、1つひとつ復習しながら
じっくりと取り組みましょう。
本書で初めて Web アプリケーション開発を学んだ人にとっては
この章がひとまずゴールです。
アプリケーションが完成すれば、きっと自信が持てるはずです。

contents

10.1 { アプリケーションの機能と動作

10.1.1 「どこつぶ」の機能と画面設計

ここまで学んだ知識を使って、少し実践的なアプリケーション
を作ってみよう。そうだな……湊くんが作りたいと言っていた、
つぶやきアプリにチャレンジしようか。時間がかかってもいい。
完成させて自信を付けよう。

はい！　がんばります。

　この章では、どこからでも短い文字列（つぶやき）を投稿できるWebアプリ
ケーション「どこつぶ」を作成します。「どこつぶ」は次のような機能を
持つものとします。

機能①　ログイン機能

・アプリケーションにログインする。
・入力されたパスワードをもとにユーザー認証を行う。
・パスワードは全ユーザー共通で文字列「1234」を使用する。

機能②　ログアウト機能

・アプリケーションからログアウトする。

機能③　つぶやき投稿機能

・短い文字列を「つぶやき」として投稿できる。
・投稿が空の場合、投稿を受け付けずエラーメッセージを表示する。
・投稿した「つぶやき」はアプリケーションが終了するまで保存される。

- 投稿機能を使用するにはログインしている必要がある。

機能④ つぶやき閲覧機能

- 全ユーザーの「つぶやき」を表示する。
- 「つぶやき」は新しいものから順に表示する。
- 閲覧機能を使用するにはログインしている必要がある。

　「どこつぶ」の画面遷移は図10-1のようになります。動作がイメージしにくい場合は、本章の掲載コードをダウンロードして実行してみましょう（p.4）。遷移は、左上の「トップ画面」から始まり、ログインを経て「メイン画面」でつぶやきの投稿や閲覧をして、ログアウトで終了します。

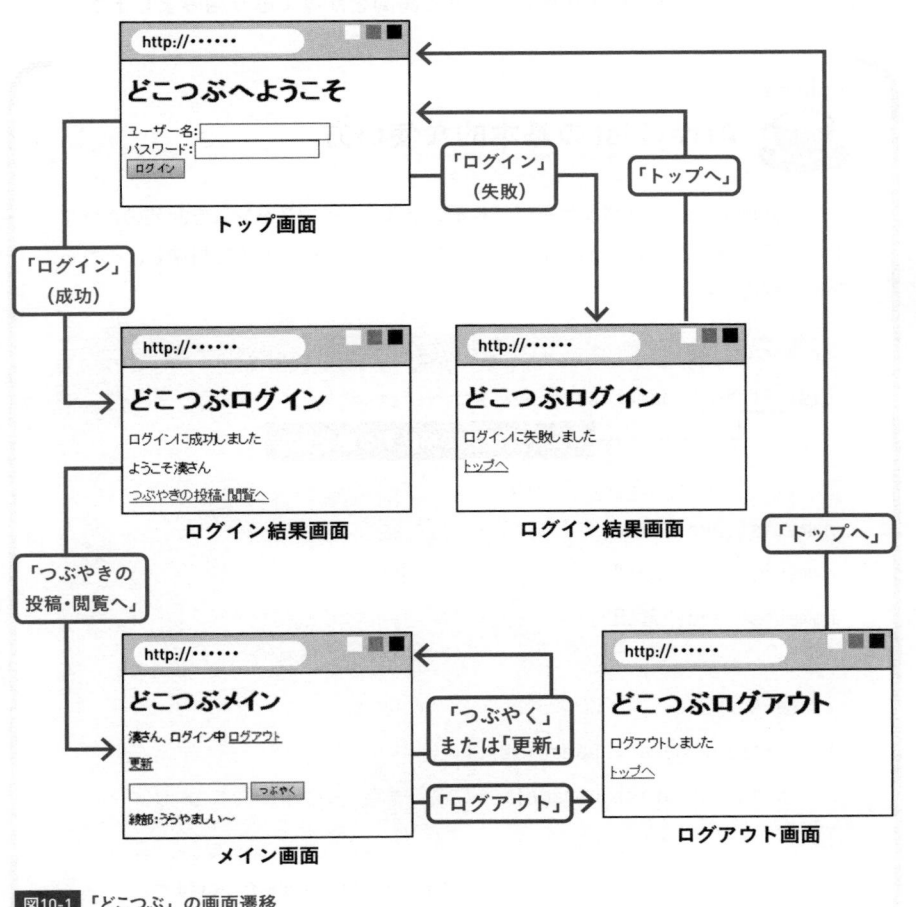

図10-1 「どこつぶ」の画面遷移

10.1.2 「どこつぶ」作成にあたって

「どこつぶ」はこれまでの復習とWebアプリケーション作成に慣れること
を目的としているため、なるべくシンプルな構成にしています。そのため、
入力チェックなどの異常系操作への対応は最小限とします。また、アプリ
ケーション内のデータの保存先にファイルやデータベースといった外部シス
テムを使用しません。

ただし、Java APIに含まれるListインタフェースとArrayListクラスを使
用するため、これらに関する基礎知識が必要です（下記コラムを参照）。

シンプルとはいえ一度にすべてを作るのは、初学者にとってはかなり難し
く感じるでしょう。**復習しながらじっくりと時間をかけて取り組みましょう。**

column

ArrayListの基本的な使い方

ArrayListはjava.utilパッケージにあるクラスで、インスタンスを配列のように
まとめて格納できます。下記は、Stringインスタンスをまとめて格納し、それら
を順に取得する例です。

```
// ArrayListインスタンスの生成（ざっくりとListとして扱う）
List<String> nameList = new ArrayList<>();
```
                   ┗━━ ジェネリクスで格納する型を指定

```
// Stringインスタンスを格納
nameList.add("湊");      // 0番目に格納
nameList.add("綾部");    // 1番目に格納
nameList.add("菅原");    // 2番目に格納


// 格納したStringインスタンスを順に取得
for (String name : nameList) {
  System.out.println(name);   //湊→綾部→菅原の順で出力
}
```

※ コレクションの詳しい使い方は、『スッキリわかるJava入門 第4版』で紹介しています。

第Ⅲ部

10.2 〉開発の準備

10.2.1 動的Webプロジェクトの作成

まずは「どこつぶ」の開発準備として、次の2つを行いましょう。各手順の操作は、Web付録を参照してください。

- **動的Webプロジェクト「dokoTsubu」を作成する。**
- **動的Webプロジェクト「dokoTsubu」をサーバに追加する。**

以降は、作成した動的Webプロジェクト「dokoTsubu」に対して作業を進めていきます。

10.2.2 JavaBeansの作成

次に、アプリケーション全体で使用する2つのクラスを作成しましょう。

- **User.java** ：ユーザーに関する情報（ユーザー名、パスワード）を持つ
  JavaBeansのモデル
- **Mutter.java** ：つぶやきに関する情報（ユーザー名、内容）を持つJavaBeans
  のモデル

これらはどちらも単純に情報を保持するだけのJavaBeansのクラスです。コード10-1と次ページのコード10-2を参考に作成してください。

コード10-1 ユーザーに関する情報を持つJavaBeans

```
                                                        User.java
                                                     (model パッケージ)
01  package model;
02  import java.io.Serializable;
03
04  public class User implements Serializable {
```

```
05    private String name; // ユーザー名
06    private String pass; // パスワード
07
08    public User() {}
09    public User(String name, String pass) {
10      this.name = name;
11      this.pass = pass;
12    }
13    public String getName() { return name; }
14    public String getPass() { return pass; }
15  }
```

コード10-2 つぶやきに関する情報を持つJavaBeans

Mutter.java
(model パッケージ)

```
01  package model;
02  import java.io.Serializable;
03
04  public class Mutter implements Serializable {
05    private String userName; // ユーザー名
06    private String text;     // つぶやき内容
07    public Mutter() {}
08    public Mutter(String userName, String text) {
09      this.userName = userName;
10      this.text = text;
11    }
12    public String getUserName() { return userName; }
13    public String getText() { return text; }
14  }
```

10.2.3 トップ画面の作成

次に「トップ画面」としてindex.jspを作成します（コード10-3）。

なお、このファイルはブラウザから直接リクエストするため、webapp直下に保存してください。

コード10-3 トップ画面を出力するビュー

```
                                          index.jsp (src/main/webapp ディレクトリ)
01  <%@ page language="java" contentType="text/html; charset=UTF-8"
02      pageEncoding="UTF-8" %>
03  <!DOCTYPE html>
04  <html>
05  <head>
06  <meta charset="UTF-8">
07  <title>どこつぶ</title>
08  </head>
09  <body>
10  <h1>どこつぶへようこそ</h1>
11  </body>
12  </html>
```

10.2.4 デフォルトページ

> よし完成っと。アクセスするURLは、http://localhost:8080/dokoTsubu/index.jspやな。

> あ、でもそういえば、普段僕らがいろんなサイトを使うとき、末尾に「index.jsp」なんて付けなくてもいいよね？

Webアプリケーション（Webサイト）で最初にリクエストする画面は、URL の末尾からファイル名を省略してもリクエストできるのが一般的です。たとえば、株式会社インプレスのトップページは本来「https://www.impress.co.jp/index.html」ですが、末尾のindex.htmlを省略してもアクセス可能です。

今回作成する「どこつぶ」でも、トップ画面を「http://localhost:8080/dokoTsubu/」でリクエストできるようにしてみましょう。

さっき作ったindex.jspを修正しなくちゃいけないのかな？

実は、ファイルを修正する必要はないんだ。

末尾のファイル名を省略したURLでリクエストできるようにするしくみは、プログラムではなく、アプリケーションサーバ（Webサーバ）の機能で実現します。 アプリケーションサーバは、ファイル名を省略したURLでリクエストされた場合、あらかじめ設定しておいたファイルを自動的に探してくれるのです。

たとえばApache Tomcatの場合、デフォルトでは「index.html→index.htm→index.jsp→default.html→default.htm→default.jsp」の順にファイルを探して、最初に見つかったファイルを使用する、という設定になっています。そのため、トップ画面を「index.jsp」で作成すれば、「http://localhost:8080/dokoTsubu/」でトップ画面にアクセスできるのです（次ページの図10-2）。

このように、ファイル名やURLパターンを省略したURLでリクエストできるファイルのことを**デフォルトページ**と呼びます。

それでは、次の方法でデフォルトページにアクセスし、トップ画面が表示されることを確認しましょう。

- **「http://localhost:8080/dokoTsubu/」にブラウザでリクエストする。**
- **動的Webプロジェクト「dokoTsubu」を選択し、Eclipseの実行機能で実行する。**

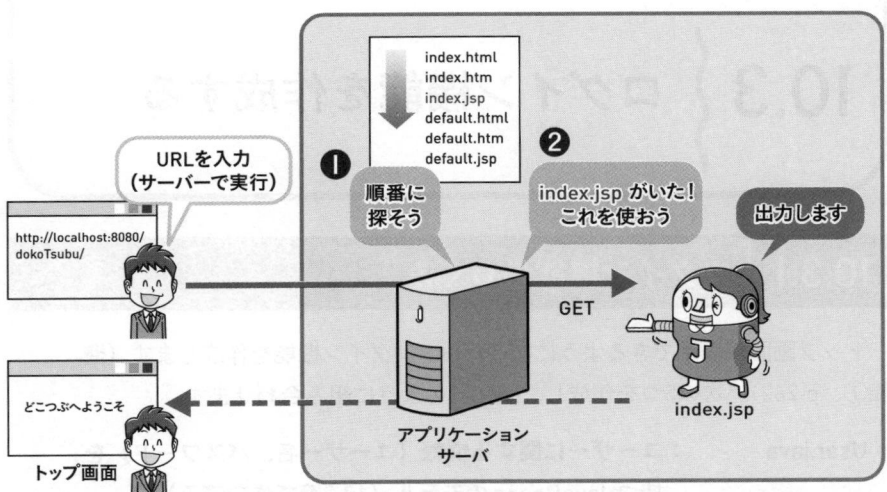

Apache Tomcatでは、順番にファイルを検索して（❶）、最初に見つかった
ファイルを使用する（❷）。

図10-2 トップ画面を表示する流れ

Eclipseを使う場合、これまでと実行の方法がちょっと違うから
気をつけよう。ファイルではなくプロジェクトを選んで実行す
るんだ。

chapter
10

デフォルトページへのリクエスト方法

- ファイル名やURLパターンを省略したURLでリクエストすると、
  デフォルトページへのリクエストとなる。
- 動的Webプロジェクトを選択してEclipseの実行機能で実行する
  と、デフォルトページへのリクエストになる。

10.3 ログイン機能を作成する

10.3.1 ログイン機能のしくみ

　トップ画面が表示できるようになったら、ログイン機能を作成します（機能①、p.262）。次の5つを作成し、図10-3のように組み合わせます。

- **User.java** ：ユーザーに関する情報（ユーザー名、パスワード）を
持つJavaBeansのモデル（10.2節で作成済み）
- **LoginLogic.java** ：ログインに関する処理を行うモデル
- **index.jsp** ：トップ画面を出力するビュー（10.2節で作成したもの
を本節で修正）

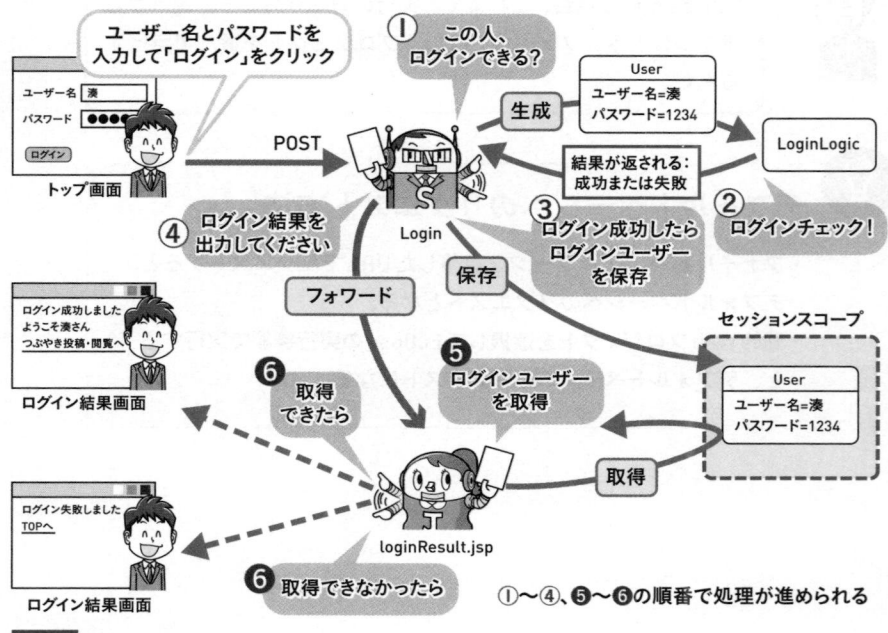

図10-3 ログイン機能の流れ

- **loginResult.jsp ：ログイン結果画面を出力するビュー**
- **Login.java ：ログインに関するリクエストを処理するコントローラ**

ポイントはセッションスコープに保存されるUserインスタンスです。サーブレットクラスLoginは、ログインに成功するとログインユーザーの情報をUserインスタンスに設定し、それをセッションスコープに保存します。ログイン判定結果を出力するloginResult.jspは、このインスタンスを利用して、ログインの成功や失敗を判定し、適切なHTMLを組み立てます。

10.3.2 ログイン機能の作成

ログイン機能のしくみが理解できたら、以下のコード10-4〜10-7を参考にプログラムを作成しましょう。

コード10-4 ログインに関する処理を行うモデル

LoginLogic.java
(model パッケージ)

```
01  package model;
02
03  public class LoginLogic {
04    public boolean execute(User user) {
05      if (user.getPass().equals("1234")) { return true; }
06      return false;
07    }
08  }
```

コード10-5 ログインに関するリクエストを処理するコントローラ

Login.java
(servlet パッケージ)

```
01  package servlet;
02
03  import java.io.IOException;
04  import jakarta.servlet.RequestDispatcher;
05  import jakarta.servlet.ServletException;
06  import jakarta.servlet.annotation.WebServlet;
```

```java
07  import jakarta.servlet.http.HttpServlet;
08  import jakarta.servlet.http.HttpServletRequest;
09  import jakarta.servlet.http.HttpServletResponse;
10  import jakarta.servlet.http.HttpSession;
11  import model.LoginLogic;
12  import model.User;
13
14  @WebServlet("/Login")
15  public class Login extends HttpServlet {
16    private static final long serialVersionUID = 1L;
17
18    protected void doPost(HttpServletRequest request,
         HttpServletResponse response)
         throws ServletException, IOException {
19      // リクエストパラメータの取得
20      request.setCharacterEncoding("UTF-8");
21      String name = request.getParameter("name");
22      String pass = request.getParameter("pass");
23      // Userインスタンス（ユーザー情報）の生成
24      User user = new User(name, pass);
25      // ログイン処理
26      LoginLogic loginLogic = new LoginLogic();
27      boolean isLogin = loginLogic.execute(user);
28
29      // ログイン成功時の処理
30      if (isLogin) {
31        // ユーザー情報をセッションスコープに保存
32        HttpSession session = request.getSession();
33        session.setAttribute("loginUser", user);
34      }
```

35	// ログイン結果画面にフォワード

36	RequestDispatcher dispatcher =
	        request.getRequestDispatcher(
	        "WEB-INF/jsp/loginResult.jsp");

37	dispatcher.forward(request, response);
38	}
39	}

トップ画面については、10.2.3項で作成したコード10-3（p.267）にログイン機能で使用するフォームを追加します。

コード10-6 トップ画面を出力するビュー（修正）

index.jsp (src/main/webapp ディレクトリ)

01	<%@ page language="java" contentType="text/html; charset=UTF-8"
02	pageEncoding="UTF-8" %>
03	<!DOCTYPE html>
04	<html>
05	<head>
06	<meta charset="UTF-8">
07	<title>どこつぶ</title>
08	</head>
09	<body>
10	<h1>どこつぶへようこそ</h1>
11	<form action="Login" method="post">
12	ユーザー名：<input type="text" name="name">
13	パスワード：<input type="password" name="pass">
14	<input type="submit" value="ログイン">
15	</form>
16	</body>
17	</html>

> ログイン用の
> フォームを
> 追加

コード10-7 ログイン結果画面を出力するビュー

loginResult.jsp (src/main/webapp/WEB-INF/jsp ディレクトリ)

```
01  <%@ page language="java" contentType="text/html; charset=UTF-8"
02      pageEncoding="UTF-8" %>
03  <%@ page import="model.User" %>
04  <%
05  // セッションスコープからユーザー情報を取得
06  User loginUser = (User)session.getAttribute("loginUser");
07  %>
08  <!DOCTYPE html>
09  <html>
10  <head>
11  <meta charset="UTF-8">
12  <title>どこつぶ</title>
13  </head>
14  <body>
15  <h1>どこつぶログイン</h1>
16  <% if (loginUser != null) { %>
17    <p>ログインに成功しました</p>
18    <p>ようこそ<%= loginUser.getName() %>さん</p>
19    <a href="Main">つぶやき投稿・閲覧へ</a>          ── 解説①
20  <% } else { %>
21    <p>ログインに失敗しました</p>
22    <a href="index.jsp">TOPへ</a>
23  <% } %>
24  </body>
25  </html>
```

解説① メイン画面へのリンク

　ここではまだメイン画面を作成していないので、このリンクをクリックすると「404ページ」が表示されます。

10.3.3 | ログイン機能の動作確認

ここまでのプログラムが作成できたら、次の手順で動作を確認しましょう。

［ログイン成功時の動作を確認する手順］

① トップ画面を表示する（10.2.4項）。

② ユーザー名を「userA」、パスワードを「1234」でログインする。

③ ログイン結果画面が表示され、ログイン成功のメッセージとユーザー名が出力されるのを確認する。

［ログイン失敗時の動作を確認する手順］

① トップ画面を表示する（10.2.4項）。

② ユーザー名を「userA」、パスワードを「12345」でログインする。

③ ログイン結果画面が表示され、ログイン失敗のメッセージが出力されるのを確認する。

セッションスコープを使うので、以前の実行で開いたブラウザのウィンドウを閉じてから実行するようにしてください（8.3.2項、付録A.2.3項の**5**）。

10.4 メイン画面を表示する

10.4.1 メイン画面表示のしくみ

　ログイン機能が完成したら、ログイン結果画面からメイン画面の表示まで
を作成します。次の4つを図10-4のように組み合わせます。

- **User.java** : ユーザーに関する情報（ユーザー名、パスワード）を
  持つ JavaBeans のモデル（10.2節で作成済み）
- **loginResult.jsp** : ログイン結果画面を出力するビュー（10.3節で作成済み）
  み）
- **main.jsp** : メイン画面を出力するビュー
- **Main.java** : つぶやきに関するリクエストを処理するコントローラ

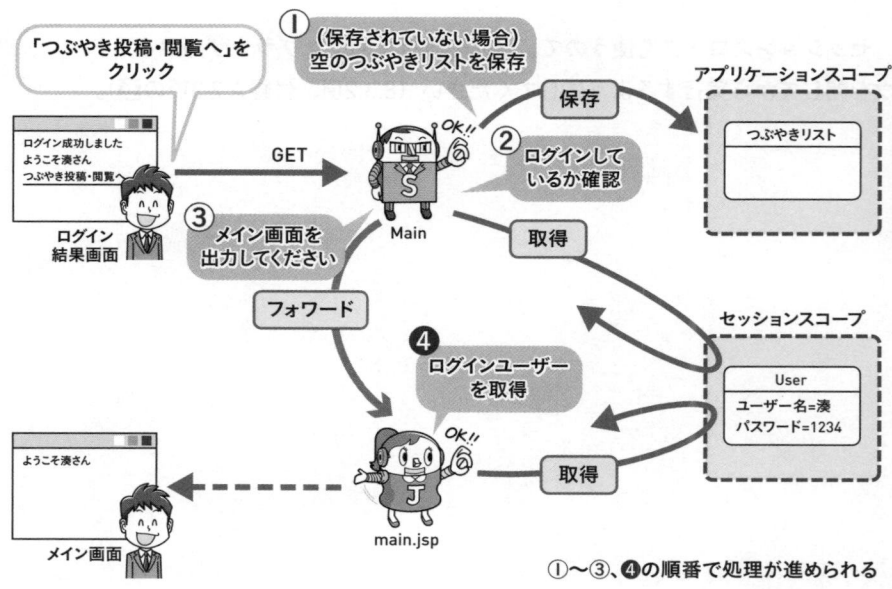

図10-4 メイン画面表示の流れ（ログイン時）

図10-4①の「つぶやきリスト」って何だろう?

メイン画面を表示したいだけやのに、なんでこんなもん作成したり保存する必要があるん?

「どこつぶ」では、ユーザーから投稿されるすべてのつぶやきをメイン画面から閲覧しますので(機能④、p.263)、「つぶやきリスト」としてアプリ内部に保持します。つぶやきリストには複数件のつぶやき情報を格納するため、ArrayListクラスで実現します。

また、「どこつぶ」にアクセスするすべてのユーザーがつぶやきリストにつぶやきを追加したり閲覧したりしますから、つぶやきリストは、アプリケーションスコープ内に格納して利用するのが適切です。

ログインが成功してメイン画面を表示する時点では、アプリケーションスコープにつぶやきリストが必ず保存されているのが前提なんだ。

そこで、サーブレットクラスMainは、アプリケーションスコープにつぶやきリストがまだ存在しない場合(たとえば、アプリケーションサーバを起動して最初にアクセスされたときなど)、空のつぶやきリストを新規作成してアプリケーションスコープに保存します。

なるほど。これでどんなときでも必ずアプリケーションスコープ内につぶやきリストがある状態が保証されるわけね。

さらにMainはセッションスコープのUserインスタンスの取得を試みて、ユーザーがログインしているかを確認します。取得できた場合は、main.jspにフォワードをしてメイン画面を出力します(図10-4の②〜④、p.276)。

Userインスタンスがセッションスコープから取得できない場合は、ログインせずにリクエストしていると判定し、トップ画面にリダイレクトします(図10-5)。

chapter
10

chapter 10 つぶやきアプリの開発 **277**

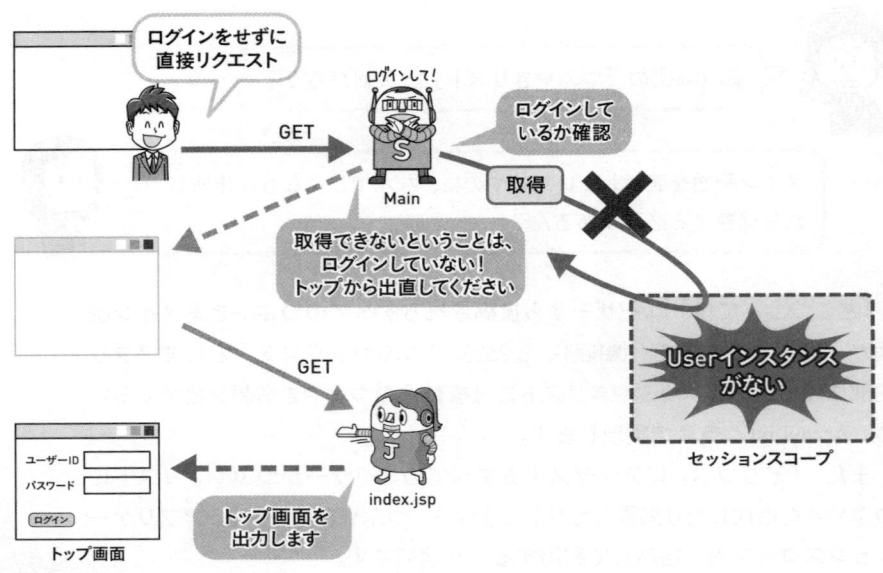

図10-5 メイン画面表示の流れ（未ログイン時）

なんでリダイレクト？　フォワードでいいんとちゃう？

今回はフォワードよりリダイレクトのほうがいいんだ。

　フォワードを使うと、転送後に表示されるトップ画面のアドレスバーには、転送元のURL「http://localhost:8080/dokoTsubu/Main」が表示されます。これでは**URLはメイン画面なのに表示されているのはトップ画面**となり、URLと画面にズレが生じてしまいます。

　一方、リダイレクトを使うと、アドレスバーには転送先のURL「http://localhost:8080/dokoTsubu/index.jsp」が表示されるので、URLと画面が一致します（6.2.9項、p.179）。

10.4.2 | メイン画面表示の作成

メイン画面を表示するまでのしくみが理解できたら、まず、コード10-8を参考につぶやきリクエストのコントローラであるサーブレットクラスを作成してみましょう。

コード10-8 つぶやきに関するリクエストを処理するコントローラ

```
01  package servlet;                                    Main.java
                                                       (servlet パッケージ)
02
03  import java.io.IOException;
04  import java.util.ArrayList;
05  import java.util.List;
06  import jakarta.servlet.RequestDispatcher;
07  import jakarta.servlet.ServletContext;
08  import jakarta.servlet.ServletException;
09  import jakarta.servlet.annotation.WebServlet;
10  import jakarta.servlet.http.HttpServlet;
11  import jakarta.servlet.http.HttpServletRequest;
12  import jakarta.servlet.http.HttpServletResponse;
13  import jakarta.servlet.http.HttpSession;
14  import model.Mutter;
15  import model.User;
16
17  @WebServlet("/Main")
18  public class Main extends HttpServlet {
19    private static final long serialVersionUID = 1L;
20
21    protected void doGet(HttpServletRequest request,
          HttpServletResponse response)
          throws ServletException, IOException {
```

```
22    // つぶやきリストをアプリケーションスコープから取得
23    ServletContext application = this.getServletContext();        解説①
24    List<Mutter> mutterList =
          (List<Mutter>)application.getAttribute("mutterList");
25    // 取得できなかった場合は、つぶやきリストを新規作成して
26    // アプリケーションスコープに保存
27    if (mutterList == null) {
28      mutterList = new ArrayList<>();        解説②
29      application.setAttribute("mutterList", mutterList);
30    }
31
32    // ログインしているか確認するため
33    // セッションスコープからユーザー情報を取得
34    HttpSession session = request.getSession();
35    User loginUser = (User)session.getAttribute("loginUser");
36
37    if (loginUser == null) { // ログインしていない場合
38      // リダイレクト
39      response.sendRedirect("index.jsp");        解説③
40    } else { // ログイン済みの場合
41      // フォワード
42      RequestDispatcher dispatcher =
          request.getRequestDispatcher("WEB-INF/jsp/main.jsp");
43      dispatcher.forward(request, response);
44    }
45  }
46 }
```

解説① アプリケーションスコープからつぶやきリストを取得

アプリケーションスコープから、つぶやきリスト（ArrayListインスタンス）を取得しています。リストに格納する型には、ジェネリクスを使い、つぶやき情報を持つJavaBeansであるMutterを指定します。なお、ArrayListクラスとListインタフェースは、java.utilパッケージに所属しているので、ともにインポートする必要があります（4～5行目）。

解説② つぶやきリストの作成

アプリケーションスコープから取得できなかった（nullだった）場合は、つぶやきリストがまだ存在していないことになります。そこで、つぶやきリストを新規に作成して、アプリケーションスコープに保存しておきます。

解説③ トップ画面へのリダイレクト

セッションスコープからユーザー情報を取得できなかった（nullだった）場合は、ログインしていないと見なしてトップ画面へリダイレクトします。

次に、メイン画面を出力するmain.jspを作成しましょう。本来のメイン画面は、新たなつぶやき投稿のための入力フォームやつぶやき一覧の表示を含みますが、現時点ではログインしているユーザー名だけを出力します。

chapter
10

コード10-9 メイン画面を出力するビュー

main.jsp (src/main/webapp/WEB-INF/jsp ディレクトリ)

```
01  <%@ page language="java" contentType="text/html; charset=UTF-8"
02      pageEncoding="UTF-8" %>
03  <%@ page import="model.User" %>
04  <%
05  // セッションスコープに保存されたユーザー情報を取得
06  User loginUser = (User)session.getAttribute("loginUser");
07  %>
08  <!DOCTYPE html>
09  <html>
```

10	`<head>`
11	`<meta charset="UTF-8">`
12	`<title>どこつぶ</title>`
13	`</head>`
14	`<body>`
15	`<h1>どこつぶメイン</h1>`
16	`<p>`
17	`<%= loginUser.getName() %>`さん、ログイン中
18	`</p>`
19	`</body>`
20	`</html>`

10.4.3 メイン画面表示の動作確認

　ここまでのプログラムが作成できたら、次の手順でログイン時と未ログイン時のメイン画面表示を確認しましょう。

［ログイン時のメイン画面表示を確認する手順］

① トップ画面を表示する（10.2.4項）。
② 任意のユーザーでログインし、ログイン結果画面を表示する。
③ ログイン結果画面で「つぶやき投稿・閲覧」のリンクをクリックする。
④ メイン画面が表示され、正しいユーザー名が出力されるのを確認する。

［未ログイン時のメイン画面表示を確認する手順］

① サーブレットクラスMainを次のいずれかの方法でリクエストする（すべてのブラウザを閉じてから行うこと）。
　・「http://localhost:8080/dokoTsubu/Main」にブラウザでリクエストする。
　・Main.javaを選択してEclipseの実行機能で実行する。
② トップ画面が表示されるのを確認する。

10.5 〈 ログアウト機能を作成する

10.5.1 ログアウト機能のしくみ

　次に、メイン画面からログアウトできるようにします（機能②、p.262）。この機能では次の4つを使用します。

- **User.java** ：**ユーザーに関する情報（ユーザー名、パスワード）を持つ JavaBeansのモデル（10.2節で作成済み）**
- **main.jsp** ：**メイン画面を出力するビュー（10.4節で作成したものを本節で修正）**
- **logout.jsp** ：**ログアウト画面を出力するビュー**
- **Logout.java** ：**ログアウトに関するリクエストを処理するコントローラ**

　サーブレットクラスLogoutがセッションスコープの破棄を行い、logout.jspへフォワードします（図10-6）。

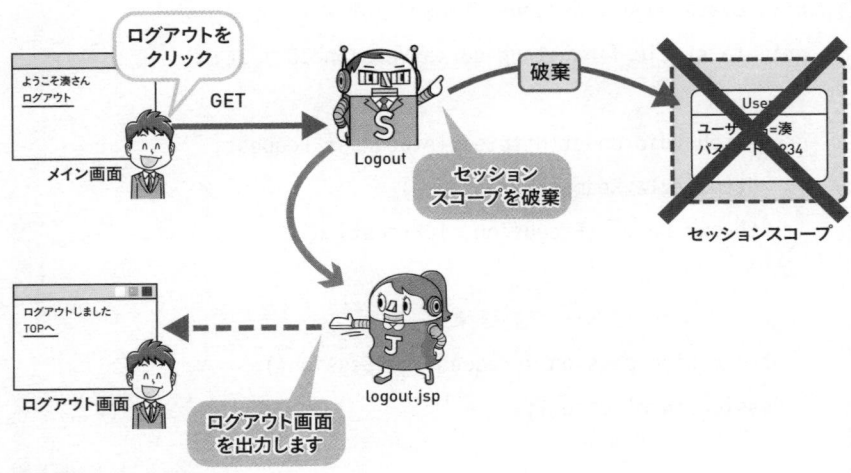

図10-6 ログアウト機能の流れ

10.5.2 ログアウト機能の作成

流れを理解したら、以下のコード10-10〜10-12を参考にプログラムを作成
してください。

コード10-10 ログアウトに関するリクエストを処理するコントローラ

```
01  package servlet;
02
03  import java.io.IOException;
04  import jakarta.servlet.RequestDispatcher;
05  import jakarta.servlet.ServletException;
06  import jakarta.servlet.annotation.WebServlet;
07  import jakarta.servlet.http.HttpServlet;
08  import jakarta.servlet.http.HttpServletRequest;
09  import jakarta.servlet.http.HttpServletResponse;
10  import jakarta.servlet.http.HttpSession;
11
12  @WebServlet("/Logout")
13  public class Logout extends HttpServlet {
14    private static final long serialVersionUID = 1L;
15
16    protected void doGet(HttpServletRequest request,
          HttpServletResponse response)
          throws ServletException, IOException {
17
18      // セッションスコープを破棄
19      HttpSession session = request.getSession();
20      session.invalidate();
21
22      // ログアウト画面にフォワード
```

Logout.java
(servlet パッケージ)

```
23     RequestDispatcher dispatcher =
          request.getRequestDispatcher("WEB-INF/jsp/logout.jsp");
24     dispatcher.forward(request, response);
25   }
26 }
```

　メイン画面については、コード10-9（p.281）にログアウト用のリンクを
追加します（コード10-11）。

コード10-11 メイン画面を出力するビュー（修正）

main.jsp (src/main/webapp/WEB-INF/jsp ディレクトリ)

```
01 <%@ page language="java" contentType="text/html; charset=UTF-8"
02     pageEncoding="UTF-8" %>
03 <%@ page import="model.User" %>
04 <%
05 // セッションスコープに保存されたユーザー情報を取得
06 User loginUser = (User)session.getAttribute("loginUser");
07 %>
08 <!DOCTYPE html>
09 <html>
10 <head>
11 <meta charset="UTF-8">
12 <title>どこつぶ</title>
13 </head>
14 <body>
15 <h1>どこつぶメイン</h1>
16 <p>
17 <%= loginUser.getName() %>さん、ログイン中
18 <a href="Logout">ログアウト</a>      ← ログアウト用のリンクを追加
19 </p>
20 </body>
21 </html>
```

コード10-12 ログアウト画面を出力するビュー

logout.jsp（src/main/webapp/WEB-INF/jsp ディレクトリ）

```
01  <%@ page language="java" contentType="text/html; charset=UTF-8"
02      pageEncoding="UTF-8" %>
03  <!DOCTYPE html>
04  <html>
05  <head>
06  <meta charset="UTF-8">
07  <title>どこつぶ</title>
08  </head>
09  <body>
10  <h1>どこつぶログアウト</h1>
11  <p>ログアウトしました</p>
12  <a href="index.jsp">トップへ</a>
13  </body>
14  </html>
```

10.5.3 ログアウト機能の動作確認

ここまでのプログラムが作成できたら、次の手順で動作を確認しましょう。

［ログアウト時のメイン画面表示を確認する手順］

① **トップ画面を表示する（10.2.4項）。**
② **任意のユーザーでログインし、メイン画面を表示する。**
③ **メイン画面でログアウトし、トップ画面が表示されるのを確認する。**

10.6 〉 投稿と閲覧の機能を作成する

10.6.1 投稿と閲覧機能のしくみ

いよいよ、「どこつぶ」の主機能であるつぶやきの投稿と閲覧の機能を作成しましょう（機能③④、p.262〜263）。これには次の5つを使用し、図10-7のように組み合わせます。

- ・User.java ：ユーザーに関する情報（ユーザー名、パスワード）を持つ JavaBeans のモデル（10.2節で作成済み）
- ・Mutter.java ：つぶやきに関する情報（ユーザー名、内容）を持つ JavaBeans のモデル（10.2節で作成済み）

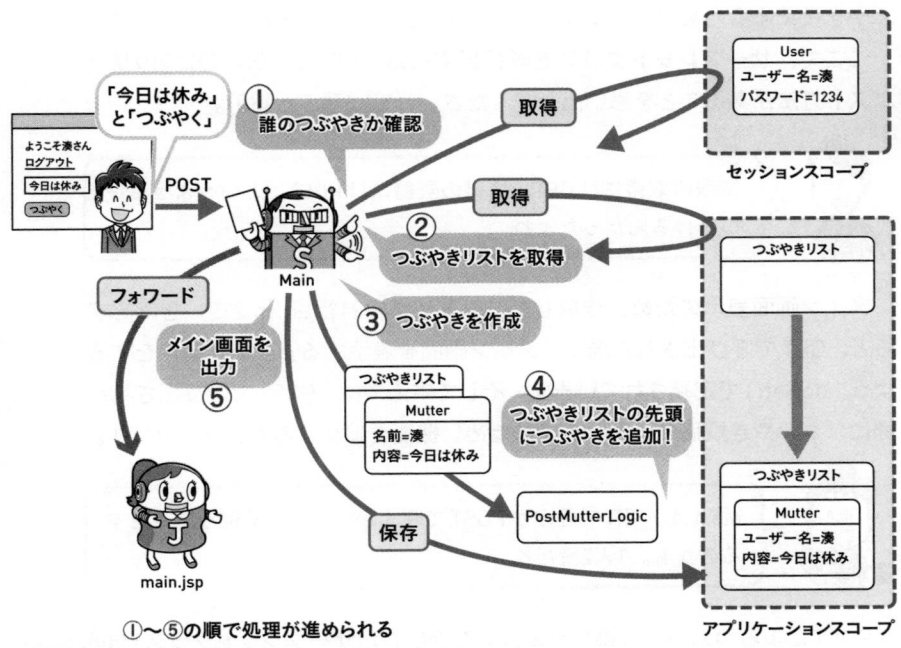

図10-7 つぶやきの投稿と閲覧の流れ（メイン画面へのフォワードまで）

- PostMutterLogic.java ：つぶやきの投稿に関する処理を行うモデル
- main.jsp ：**メイン画面を出力するビュー（10.4節で作成したものを本節で修正）**
- Main.java ：**つぶやきに関するリクエストを処理するコントローラ（10.4節で作成したものを本節で修正）**

あれ……？　そもそもMainって、つぶやき投稿の処理をするためのサーブレットクラスだっけ？

いや、単に「メイン画面を表示するサーブレットクラス」として作ったはずやけど……（コード10-8、p.279）。

図10-7（p.287）のサーブレットクラスMainの役割を見て、湊くんのように混乱してしまった人もいるでしょう。このクラスは「メイン画面を表示するサーブレットクラス」として作成したのにもかかわらず、図10-7では「つぶやき投稿するためのサーブレットクラス」として掲載されているからです。

　ここで、**サーブレットクラスを呼び出すには、GETとPOSTの2つのリクエスト方法がある**ことを思い出してください（5.1.6項、p.135）。

情報の取得にはGET、情報の登録にはPOST、というように使い分けるんだったよね。

　メイン画面表示のために作成したコード10-8の21行目（p.279）を確認すると、GETで呼び出された際に「メイン画面を表示する」という動作をするよう、doGet()で定義されています。そして本節では、POSTで呼び出された際に「つぶやき投稿の処理」をするために機能を追加するというわけです。

Mainは、GETで呼ぶかPOSTで呼ぶかでまったく違う動きをするのかぁ。1人2役だね。

　POSTによるつぶやき投稿リクエストを受信したサーブレットクラスMainは、リクエストパラメータから取得したつぶやきの内容が空でない場合、ま

ずセッションスコープに保存されているUserインスタンスからユーザー名を取得します（図10-7の①、p.287）。そして、そのユーザー名と、リクエストパラメータに含まれるつぶやきの2つの情報からMutterインスタンスを作成し（②③）、アプリケーションスコープに保存されているつぶやきリスト（ArrayListインスタンス）の先頭に追加します（④）。

　投稿されたつぶやきを表示する処理は、次の図10-8のようにフォワード先のmain.jspで行います。

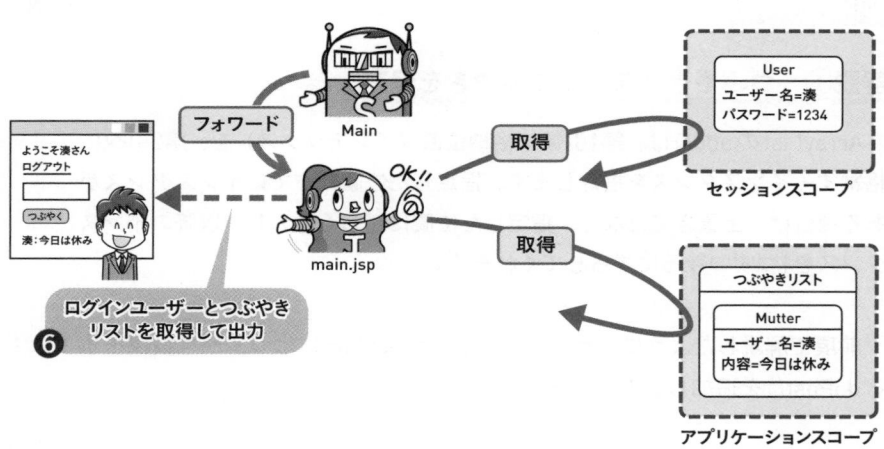

図10-8 つぶやきの投稿と閲覧の流れ（メイン画面へのフォワード以降）

　main.jspはアプリケーションスコープからつぶやきリストを取得し、その中に設定されているつぶやきを取得して出力を行います。これで投稿されたつぶやきの一覧を閲覧できます。

10.6.2 投稿と閲覧機能の作成

　しくみが理解できたら、次のコード10-13〜10-15を参考にプログラムを作成してみましょう。

コード10-13 つぶやきの投稿に関する処理を行うモデル

```
01  package model;                                      PostMutterLogic.java
                                                        (model パッケージ)
02
```

```
03    import java.util.List;
04
05    public class PostMutterLogic {
06      public void execute(Mutter mutter, List<Mutter> mutterList){
07        mutterList.add(0, mutter);    // 先頭に追加 ⟩━ 解説①
08      }
09    }
```

解説① つぶやきリストにつぶやきを保存

ArrayListのadd()は、第1引数に格納位置（インデックス）を、第2引数に格納するインスタンスを指定します。指定した位置にすでにインスタンスがある場合は、上書きではなく、指定した位置に新しく挿入し、以降のインスタンスを1つずつ後ろにずらしてくれます。

前項で解説したように、サーブレットクラス Main にはつぶやき投稿をする doPost() を追加します（コード10-14）。

コード10-14 つぶやきに関するリクエストを処理するコントローラ（修正）

```
01    package servlet;                              Main.java
                                                  (servletパッケージ)
02
03    import java.io.IOException;
04    import java.util.ArrayList;
05    import java.util.List;
06    import jakarta.servlet.RequestDispatcher;
07    import jakarta.servlet.ServletContext;
08    import jakarta.servlet.ServletException;
09    import jakarta.servlet.annotation.WebServlet;
10    import jakarta.servlet.http.HttpServlet;
11    import jakarta.servlet.http.HttpServletRequest;
12    import jakarta.servlet.http.HttpServletResponse;
13    import jakarta.servlet.http.HttpSession;
```

```java
14   import model.Mutter;
15   import model.PostMutterLogic;        つぶやきリストに保存するモデルの
                                          インポートを追加
16   import model.User;
17
18   @WebServlet("/Main")
19   public class Main extends HttpServlet {
20     private static final long serialVersionUID = 1L;
21
 ⋮   … (doGet()は変更がないため省略) …      コード10-8を参照
47
48   protected void doPost(HttpServletRequest request,
         HttpServletResponse response)
         throws ServletException, IOException {
                                          doPost()を追加
49     // リクエストパラメータの取得
50     request.setCharacterEncoding("UTF-8");
51     String text = request.getParameter("text");
52
53     // 入力値チェック
54     if (text != null && text.length() != 0) {
55       // アプリケーションスコープに保存されたつぶやきリストを取得
56       ServletContext application = this.getServletContext();
57       List<Mutter> mutterList =
           (List<Mutter>)application.getAttribute("mutterList");
58
59       // セッションスコープに保存されたユーザー情報を取得
60       HttpSession session = request.getSession();
61       User loginUser = (User)session.getAttribute("loginUser");
62
63       // つぶやきを作成してつぶやきリストに追加
64       Mutter mutter = new Mutter(loginUser.getName(), text);
```

```
65    PostMutterLogic postMutterLogic = new PostMutterLogic();
66    postMutterLogic.execute(mutter, mutterList);
67
68    // アプリケーションスコープにつぶやきリストを保存
69    application.setAttribute("mutterList", mutterList);
70    }
71
72    // メイン画面にフォワード
73    RequestDispatcher dispatcher =
          request.getRequestDispatcher("WEB-INF/jsp/main.jsp");
74    dispatcher.forward(request, response);
75    }
76 }
```

　メイン画面については、コード10-11（p.285）に、つぶやきの投稿と閲覧
に関する部分を追加します（コード10-15）。

コード10-15 メイン画面を出力するビュー（修正）

```
                                main.jsp (src/main/webapp/WEB-INF/jsp ディレクトリ)
01 <%@ page language="java" contentType="text/html; charset=UTF-8"
02     pageEncoding="UTF-8" %>
03 <%@ page import="model.User, model.Mutter, java.util.List" %>
04 <%          インポートするクラスを追加              つぶやきリスト
                                                   の取得を追加
05 // セッションスコープに保存されたユーザー情報を取得
06 User loginUser = (User)session.getAttribute("loginUser");
07 // アプリケーションスコープに保存されたつぶやきリストを取得
08 List<Mutter> mutterList =
       (List<Mutter>)application.getAttribute("mutterList");
09 %>
10 <!DOCTYPE html>
11 <html>
```

292

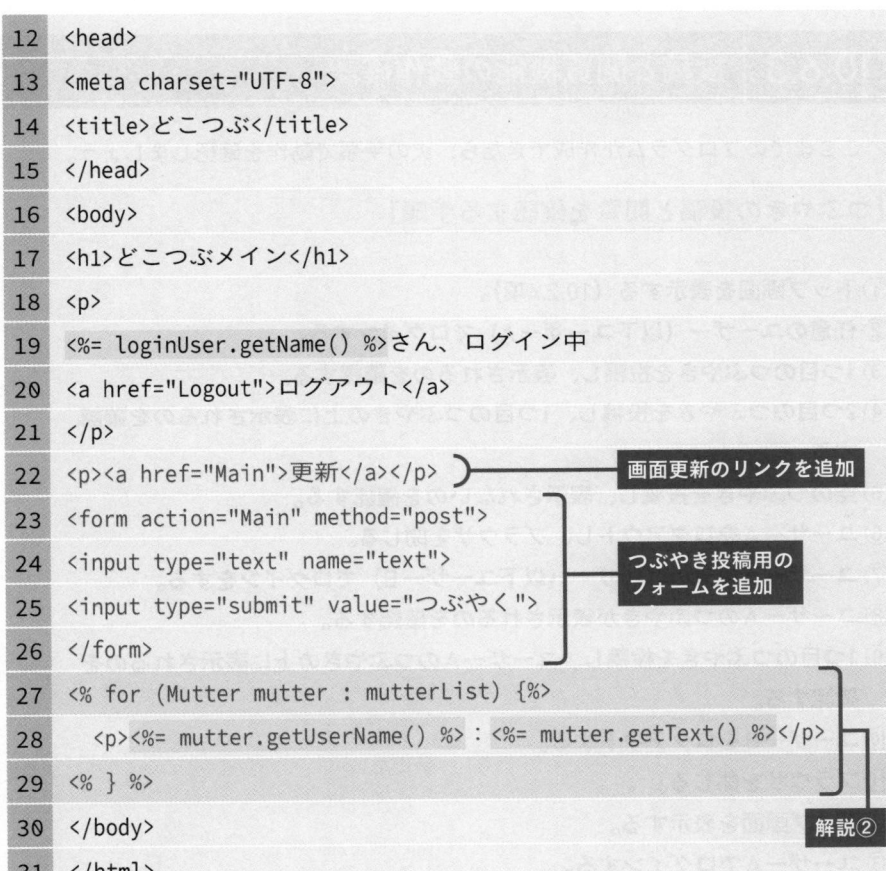

12	`<head>`
13	`<meta charset="UTF-8">`
14	`<title>どこつぶ</title>`
15	`</head>`
16	`<body>`
17	`<h1>どこつぶメイン</h1>`
18	`<p>`
19	`<%= loginUser.getName() %>さん、ログイン中`
20	`<a href="Logout">ログアウト</a>`
21	`</p>`
22	`<p><a href="Main">更新</a></p>` — 画面更新のリンクを追加
23	`<form action="Main" method="post">`
24	`<input type="text" name="text">` — つぶやき投稿用のフォームを追加
25	`<input type="submit" value="つぶやく">`
26	`</form>`
27	`<% for (Mutter mutter : mutterList) {%>`
28	`  <p><%= mutter.getUserName() %>：<%= mutter.getText() %></p>`
29	`<% } %>`
30	`</body>` — 解説②
31	`</html>`

解説②　ArrayListに格納されたつぶやきリストを先頭から順に取得

　ここでは、拡張for文を利用して、ArrayListに格納されているつぶやきを順に取得して表示しています。

```
for (変数の型 変数名 : ArrayListインスタンス) {…}
```

　このfor文では、ArrayListに格納されているインスタンスの数だけループが実行されます。ループが実行されるたび、( )内で宣言した変数に、ArrayListに格納されているインスタンスが先頭から順に代入されます。今回の場合、つぶやきリストに格納されているつぶやき（Mutterインスタンス）が、新しいものから順に取り出され、変数mutterに代入されます。

10.6.3 投稿と閲覧機能の動作確認

ここまでのプログラムが作成できたら、次の手順で動作を確認しましょう。

[つぶやきの投稿と閲覧を確認する手順]

① トップ画面を表示する（10.2.4項）。
② 任意のユーザー（以下ユーザーA）でログインする。
③ 1つ目のつぶやきを投稿し、表示されるのを確認する。
④ 2つ目のつぶやきを投稿し、1つ目のつぶやきの上に表示されるのを確認する。
⑤ 空のつぶやきを投稿し、表示されないのを確認する。
⑥ ユーザーAをログアウトし、ブラウザを閉じる。
⑦ ユーザーA以外のユーザー（以下ユーザーB）でログインをする。
⑧ ユーザーAのつぶやきが表示されるのを確認する。
⑨ 1つ目のつぶやきを投稿し、ユーザーAのつぶやきの上に表示されるのを確認する。
⑩ ユーザーBをログアウトする。
⑪ ブラウザを閉じる。
⑫ トップ画面を表示する。
⑬ ユーザーAでログインする。
⑭ ユーザーAとユーザーBのつぶやきが表示されるのを確認する。

なお、つぶやきリストの有効期限に注意してください。アプリケーションスコープに保存しているため、サーブレットクラスを修正してサーバを再起動すると、それまで投稿したつぶやきは消えてしまいます。再び動作確認する場合は、最初から手順をやり直す必要があります（特に、オートリロードを有効にした場合は自動で消えるので注意しましょう）。

10.7 エラーメッセージの表示機能を追加する

10.7.1 エラー表示のしくみ

最後に、前節で作成したつぶやき投稿機能に手を加えて、文字入力のない空のつぶやきを投稿したらエラーメッセージが表示されるようにしましょう。

エラーメッセージを表示するしくみは、次の図10-9のようになります。

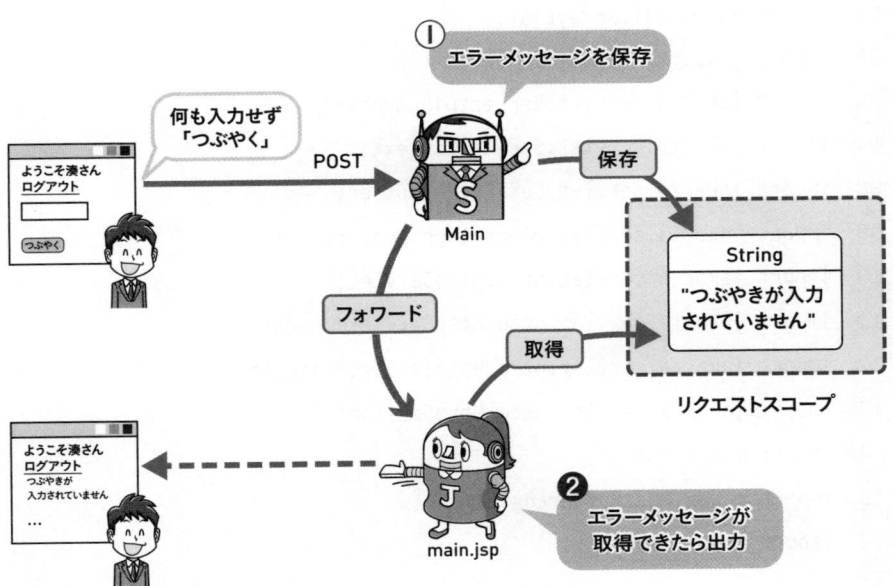

図10-9 エラーメッセージ表示の流れ

サーブレットクラス Main は、送信されてきたつぶやきが空だった場合、エラーメッセージ（String インスタンス）を作成します。この情報は、フォワード先（main.jsp）で利用するだけなので、リクエストスコープに保存します。

フォワード先の main.jsp では、リクエストスコープからエラーメッセージが取得できた場合のみ、エラーメッセージを表示します。

10.7.2 エラーメッセージ表示機能の作成

しくみが理解できたら、プログラムを作成してみましょう。

サーブレットクラスMainでは、コード10-14（p.290）のdoPost()で行っている入力値チェックにelseブロックを追加します（コード10-16）。

コード10-16 つぶやきに関するリクエストを処理するコントローラ（修正）

```
01   package servlet;                                    Main.java
                                                      (servlet パッケージ)
02
03   import java.io.IOException;
04   import java.util.ArrayList;
05   import java.util.List;
06   import jakarta.servlet.RequestDispatcher;
07   import jakarta.servlet.ServletContext;
08   import jakarta.servlet.ServletException;
09   import jakarta.servlet.annotation.WebServlet;
10   import jakarta.servlet.http.HttpServlet;
11   import jakarta.servlet.http.HttpServletRequest;
12   import jakarta.servlet.http.HttpServletResponse;
13   import jakarta.servlet.http.HttpSession;
14   import model.Mutter;
15   import model.PostMutterLogic;
16   import model.User;
17
18   @WebServlet("/Main")
19   public class Main extends HttpServlet {
20     private static final long serialVersionUID = 1L;
21
  ⋮      … （doGet()メソッドは変更がないため省略）…
47                                              コード10-8を参照
```

```
48    protected void doPost(HttpServletRequest request,
          HttpServletResponse response)
          throws ServletException, IOException {
49        // リクエストパラメータの取得
50        request.setCharacterEncoding("UTF-8");
51        String text = request.getParameter("text");
52
53        // 入力値チェック
54        if (text != null && text.length() != 0) {
 ⋮           … (変更がないため省略) …
70        } else {
71          // エラーメッセージをリクエストスコープに保存
72          request.setAttribute("errorMsg",
              "つぶやきが入力されていません");
73        }
74
75        // メイン画面にフォワード
76        RequestDispatcher dispatcher =
            request.getRequestDispatcher("WEB-INF/jsp/main.jsp");
77        dispatcher.forward(request, response);
78    }
79  }
```

> エラーメッセージ
> 作成を追加

メイン画面は、コード10-15（p.292）に、エラーメッセージの取得と表示
に関する部分を追加します（コード10-17）。

コード10-17 メイン画面を出力するビュー（修正）

main.jsp （src/main/webapp/WEB-INF/jsp ディレクトリ）

```
01  <%@ page language="java" contentType="text/html; charset=UTF-8"
02      pageEncoding="UTF-8" %>
03  <%@ page import="model.User,model.Mutter,java.util.List" %>
```

```
04  <%
05  // セッションスコープに保存されたユーザー情報を取得
06  User loginUser = (User)session.getAttribute("loginUser");
07  // アプリケーションスコープに保存されたつぶやきリストを取得
08  List<Mutter> mutterList =
        (List<Mutter>)application.getAttribute("mutterList");
09  // リクエストスコープに保存されたエラーメッセージを取得
10  String errorMsg = (String)request.getAttribute("errorMsg");
11  %>
12  <!DOCTYPE html>
13  <html>
14  <head>
15  <meta charset="UTF-8">
16  <title>どこつぶ</title>
17  </head>
18  <body>
19  <h1>どこつぶメイン</h1>
20  <p>
21  <%= loginUser.getName() %>さん、ログイン中
22  <a href="Logout">ログアウト</a>
23  </p>
24  <p><a href="Main">更新</a></p>
25  <form action="Main" method="post">
26  <input type="text" name="text">
27  <input type="submit" value="つぶやく">
28  </form>
29  <% if (errorMsg != null) { %>
30  <p><%= errorMsg %></p>
31  <% } %>
32  <% for (Mutter mutter : mutterList){%>
```

エラーメッセージの取得を追加

エラーメッセージ表示を追加

```
33  <p><%= mutter.getUserName() %> : <%= mutter.getText() %></p>
34  <% } %>
35  </body>
36  </html>
```

10.7.3 | エラーメッセージ表示の動作確認

　ここまでのすべてのプログラムが作成できたら、次の手順で動作を確認しましょう。

[エラーメッセージを確認する手順]

① トップ画面を表示する（10.2.4項）。
② 任意のユーザーでログインする。
③ 空のつぶやきを投稿し、エラーメッセージが表示されるのを確認する。

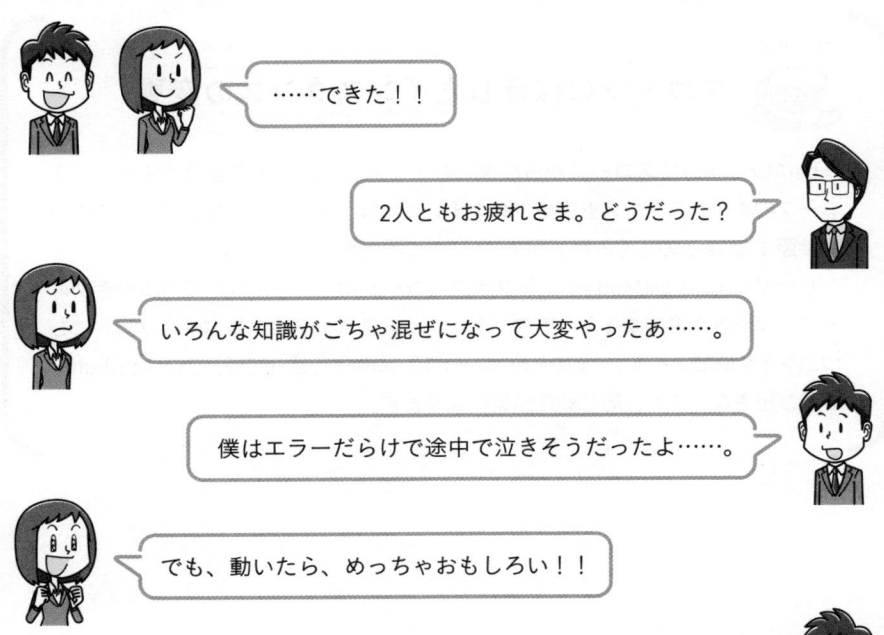

……できた！！

2人ともお疲れさま。どうだった？

いろんな知識がごちゃ混ぜになって大変やったあ……。

僕はエラーだらけで途中で泣きそうだったよ……。

でも、動いたら、めっちゃおもしろい！！

そうそう。僕は自信も付いたよ！！

2人ともひと回り成長したね。Webアプリケーション開発は一筋縄ではいかないけど、作るごとに頭の中が整理されていき、実力も大きく伸ばせるんだ。自信が付くまで、何度でも「どこつぶ」を作ってみるといいよ。

　今回作成したアプリケーションは、世の中で動いている本物のWebアプリケーションに比べればかなりシンプルなものです。備える機能も完全ではなく、改善すべきところもたくさんあります。

　しかし、「どこつぶ」には、Webアプリケーションの開発には欠かせない、さまざまな技術やしくみが盛り込まれています。**一度きりではなく、「どこつぶ」の作成を繰り返して理解を深め、技術を磨きましょう。**スムーズに作成できるようになれば、基礎力は十分に身に付いているので、自信を持ってください。

column

スコープに保存したインスタンスの変更

　getAttribute()でスコープから取得したインスタンスの内容を変更すると、スコープ内のインスタンスも変更されます。これは、インスタンスをアドレス情報で参照するJavaのしくみが原因です（7.3.2項の解説①、p.204）。

　したがって、PostMutterLogicクラス（コード10-13、p.289）でつぶやきリストにつぶやきを追加すると、アプリケーションスコープ内のつぶやきリストにもつぶやきが追加されます。そのため、コード10-14の69行目（p.292）でsetAttribute()を呼び出さなくても、同じ動作結果になります。

10.8 この章のまとめ

「どこつぶ」で登場した新たなポイント

- ファイル名を省略したURLでリクエストできるファイルを「デフォルトページ」という。
- GETとPOSTの2つのリクエストで異なる動作をする「1人2役」のサーブレットクラスを作成できる。

Webアプリケーション開発の勉強を始めたばかりの方へのアドバイス

- 学んだことを復習しながら、焦らずじっくり時間をかけて取り組もう。
- Webアプリケーション開発に慣れるために、作成する数をこなそう。
- 数々のエラーを乗り越えて、うまく動いたときの感動を味わおう。

開発の奥義を使いこなそう

「どこつぶ」もなんとか作れるようになったし、これで開発現場でバリバリやれるぞ。

早くプロジェクトに配属されへんかな。

ここまでよくがんばったね。でもせっかくだから、現場に行く前にもう少し知識を増やしておこうか。

まだあるんですか！

もちろんすべての現場で使うとは限らないけど、サーブレットとJSPは奥深いからね。より高度なアプリケーションを、さらに効率的に開発するための応用技術を紹介しておこう。

これまで、実用的なWebアプリケーション開発に必要不可欠な基礎知識を学習してきました。しかし、実際の開発現場では、さらに深い知識と高度な文法が求められる場面もあります。第IV部では、現場で皆さんを助ける実践的な技術を学習します。

chapter 11
サーブレットクラス実行のしくみとフィルタ

これまで、サーブレットクラスではdoGet()とdoPost()の
2つのメソッドを利用してきました。
しかし、サーブレットクラスには、
ほかにも利用可能なメソッドがあります。
この章で学習する技術を上手に使えば、
Webアプリケーションの開発効率を上げ、
より高度な内容のアプリケーションを作成できるでしょう。

chapter
11

contents

11.1 サーブレットクラス実行のしくみ

11.1.1 サーブレットクラスのインスタンス化

サーブレットの応用技術ってどんな内容なのかな？ 難しかったらどうしよう……。

はは、心配しなくても大丈夫だよ。それじゃあ、そんな湊くんのために、まずはサーブレットクラスが実行されるしくみの復習から始めよう。

　本書ではこれまで、doGet()やdoPost()を動かすことを便宜的に「サーブレットクラスを実行」と表現してきました。しかし厳密には、これらstaticが付いていないメソッドを、クラスの状態では実行できません。実行するには、インスタンス化が必要です。

えっ、でもインスタンス化した覚えなんてないぞ。

忘れてしもたんですか。アプリケーションサーバが自動でやってくれるんですよ。

　通常のクラスは開発者がnew演算子を使って明示的にインスタンス化します。しかし、サーブレットクラスはブラウザからリクエストされた際に、**アプリケーションサーバ内のサーブレットコンテナによってインスタンス化**されます。よって、開発者自身がインスタンス化を意識する必要はありません（3.1.5項）。

第Ⅳ部

そうだった。じゃあ、リクエストするたびにインスタンス化されているんだね。

ところが、そうじゃないんだ。

　アプリケーションサーバにとって、インスタンスの生成と破棄は大変な仕事です。そのため、リクエストのたびに行うと、サーバに負荷がかかり応答速度が落ちてしまいます。そのような状況を防ぐために、アプリケーションサーバ（サーブレットコンテナ）は、リクエストに応答した後もサーブレットクラスのインスタンスを破棄せずメモリに残し、**次のリクエストでも再利用します**（図11-1）。

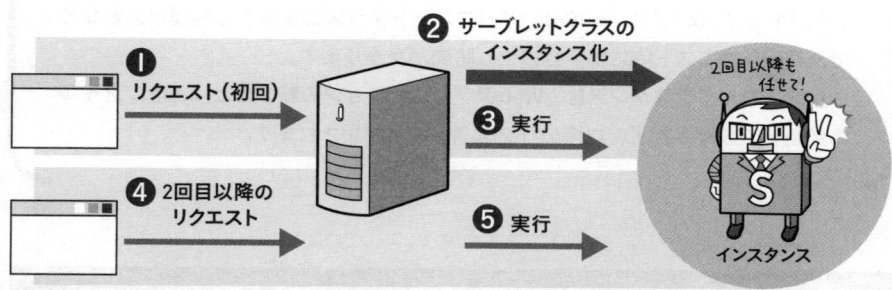

図11-1 サーブレットクラスのインスタンス化

　サーバの終了などによってWebアプリケーションが終了すると、**サーブレットクラスのインスタンスはアプリケーションサーバによって破棄されます**。

サーブレットクラスのインスタンス

- 初回のリクエスト時にインスタンス化される。
- インスタンスは以降のリクエストで再利用される。
- Webアプリケーション終了まで、インスタンスは残る。

捨てずに使い回すなんて、サーブレットはエコやなあ。

そうだね。Webアプリケーションの終了（と開始）については
9.1.2項（p.243）で解説しているよ。

column
JSP ファイルのインスタンス化

　JSP ファイルの実行にも、インスタンス化が必要です。JSP ファイルは保存後
の初回リクエスト時に、まずサーブレットクラスに変換され、それがインスタン
ス化されます（4.1.1項、p.106）。サーブレットクラスに変換する処理が必要なの
で、初回リクエスト時には実行に少し時間がかかります。
　生成されたインスタンスは、Webアプリケーションの終了または JSP ファイル
の更新まで破棄されず、以降のリクエストで再利用されます。

11.1.2 | init メソッド／destroy メソッド

サーブレットクラスのインスタンスを生成したり破棄したりす
るたびに、ひと仕事させる方法を紹介しよう。

　サーブレットクラスは、init()と destroy()というメソッドをスーパークラ
スである HttpServlet から継承しています。これらのメソッドは、決まった
タイミングでアプリケーションサーバが呼び出します。init()はサーブレット
クラスのインスタンスが作成された直後、destroy()はサーブレットクラスの
インスタンスが破棄される直前に実行されます（次ページの図11-2）。

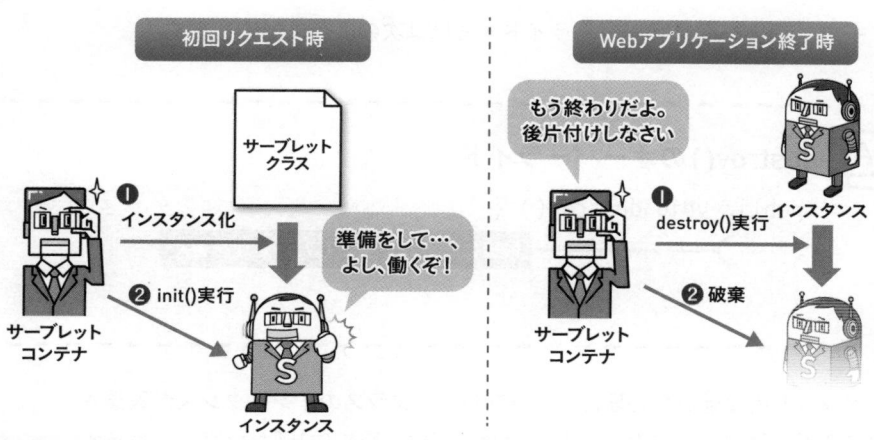

図11-2 initメソッドとdestroyメソッド

スーパークラスのinit()とdestroy()は、doGet()とdoPost()同様、サブクラスでオーバーライドして処理内容を自由に記述できます。

init()のオーバーライドは次のように行います。

A init()のオーバーライド

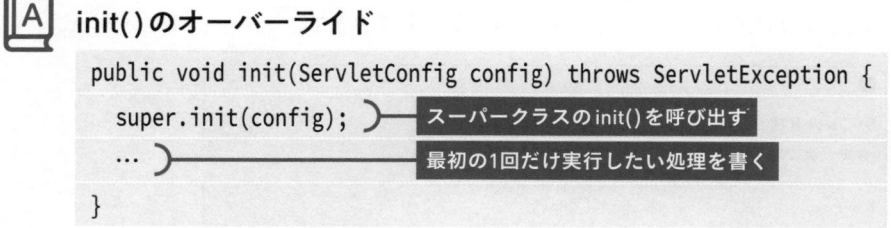

```
public void init(ServletConfig config) throws ServletException {
    super.init(config);        スーパークラスのinit()を呼び出す
    …                          最初の1回だけ実行したい処理を書く
}
```

メソッド内に書いた処理は、サーブレットクラスのインスタンスが生成された直後（通常は初回リクエスト時）に1回だけ実行されます。一般的に、doGet()やdoPost()を実行可能にするための初期化処理（データベース接続など）を記述します。

ただし、1行目に記述する super.init(config); で、あらかじめスーパークラスのinit()を実行しておく必要があることに注意しましょう。

一方、destroy()をオーバーライドするには次のように記述します。

 destroy()のオーバーライド

```
public void destroy() {
    ... )━━━━━━ 最後に一度だけ実行したい処理を書く
}
```

メソッド内に書いた処理は、サーブレットクラスのインスタンスが破棄される直前（通常はアプリケーションサーバ停止時）に1回だけ実行されます。一般的に、後始末の処理（データベースの切断など）を記述します。

 ちなみに、Eclipseではオーバーライドを手軽に指示できるんだ。

Eclipseのサーブレット作成画面で、次の図11-3のようにチェックを入れると、2つのメソッドを簡単にオーバーライドできます。

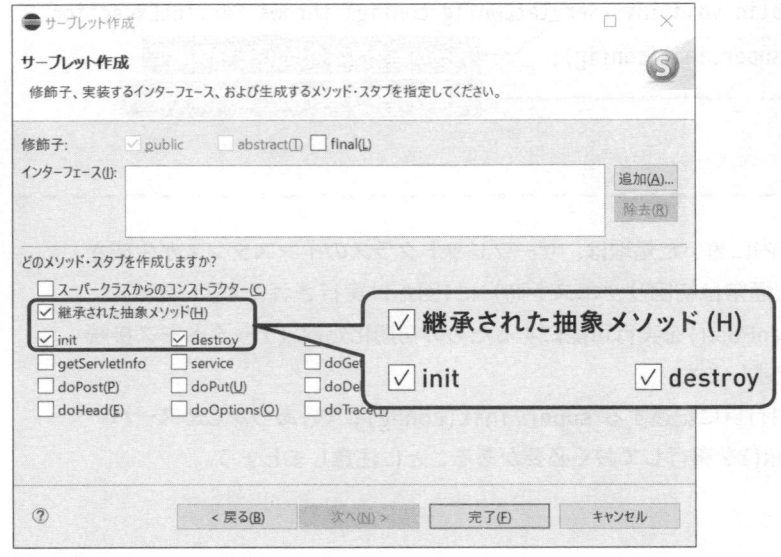

図11-3 サーブレット作成画面（Eclipse）

11.1.3 | init() / destroy()の動作確認

実際にプログラムを動かして、init()とdestroy()が自動で実行される様子を見てみよう。

次のコード11-1を実行すると、画面に訪問回数が表示されます。そして、更新リンクを1回クリックするたびに、訪問回数が1つずつ増加します（図11-4）。

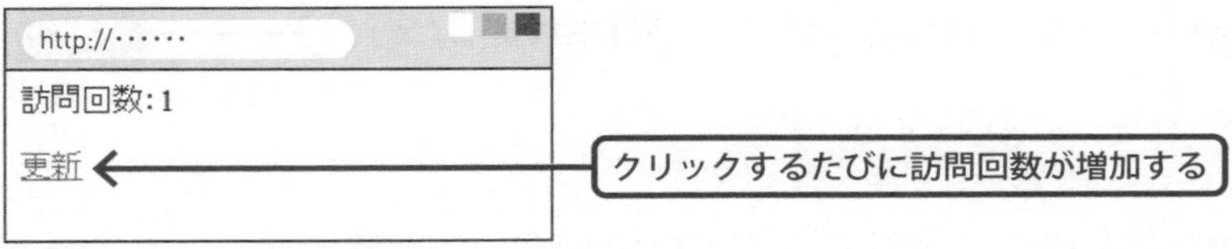

```
http://······                    ■ ■
訪問回数：1
更新 ←                              クリックするたびに訪問回数が増加する
```

図11-4 コード11-1の実行画面

コード11-1 init()とdestroy()を持つサーブレットクラス

```
                                                        CounterServlet.java
                                                        (servlet パッケージ)
01  package servlet;
02
03  import java.io.IOException;
04  import java.io.PrintWriter;
05  import jakarta.servlet.ServletConfig;
06  import jakarta.servlet.ServletContext;
07  import jakarta.servlet.ServletException;
08  import jakarta.servlet.annotation.WebServlet;
09  import jakarta.servlet.http.HttpServlet;
10  import jakarta.servlet.http.HttpServletRequest;
11  import jakarta.servlet.http.HttpServletResponse;
12
13  @WebServlet("/CounterServlet")
14  public class CounterServlet extends HttpServlet {
15      private static final long serialVersionUID = 1L;
```

chapter
11

16	
17	`public void init(ServletConfig config) throws ServletException {`
18	`  super.init(config);`
19	`  // 訪問回数を表すIntegerインスタンスを新規作成し`
20	`  // アプリケーションスコープに保存`　　　　　　　　　　解説①
21	`  Integer count = 0;`
22	`  ServletContext application = config.getServletContext();`
23	`  application.setAttribute("count", count);`
24	
25	`  System.out.println("init()が実行されました");`　　　解説②
26	`}`
27	

28	`protected void doGet(HttpServletRequest request,`
	`    HttpServletResponse response)`
	`    throws ServletException, IOException {`

29	`  // アプリケーションスコープに保存された訪問回数を増加`
30	`  ServletContext application = this.getServletContext();`
31	`  Integer count = (Integer)application.getAttribute("count");`
32	`  count++;`
33	`  application.setAttribute("count", count);`
34	
35	`  // HTMLを出力`
36	`  response.setContentType("text/html; charset=UTF-8");`
37	`  PrintWriter out = response.getWriter();`
38	`  out.println("<!DOCTYPE html>");`
39	`  out.println("<html>");`
40	`  out.println("<head>");`
41	`  out.println("<meta charset=¥"UTF-8¥" />");`
42	`  out.println("<title>訪問回数を表示</title>");`
43	`  out.println("</head>");`

```
44    out.println("<body>");
45    out.println("<p>訪問回数：" + count + "</p>");
46    out.println
        ("<a href=¥"CounterServlet¥">更新</a>");
47    out.println("</body>");
48    out.println("</html>");
49  }
50  public void destroy() {
51    System.out.println("destroy()が実行されました");  }──解説②
52  }
53 }
```

解説①　Integerインスタンスを準備

　訪問回数を表すIntegerインスタンスをinit()で新しく作成し、アプリケーションスコープに保存して、doGet()で利用できるように準備しています。

解説②　init() / destroy()の動作メッセージを出力

　init()とdestroy()の実行を確認するため、System.out.println()でメッセージを出力しています。System.out.println()の出力結果は、ブラウザには表示されませんが、Eclipseの「コンソール」ビューに表示されます（図11-5）。

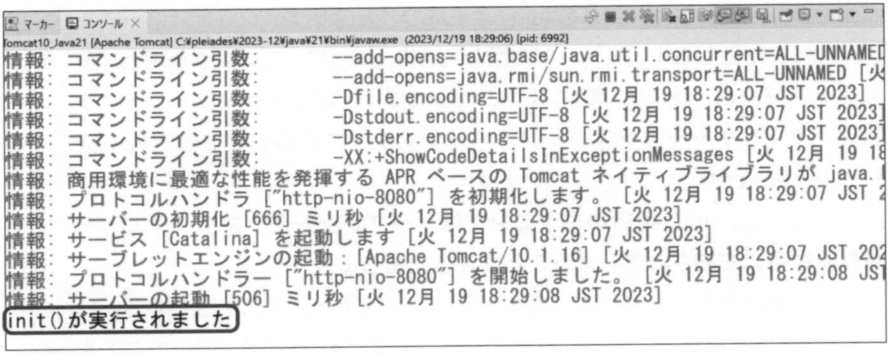

```
マーカー コンソール ×
Tomcat10_Java21 [Apache Tomcat] C:¥pleiades¥2023-12¥java¥21¥bin¥javaw.exe (2023/12/19 18:29:06) [pid: 6992]
情報: コマンドライン引数:        --add-opens=java.base/java.util.concurrent=ALL-UNNAMED
情報: コマンドライン引数:        --add-opens=java.rmi/sun.rmi.transport=ALL-UNNAMED [火
情報: コマンドライン引数:        -Dfile.encoding=UTF-8 [火 12月 19 18:29:07 JST 2023]
情報: コマンドライン引数:        -Dstdout.encoding=UTF-8 [火 12月 19 18:29:07 JST 2023]
情報: コマンドライン引数:        -Dstderr.encoding=UTF-8 [火 12月 19 18:29:07 JST 2023]
情報: コマンドライン引数:        -XX:+ShowCodeDetailsInExceptionMessages [火 12月 19 18
情報: 商用環境に最適な性能を発揮する APR ベースの Tomcat ネイティブライブラリが java.
情報: プロトコルハンドラ ["http-nio-8080"] を初期化します。 [火 12月 19 18:29:07 JST 2
情報: サーバーの初期化 [666] ミリ秒 [火 12月 19 18:29:07 JST 2023]
情報: サービス [Catalina] を起動します [火 12月 19 18:29:07 JST 2023]
情報: サーブレットエンジンの起動: [Apache Tomcat/10.1.16] [火 12月 19 18:29:07 JST 202
情報: プロトコルハンドラー ["http-nio-8080"] を開始しました。 [火 12月 19 18:29:08 JST
情報: サーバーの起動 [506] ミリ秒 [火 12月 19 18:29:08 JST 2023]
init()が実行されました
```

図11-5 System.out.println()の出力結果と「コンソール」ビュー

初回リクエスト時には「init()が実行されました」と表示され、オートリロードの実行やサーバの停止によりWebアプリケーションが終了すると「destroy()が実行されました」と表示されます。

コード11-1（p.311）を参考にプログラムを作成できたら、動的Webプロジェクト「example」に保存し、次のいずれかの方法で動作を確認しましょう。

- 「http://localhost:8080/example/CounterServlet」をブラウザでリクエストする。
- 「CounterServlet」をEclipseの実行機能で実行する。

11.1.4 | init()の注意点

よーし、これから初期化はinit()でやっていくぞ！

いいね。でも、init()で初期化をするときの注意点があるから、ぜひ知っておいてほしい。

第10章で作成した「どこつぶ」のように複数のサーブレットクラスを使用するWebアプリケーションでは、init()を使ってWebアプリケーション全体に関する初期化をすると、うまく動作しなくなることがあります。

たとえば、Webアプリケーション全体で使用するインスタンスがあり、それをあるサーブレットクラスのinit()で生成し、アプリケーションスコープに保存していたとします（次ページの図11-6のServletA）。このような場合、そのサーブレットクラスがリクエストされるまでは、ほかのサーブレットクラスは、アプリケーションスコープからインスタンスを取得できません（図11-6のServletB）。

このように、**init()実行のタイミングはサーブレットクラスがリクエストされる順番に左右されてしまう**ことに注意しましょう。

なお、Webアプリケーション全体に関わる初期化は、次節で紹介する「リスナー」を使用すると、リクエストの順番に影響されず確実に実行できます。

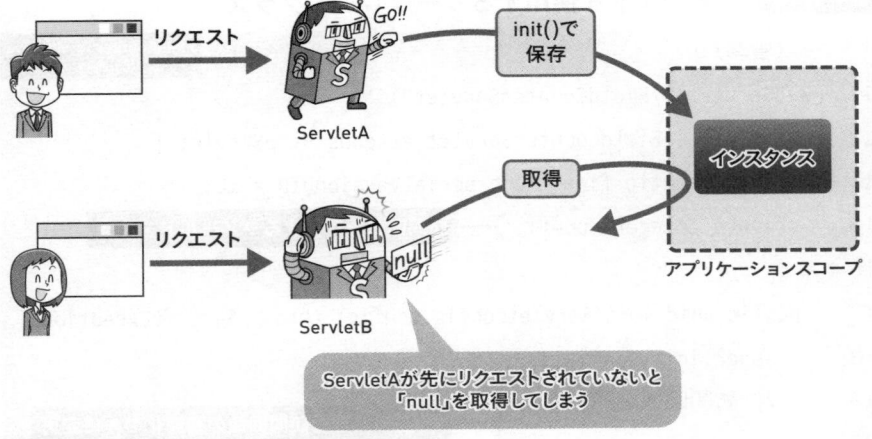

図11-6 init()の実行はリクエストの順番に影響される

11.1.5 サーブレットクラスのフィールドと注意点

init() と destroy()、doGet() に doPost() か。サーブレットクラスには特殊なメソッドがたくさんあるね。

メソッドといえばフィールドはどうなってるんやろ？ 今まで全然使ってないけど、なんか理由があるんやろか。

鋭いね。サーブレットクラスのフィールドを使うには、特別な注意が必要なんだ。

　サーブレットクラスでも、通常のクラスのようにフィールドを定義できます。次のページの FieldCounterServlet のように、訪問回数をカウントする Integer インスタンスをアプリケーションスコープではなくフィールドに保存できます（後述する理由によりフィールドの使用は推奨しないので、次のコードは目を通しておくだけでよいでしょう）。

コード11-2 フィールドを使用するサーブレットクラス

```
      … (省略) …                                    FieldCounterServlet.java
                                                       (servletパッケージ)
12  @WebServlet("/FieldCounterServlet")
13  public class FieldCounterServlet extends HttpServlet {
14    private static final long serialVersionUID = 1L;
15    private Integer count;  ─── 訪問回数を保存するフィールドを作成
16
17    public void init(ServletConfig config) throws ServletException {
18      super.init(config);
19      // 訪問回数を初期化          init()の処理を訪問回数の初期化のみに変更
20      count = 0;
21    }
22
23    protected void doGet(HttpServletRequest request,
          HttpServletResponse response)
          throws ServletException, IOException {
24      // 訪問回数を増加          init()の処理を訪問回数の初期化のみに変更
25      count++;
:       … (以下の処理は省略) …
44    }
45  }
```

ただし、このようにサーブレットクラスのフィールドを利用するときは、次の2点に注意する必要があります。

注意① フィールドは外から参照できない

サーブレットクラスのフィールドは、ほかのサーブレットクラスやJSPファイルから使用できません。たとえば、JSPファイルにフォワードして訪問回数を出力する場合でも、フォワード先のJSPファイルでは訪問回数（Integerインスタンス）を直接参照できません。

注意② フィールドは同時リクエストで共有される

サーブレットクラスのインスタンスは、複数のリクエストで使用します。したがって、同時にリクエストしているユーザーがいる場合、そのユーザー間で、インスタンス内のフィールドが共有されることになります（図11-7）。

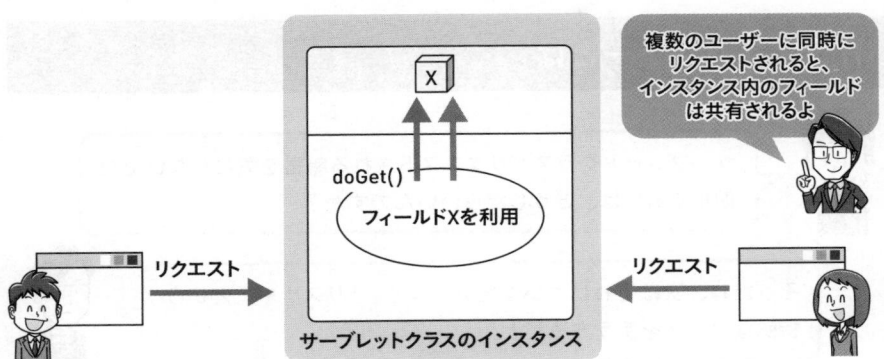

図11-7 サーブレットクラスのフィールドは共有される

そのため、doGet()やdoPost()でフィールドの値を「変更」する処理をした場合、**リクエストのタイミングが重なると、フィールドの値に不整合が起こる**ことがあります。たとえば、さきほどのFieldCounterServletのようにフィールドを使用して訪問回数をカウントする場面では、2人が同時にリクエストすると、訪問回数が1人分しか増えないといった現象が発生する可能性があります。これは、アプリケーションスコープで不整合が発生するしくみと同じです（9.3.1項）。

対応策もアプリケーションスコープと同じで、アプリケーションにとって不整合が致命的になるデータをフィールドで扱わないようにするか、競合が発生しないようスレッドによる調停をします。

このように、サーブレットクラスのフィールドは慎重に扱う必要がある。入門者のうちは、なるべく使用を避けたほうがいいだろう。

11.2 $\Big\{$ リスナー

11.2.1 リスナーとは

サーブレットクラスがリクエストされる順番を気にしないで初期化するには、どうしたらいいんですか？

そうだね、次はそれについて紹介しよう。「リスナー」という特殊なクラスを使う方法だよ。

　サーブレットには**リスナー**と呼ばれる特殊なクラスがあります。リスナーに定義されたメソッドは、リクエストで実行されるのではなく、Webアプリケーションで特定のイベント（出来事）が発生したら自動的に実行されます（図11-8）。

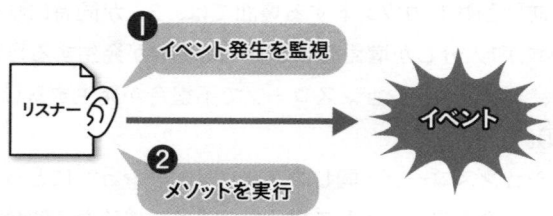

図11-8　イベントを検知して動作するリスナー

　リスナーを使用すると、リクエストではなく、Webアプリケーションの状況に応じて処理を行えます。たとえば、Webアプリケーションが開始されたら、リスナーがアプリケーションスコープにインスタンスを保存するといったことが実現できます。

11.2.2 リスナーの作成方法

リスナーは、あらかじめイベントごとに用意されたリスナーインタフェースを実装して作成します。つまり、**対応したいイベントに合わせて実装するリスナーインタフェースを決める**のです。

次の表11-1に、イベントとそれに対応するリスナーインタフェースを挙げています。たとえば、「Webアプリケーション開始」というイベントに対応するには、ServletContextListenerインタフェースを実装したリスナーを作成します。

表11-1　イベントと対応するリスナーインタフェース

イベント	リスナーインタフェース
Webアプリケーションが開始または終了する	ServletContextListener
アプリケーションスコープにインスタンスを保存、上書き保存、またはスコープから削除する	ServletContextAttributeListener
セッションスコープを作成または破棄する	HttpSessionListener
セッションコープにインスタンスを保存、上書き保存、またはスコープから削除する	HttpSessionAttributeListener
セッションスコープが待避、または回復する	HttpSessionActivationListener
このインタフェースを実装したクラスのインスタンスをセッションスコープに保存、またはスコープから削除する	HttpSessionBindingListener
リクエストが発生する、またはレスポンスが完了する	ServletRequestListener
リクエストスコープにインスタンスを保存、上書き保存、またはスコープから削除する	ServletRequestAttributeListener

chapter
11

11.2.3 リスナーの動作確認

それじゃ、「Webアプリケーション開始」のイベントに対応するリスナーの動きを実際にプログラムで確認してみよう。

次のコード11-3は、CounterServlet（コード11-1、p.311）のinit()と同じ

処理をWebアプリケーション開始時に行うリスナーです。

コード11-3 Webアプリケーションの開始に対応するリスナー

```
CounterListener.java
（listener パッケージ）

01  package listener;
02
03  import jakarta.servlet.ServletContext;
04  import jakarta.servlet.ServletContextEvent;
05  import jakarta.servlet.ServletContextListener;
06  import jakarta.servlet.annotation.WebListener;
07
08  @WebListener        ── 解説①                              解説②
09  public class CounterListener implements ServletContextListener {
10    public void contextInitialized(ServletContextEvent sce) {
11      ServletContext context = sce.getServletContext();
12      Integer count = 0;
13      context.setAttribute("count", count);
14    }
15    public void contextDestroyed(ServletContextEvent sce) {
16    }
17  }
```

解説① @WebListenerアノテーションを付与

リスナーには@WebListenerアノテーションを付与する必要があります。
このアノテーションを付けられたリスナーが、Webアプリケーション開始時
にインスタンス化されます。

- -

 @WebListenerアノテーションの付与

`@WebListener`

※ jakarta.servlet.annotation.WebListenerをインポートする必要がある。

- -

解説② リスナーインタフェースとメソッドを実装

　リスナーが対応するイベントに合わせて、リスナーインタフェースを実装します。リスナーインタフェースには、イベント発生時に呼び出されるメソッドが定義されています。**リスナーインタフェースを実装したら、それらのメソッドを実装します。**

　今回実装するServletContextListenerインタフェースには、次のメソッドが定義されています。

表11-2 ServletContextListenerインタフェースのメソッド

メソッド	実行のきっかけとなるイベント
contextInitialized()	Web アプリケーションが開始する
contextDestroyed()	Web アプリケーションが終了する

　Webアプリケーション開始時に実行されるcontextInitialized()でIntegerインスタンスを生成し、それをアプリケーションスコープに保存します。アプリケーションスコープの正体であるServletContextインスタンスは、引数として渡されるServletContextEventインスタンスのgetServletContext()で取得できます。

　今回は、Webアプリケーション終了時に実行されるcontextDestroyed()では特に何も行いません。このような場合、メソッドを実装しなくても構いません（リスナーインタフェースのメソッドはdefaultメソッドで定義されているため、実装しなくてもコンパイルエラーになりません）。

　このリスナーを作成すると、CounterServletのinit()による処理（コード11-1の17から26行目）は不要になりますので、削除またはコメントアウトしておきましょう。

　プログラムの作成後、サーバを再起動すると、Webアプリケーションが開始されリスナーが実行されます。CounterServletを実行して、前節のinit()を使った場合と動作結果が変わらない（アプリケーションスコープからインスタンスが取得できる）ことを確認しましょう。

chapter
11

11.2.4 リスナーの作り方

ほかのリスナーも、今回作ったのと同じように作れるのかな？

どのリスナーも決まった手順で作成できるよ。手順を整理しておこう。

リスナーは次の4つの作業で作成できます。

① **@WebListener アノテーションを付与する。**
② **リスナーインタフェースを実装する。**
③ **リスナーインタフェースのメソッドを実装する。**
④ **リスナーインタフェースのメソッド内容を記述する。**

なお、Eclipseではリスナーを簡単に作成できます。その場合、①から③は自動で行われるので、**開発者の作業は④だけで済みます。**具体的な手順はWeb付録で紹介しています。

また、実装したメソッドが実行されるタイミングはAPIリファレンスなどを参照してください。

11.3 {フィルタ

11.3.1 フィルタとは

あー、またやってもうた。リクエストパラメータの文字コード
を指定するの忘れて……。

「文字化け」だね。僕もよくやるよ（笑）。

　綾部さんは、次のようなサーブレットクラスを書いて文字化けを起こして
しまったようです。

```
public class AyabeServlet extends HttpServlet {
  protected void doPost(…) {
    // リクエストパラメータの取得
    String name = request.getParameter("name");
    …
                        setCharacterEncoding()による
                        文字コードの指定を忘れている
  }
}
```

いつも書く処理やねんから、書かんで済むようにしてほしいわあ。

実は、毎回書かなくてもいい方法がちゃんとサーブレットには
用意されているんだ。

サーブレットには**フィルタ**という特殊なクラスが用意されています。この
フィルタを設定したサーブレットクラスのdoGet()やdoPost()が実行される
前後のタイミングで、フィルタのメソッドが自動的に実行されます（図11-9）。

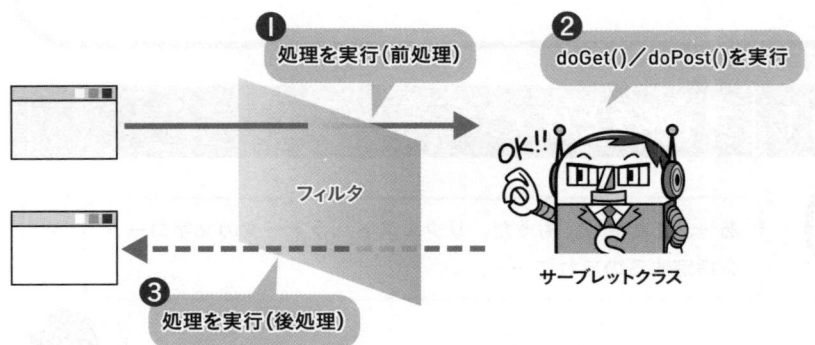

図11-9　処理の前後で動作するフィルタ

　このフィルタを複数のサーブレットクラスに対して設定すると、それぞれ
のサーブレットクラスで共通の処理をまとめることができます。たとえば、
ログインしていることが前提のサーブレットクラスが複数あった場合、ログ
イン状態をチェックするフィルタを1つ作成し、それを各サーブレットクラ
スに設定します。その結果、それぞれのサーブレットクラスでいちいちログ
インをチェックする処理を書かずに済みます（図11-10）。

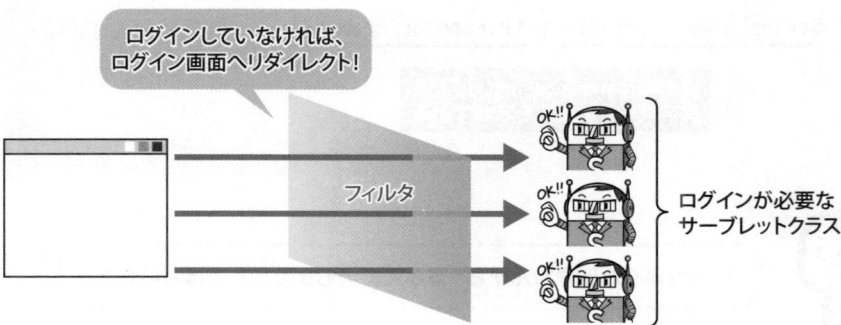

図11-10　複数のサーブレットクラスで共通の処理をフィルタに任せる

じゃあ、リクエストパラメータの文字コードを指定するフィルタを用意して、それを全部のサーブレットクラスに設定すればええんやね！

また、1つのサーブレットクラスに複数のフィルタを設定し、連続して実行できます。これを**フィルタチェーン**と呼びます（図11-11）。

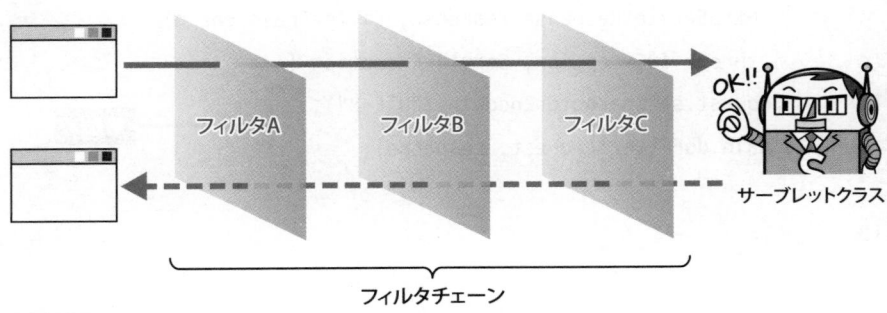

フィルタチェーン

図11-11 フィルタチェーン

11.3.2 フィルタの動作確認

それでは実際に、リクエストパラメータの文字コードを指定するフィルタの動作を見てみましょう。次のコード11-4に定義したフィルタは、すべてのサーブレットクラスのdoGet()またはdoPost()が実行される前に、リクエストパラメータの文字コード指定を行います。

コード11-4 リクエストパラメータの文字コードを指定するフィルタ

SetEncodingFilter.java
（filter パッケージ）

```
01  package filter;
02
03  import java.io.IOException;
04  import jakarta.servlet.FilterChain;
05  import jakarta.servlet.ServletException;
06  import jakarta.servlet.ServletRequest;
```

```
07    import jakarta.servlet.ServletResponse;
08    import jakarta.servlet.annotation.WebFilter;
09    import jakarta.servlet.http.HttpFilter;
10
11    @WebFilter("/*")  ── 解説①
12    public class SetEncodingFilter extends HttpFilter {  ── 解説②
13      protected void doFilter(HttpServletRequest request,
            HttpServletResponse response, FilterChain chain)
14        throws IOException, ServletException {
15        request.setCharacterEncoding("UTF-8");
16        chain.doFilter(request, response);      ── 解説③
17      }
18    }
```

解説①　@WebFilter アノテーションを付与

　フィルタには@WebFilterアノテーションを付与する必要があります。このアノテーションが付けられたフィルタは、Webアプリケーション開始時にインスタンス化されます。

- -

 @WebFilter アノテーションの付与

> @WebFilter("/設定するサーブレットクラスのURLパターン")

※ jakarta.servlet.annotation.WebFilter をインポートする必要がある。

- -

　フィルタを設定するサーブレットクラスは、@WebFilterアノテーションで指定します。複数のサーブレットクラスに設定するには「/*」を使用します。次に設定例を挙げておきます。

・URLパターンが「/Sample」のサーブレットクラスに設定する場合

> @WebFilter("/Sample")

・URLパターンが「/Sample/〜」のサーブレットクラスへ設定する場合

```
@WebFilter("/Sample/*")
```

・すべてのサーブレットクラスに設定する場合

```
@WebFilter("/*")
```

解説② HttpFilterを継承

フィルタはjakarta.servlet.HttpFilterクラスを継承して作成します。この HttpFilterクラスに定義されているdoFilterメソッドは、フィルタを設定した サーブレットがリクエストされたときに自動的に実行されます。

解説③ doFilterメソッドに前処理／後処理を記述

サーブレットクラスの前処理と後処理をこのメソッド内に記述します。コード11-4 (p.325) の **chain.doFilter(request, response);** (18行目) より前に書いた処理が前処理、後ろに書いた処理が後処理として実行されます。 リクエストパラメータの文字コード指定は、サーブレットクラス内の処理で 利用されるものですから、前処理として記述します。

このフィルタを作成した動的Webプロジェクトのサーブレットクラスでは、 リクエストパラメータの文字コード指定をする必要がありません。次のコード11-5 のように削除（またはコメントアウト）し、取得したリクエストパラメータが文字化けしないのを確認してください。

5.3.3項でやったのと同じ方法で実行すればいいんだね。

コード11-5 フィルタの動作を確認するサーブレットクラス（コード5-4）

… （省略） …	FormServlet.java (servletパッケージ)

```
11  @WebServlet("/FormServlet")
12  public class FormServlet extends HttpServlet {
13    private static final long serialVersionUID = 1L;
```

14	
15	`protected void doPost(HttpServletRequest request,`
	`HttpServletResponse response)`
	`throws ServletException, IOException {`
16	`// リクエストパラメータを取得`
17	`// request.setCharacterEncoding("UTF-8");` —— コメントアウト
18	`String name = request.getParameter("name");`
19	`String gender = request.getParameter("gender");`
	… (省略) …

11.3.3 | フィルタの作り方

> フィルタを作成する手順も確認しておこう。

フィルタは、次の4つの作業で作成できます。

① @WebFilter アノテーションを付与し、設定するサーブレットクラスを指定する。
② jakarta.servlet.HttpFilter クラスを継承する。
③ doFilter() を実装する。
④ doFilter() の「chain.doFilter(request, response);」の前後に前処理、後処理を記述する。

　Eclipse ではフィルタを簡単に作成できます。その場合、①から③は自動で行われるので、開発者の作業は④だけで済みます。具体的な手順は Web 付録で紹介しています。

column

JSPファイルとHTMLファイルへのフィルタ適用

　フィルタはサーブレットクラスだけでなく、JSPファイルやHTMLファイルにも適用できます。たとえば、JSPファイル「index.jsp」に適用する場合、@WebFilterアノテーションで次のように指定します。

```
@WebFilter("/index.jsp")
```

　また、本節で紹介した次の指定では、すべてのサーブレットクラスだけでなく、すべてのJSPファイルとHTMLファイルにも設定されます。

```
@WebFilter("/*")
```

11.4 この章のまとめ

サーブレットクラス実行のしくみ

- サーブレットクラスのインスタンスは、最初のリクエスト時にインスタンス化され、以降のリクエストでも再利用される。
- サーブレットクラスは、インスタンス化された直後に init() が実行される。
- サーブレットクラスは、インスタンスが破棄される直前に、destory() が実行される。

リスナーの利用

- Webアプリケーションで発生するイベントに応じて処理を実行するには、リスナーを利用する。
- リスナーを利用するには、処理を実行したいタイミングで発生するイベントに応じたリスナーインタフェースを実装する。

フィルタの利用

- サーブレットクラスの doGet() と doPost() の前後で処理を実行するには、フィルタを利用する。
- 1つのフィルタを複数のサーブレットクラスに設定できる。
- 1つのサーブレットクラスに複数のフィルタを設定して連続実行できる(フィルタチェーン)。
- フィルタを利用するには、jakarta.servlet.HttpFilter クラスを継承する。

11.5 練習問題

練習11-1

　次のようなWebアプリケーションで、以下の1～4の操作を行った場合に実行される処理①～⑧について、選択肢から適切なものを選んで入れてください。

[前提]
・init()、doGet()、destroy()の各メソッドを持つサーブレットクラスAがある。
・サーブレットクラスAにはフィルタBが設定されている。
・ServletContextListenerインタフェースを実装したリスナーCがある。

[操作]

1. サーバを起動　　　　　　　　 ① が実行
2. サーブレットAをリクエスト　 ② → ③ → ④ の順で実行
3. サーブレットAをリクエスト　 ⑤ → ⑥ の順で実行
4. サーバを終了　　　　　　　　 ⑦ → ⑧ の順で実行

[選択肢]
（ア）Aのinit()　　　　　　　　（イ）Aのdestroy()
（ウ）AのdoGet()　　　　　　　（エ）BのdoFilter()
（オ）CのcontextInitialized()　（カ）CのcontextDestroyed()

練習11-2

　ある開発プロジェクトでは、アプリケーションスコープの利用を禁止にしました。そこで、アプリケーションスコープにインスタンスを保存しようとすると、System.out.println()でコンソールに警告文を出力するリスナーNoAppScopeListener.javaをlistenerパッケージに作成してください（ヒント：ServletContextAttributeListenerを用います）。

Javaには複数の処理を同時に実行する「マルチスレッド」というしくみが備わっています。これにより、ネットワークの通信処理をしながら計算処理をする、といったことが可能になります。このとき、それぞれの処理は別々のスレッドが担当しています。

　「スレッド」とは、1つの処理の流れを表す単位です。Webアプリケーションでいえば、サーバ上で待ち受けていて、リクエストが届いたら開始される処理の流れそのものです。サーブレットクラス（JSPファイル）はマルチスレッドで動作するので、1つのリクエストを受けるごとに1つのスレッドが生成され、そのスレッドが処理を実行します。

　マルチスレッドによって複数のリクエストを同時に処理できるのですが、複数のスレッドが同時に同じデータにアクセスしてその内容を壊してしまう、「スレッドの競合」という現象が起こることがあります。

　サーブレットでスレッドの競合が起こる代表例が、アプリケーションスコープと、サーブレットクラスのフィールドです。なぜなら、これらはスレッド間で共有されるためです。競合を避けるには、競合が起こる可能性のあるデータを1つのスレッドが利用している間、ほかのスレッドは待機するようにコントロールする必要があります。このコントロールのことを、スレッドの調停や同期、排他処理などと呼びます（スレッドの調停については、『スッキリわかるJava入門 実践編 第3版』で解説しています）。

chapter 12
アクションタグと
EL 式

業務向けのWebアプリケーションでは、画面の見栄えを
よくするために、WebデザイナーがJSPファイルを編集します。
しかし、Webデザイナーの専門分野はHTMLであり
Javaではありません。そのため、JSPファイルに
Javaのコードがたくさん書かれていると、
作業効率が悪いだけでなく、不具合を引き起こしかねません。
この章では、JSPファイルからJavaのコードを
極力減らす方法を紹介します。
結果、分業がしやすくなり、Webデザイナーだけでなく
開発者の負担軽減にもつながるでしょう。

chapter
12

contents

12.1 インクルードと標準アクションタグ

12.1.1 動的インクルードと標準アクションタグ

> よいしょ、よいしょ……。ふー、疲れた。

> ミナト先輩、大変そうやね。何してるんです？

> 全部のページにフッターを付けようと思って。同じ内容だし、コピー＆ペーストしてるんだけど、数が多いから大変なんだ。

> ちょっと待った。そのやり方は止めといたほうがいいぞ。

　Webページの最上部の領域を「ヘッダー」、最下部の領域を「フッター」と呼び、同じWebサイト内では各ページのヘッダーやフッターの内容を統一するのが一般的です。内容に決まりはありませんが、ヘッダーにはロゴや各コンテンツへのリンク（ナビゲーションメニュー）などを表示し、フッターにはコピーライトやサイトマップ、プライバシーポリシーの記載ページへのリンクなどを表示しているWebサイトが多く見られます。

　このような各ページ共通の内容を掲載するためにまず思いつくのが、湊くんのように掲載内容を各JSPファイルにコピー＆ペーストする方法です。しかし、この方法の場合、後で内容に変更があれば、すべてのJSPファイルを変更する必要が出てきます。そもそも、JSPファイルの数が多ければ時間も労力もかかってしまい、効率がよくありません。

たくさんのJSPファイルに共通の内容を入れたいなら、うってつけの方法があるんだ。

　この問題を解決するのが、**動的インクルード**です。動的インクルードを使用すると、JSPファイルの実行中にほかのJSPファイルを呼び出して実行できます（図12-1の**❶**）。さらに、**動的インクルードによって呼び出されたJSPファイル**（図12-1の**❷**）が出力した内容を、元のJSPファイルの出力に取り込むことができます（図12-1の**❸**）。

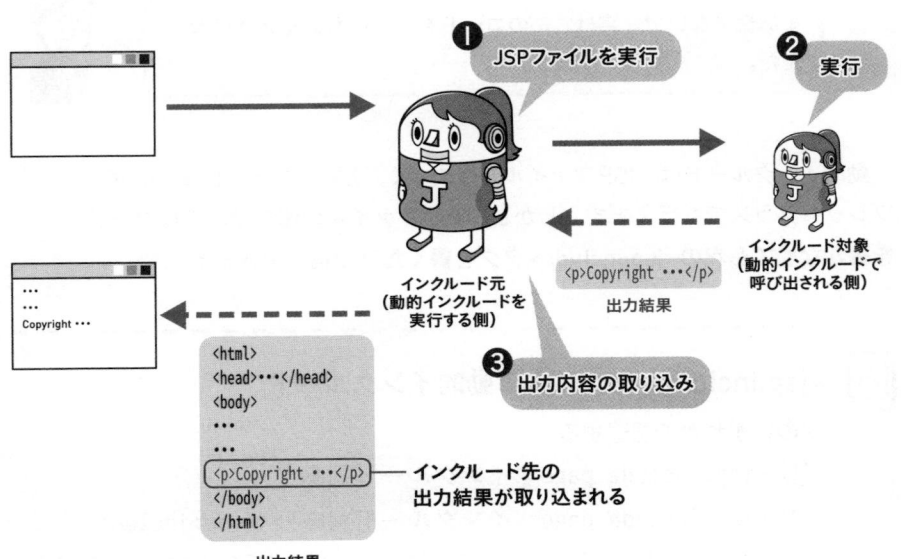

図12-1　動的インクルード

　ヘッダーやフッターといった各ページで共通の内容を出力するJSPファイルを用意しておき、それを動的インクルードで取り込むことで、共通の内容の反映や修正が簡単に実現できます。フォワードとよく似た動きですが、フォワードは実行後にフォワード元に処理が戻ってこないのに対して、**動的インクルードは実行後にインクルード元に処理が戻ってくる**という違いがあります。
　動的インクルードを行うには、フォワードと同様にRequestDispatcherインスタンスのinclude()を利用します。

```
<%
RequestDispatcher dispatcher =
    request.getRequestDispatcher("インクルード対象");
dispatcher.include(request, response);
%>
```

ありがとうございます！　早速、このコードを書いて動的イン
クルードをやってみます！

まあ慌てないで。実は、このコードをいちいち書く必要はない
んだ。

　動的インクルードは、JSPファイルだけでなく、上記のコードを書けばサー
ブレットクラスでも行えます。しかし、**JSPファイルの場合は、このコード
を書かなくても次の<jsp:include>タグを書くだけで指示できます。**

 <jsp:include>タグによる動的インクルード

次のいずれかで記述する。

① <jsp:include page="インクルード対象" />

② <jsp:include page="インクルード対象"></jsp:include>

※ インクルード対象は、インクルード元JSPファイルのディレクトリを起点とした相対パスで指定する。

えっ？　たった1行書くだけでいいんですか！　しかもこれっ
て、タグですか？

ああ、でもHTMLタグとは別物だよ。表4-1（p.110）で紹介した、JSPファイルを構成する要素の1つなんだ。

これは**アクションタグ**といって、**Javaのコードを呼び出せるタグ**です（図12-2）。

アクションタグ
```
<jsp:include page="index.jsp" />
```

呼び出す

Javaのコード
```
<%
RequestDispatcher dispatcher = request.getRequestDispatcher("index.jsp");
dispatcher.include(request, response);
%>
```

図12-2 アクションタグはJavaのコードを呼び出す

見た目はただのタグだけど、正体はJavaのコードなんですね。

<jsp:include> タグのように、最初から用意されているアクションタグを**標準アクションタグ**と呼びます。主なものを表12-1に挙げました。

chapter 12

表12-1 主な標準アクションタグ

アクションタグ名	機能
<jsp:useBean>	スコープから JavaBeans インスタンスを取得（取得できないときは JavaBeans インスタンスを新規作成してスコープに保存）
<jsp:setProperty>	JavaBeans のプロパティの値を設定
<jsp:getProperty>	JavaBeans のプロパティの値を取得
<jsp:include>	インクルード
<jsp:forward>	フォワード

これらの標準アクションタグは、基本的に次のように記述します。

 標準アクションタグ

次のいずれかで記述する。

① <jsp:アクション名 属性名="値" />

② <jsp:アクション名 属性名="値">…</jsp:アクション名>

※ 大文字と小文字が区別される。
※ 終了タグは省略できない。

アクションタグの文法はHTMLタグと基本的に同じですが、**大文字と小文字は区別され、終了タグは省略できない**ので注意しましょう。たとえば、次のような書き方をしてしまうと動的インクルードは失敗し、**JasperException 例外**がスローされます。

```
<jsp:Include page="index.jsp" />   // 「i」が大文字になっている
<jsp:include page="index.jsp">      // 終了タグが省略されている
```

12.1.2 動的インクルードの動作確認

動的インクルードを使って、実際にほかのJSPファイルが出力するフッターを取り込んでみましょう。

次ページのコード12-1は、footer.jsp（コード12-2）が出力するページフッターを動的インクルードによって取り込み、次の図12-3のような画面出力を行います。

インクルード先（footer.jsp）が
出力した部分

図12-3 動的インクルードによってフッターが取り込まれる

コード12-1 動的インクルードを行うJSPファイル

incudeTag.jsp (src/main/webappディレクトリ)

```
01  <%@ page language="java" contentType="text/html; charset=UTF-8"
02      pageEncoding="UTF-8" %>
03  <!DOCTYPE html>
04  <html>
05  <head>
06  <meta charset="UTF-8">
07  <title>動的インクルードによるフッター表示</title>
08  </head>
09  <body>
10  <h1>どこつぶへようこそ</h1>
11  <p>「どこつぶ」は・・・</p>
12  <jsp:include page="footer.jsp" />
13  </body>                         解説①
14  </html>
```

コード12-2 動的インクルードで取り込まれるJSPファイル

footer.jsp (src/main/webappディレクトリ)

```
01  <%@ page language="java" contentType="text/html; charset=UTF-8"
02      pageEncoding="UTF-8" %>
03  <p>Copyright どこつぶ制作委員会 All Rights Reserved.</p>
```

chapter
12

解説① インクルード対象を指定

インクルードする対象を相対パスで指定します。footer.jspはincludeTag.jspと同じディレクトリにあるため、ファイル名のみを指定しています。もし「webapp/WEB-INF/jsp」に配置するならば、「WEB-INF/jsp/footer.jsp」とします。

12.1.3 | 静的インクルード

> JSPファイルには、もう1つ、インクルードの方法があるんだ。
> 動作が微妙に異なるから、こちらも紹介しておこう。

　もう1つの方法は**静的インクルード**といい、表4-1（p.110）で紹介したJSP
ファイルを構成する要素の1つである**includeディレクティブ**を用います。

　動的インクルードは「実行中」にほかのJSPファイルの「出力結果」を取
り込むのに対して、静的インクルードは「実行前」にほかのJSPファイルの
「内容」を取り込みます（図12-4）。

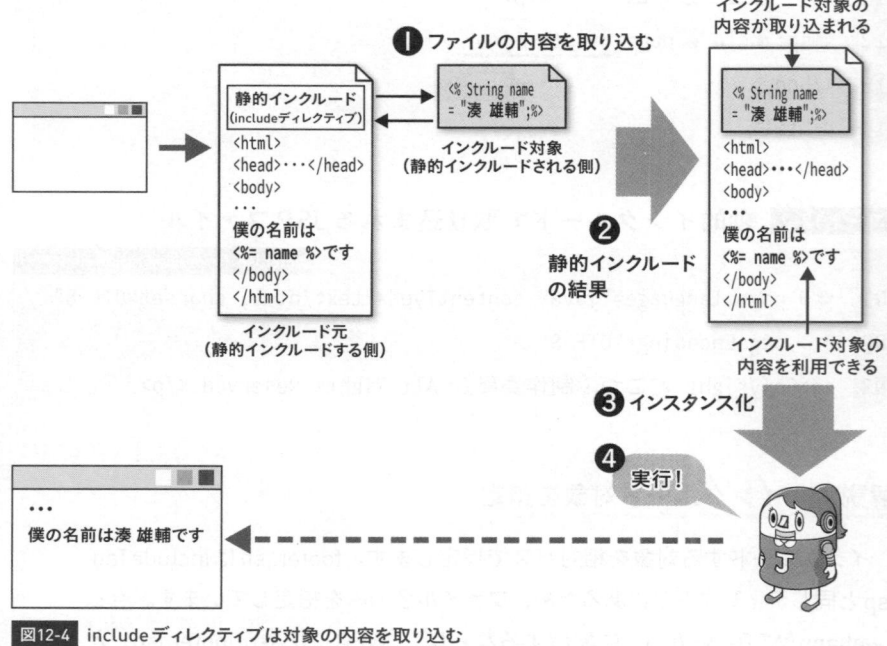

図12-4 includeディレクティブは対象の内容を取り込む

　このように、実行前にJSPファイルの内容を取り込む静的インクルードで
は、インクルード対象のJSPファイルで作成した変数やインスタンスや、イ
ンポートしたクラスやインタフェース、taglibディレクティブ（12.3.2項で解

説）で利用可能にしたタグライブラリなどを、**インクルード元で利用できる**ようになります。

> 静的インクルードを指示するincludeディレクティブは、pageディレクティブと似たような書き方をするよ。

 includeディレクティブによる静的インクルード

```
<%@ include file="インクルード対象" %>
```

※ インクルード対象は、インクルード元JSPファイルのディレクトリを起点とした相対パスで指定する。

次のコード12-3は、インクルード対象（common.jsp、次ページのコード12-4）でインポートしたDateクラスとSimpleDateFormatクラス、そして定義した変数nameを利用していることに注目してください。前項の動的インクルードでは、このような利用はできません。

コード12-3 静的インクルードを行う JSP ファイル

includeDirective.jsp (src/main/webapp ディレクトリ)

```
01  <%@ page language="java" contentType="text/html; charset=UTF-8"
02      pageEncoding="UTF-8" %>
03  <%@ include file="common.jsp" %>            common.jsp で import した
                                                クラスを使用
04  <%
05  Date date = new Date();
06  SimpleDateFormat sdf = new SimpleDateFormat("MM月dd日");
07  String today = sdf.format(date);
08  %>
09  <!DOCTYPE html>
    … （省略） …
16  <%= name %>さんの<%= today %>の運勢は···    common.jsp で定義した
                                                変数を使用
    … （省略） …
```

コード12-4 静的インクルードで取り込まれるJSPファイル

common.jsp (src/main/webapp ディレクトリ)

```
01  <%@ page language="java" pageEncoding="UTF-8" %>
02  <%@ page import="java.util.Date, java.text.SimpleDateFormat" %>
03  <% String name = "湊 雄輔"; %>
```
contentType 属性は不要

あれ？ common.jsp（コード12-4）で変数nameの内容を「綾部めぐみ」に変更したのに、表示はミナト先輩のままやわ。

おっと、静的インクルードを使う場合、JSPファイルの更新には注意が必要なんだ。

include ディレクティブを使用する際は、JSPファイルの更新への注意が必要です。JSPファイルは最初のリクエストでインスタンス化されると、そのインスタンスのもとになったJSPファイルが更新されるまでは、以降のリクエストでもそのインスタンスを繰り返し利用します（コラム「JSPファイルのインスタンス化」、p.308）。

綾部さんはincludeDirective.jsp（コード12-3、p.341）を更新していないため、そのインスタンスが再利用され、common.jspの更新は実行結果に反映されなかったというわけです。このように、**インクルード対象のJSPファイルを更新したら、それに伴ってインクルード元のJSPファイルも更新する**必要があります。

このように、2つのインクルードには違いがあるので、それをしっかり理解しておこう。

動的インクルードと静的インクルード

動的インクルード
- インクルード対象の実行結果を取り込む。
- インクルード対象のJSPファイルに書かれた内容は利用できない。

静的インクルード
- インクルード対象のJSPファイルに書かれた内容を取り込む。
- インクルード対象のJSPファイルに書かれた内容を利用できる。
- インクルード対象のJSPファイルを更新したら、インクルード元も更新する必要がある。

column

インクルード元の自動更新

　本書で使用するApache Tomcatは、インクルード対象のJSPファイルを更新すると、インクルード元のJSPファイルも自動で再コンパイルします。そのため、インクルード元を手動で更新しなくても実行結果に反映されます。このような自動更新機能の有無は、アプリケーションサーバによって異なるので利用前の確認が必要です。

chapter
12

12.2 { EL式

12.2.1 EL式とは

> インクルードのおかげでだいぶ助かりました。こんな便利なも
> のがあったんですね。

> ほかにも便利なもの隠してるんとちゃいますか？

> ばれたか（笑）。JSPの基本は身に付いたみたいだし、とって
> おきを教えておこう。

ビューであるJSPファイルは、主にスコープに保存されているJavaBeans
インスタンスのプロパティの値を出力する役割を担っています。たとえば、
セッションスコープに属性名「human」で保存されているHumanインスタ
ンス（コード7-1、p.190）のnameプロパティの値を出力するには、これま
では次のように書いていました。

```
<%@ page import="model.Human" %>
<% Human human = (Human)session.getAttribute("human"); %>
<%= human.getName() %>
```

これをEL式（Expression Language）と呼ばれる技術を使って記述する
と、次のようにとても簡潔になります。

```
${human.name}
```

めっちゃ短かなってるやん！ 素敵やわ、EL式って！

これは覚えないと損ですね！

EL式は、属性名やプロパティ名をドル記号（$）と中カッコ（{}）で囲んで表します。中カッコの中に記述するものを「式」と呼びます。スコープに保存したインスタンスは次のEL式で利用できます。

 スコープに保存されたインスタンスを利用するEL式

・スコープに保存されているインスタンスを取得する。

${属性名}

・スコープに保存されているインスタンスのプロパティの値を取得する。

${属性名.プロパティ}

※ 指定したプロパティのgetterが自動で実行される。

EL式に記述する内容と、スコープに保存されたインスタンスの関係を確認しておきましょう（図12-5）。

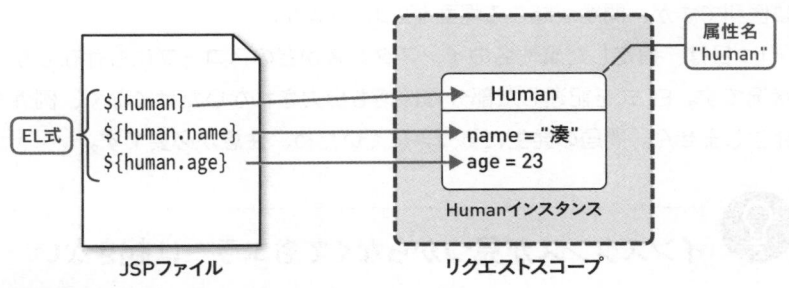

図12-5 EL式とスコープに保存されたインスタンスの関係

> EL式はとても便利だから、使い方についてもう少し詳しく解説
> しておこう。

図12-5（p.345）では、インスタンスがリクエストスコープに保存されていますが、保存先がセッションスコープやアプリケーションスコープでもEL式の書き方は変わりません。なぜなら、**EL式は指定した属性名のインスタンスを、ページスコープ→リクエストスコープ→セッションスコープ→アプリケーションスコープの順に探す**からです。

> 「ページスコープ」は第7章の最初に名前だけ出てきたヤツやね。

> そうだね。ページスコープは4種類のスコープのうちの1つで、
> JSPファイルのみが持つスコープだよ。このスコープに保存し
> たインスタンスは、そのJSPファイルでしか取得できないんだ。
> この後に登場するから覚えておこう。

このように、EL式はすべてのスコープを自動で探し回ってくれるので非常に便利ですが、問題が起こる場面が2つあります。

1つ目は、指定した属性名のインスタンスがどのスコープにも存在しない状況です。EL式を記述した部分には何も出力されないだけでなく、例外も発生しません。問題の発生に気づきにくいため、注意が必要です。

インスタンスが見つからなくてもエラーは起きない

EL式で指定した属性名のインスタンスがスコープに保存されていない場合、例外はスローされず何も出力されない。

2つ目は、複数のスコープに同じ属性名のインスタンスが保存されている状況です。たとえば、リクエストスコープとセッションスコープに「msg」という属性名のインスタンスが保存されている場合、 `${msg}` と書くと常にリクエストスコープに保存されたインスタンスが利用され、セッションスコープに保存された同名のインスタンスは利用できなくなってしまいます。

これを解決するには、次のように検索する対象のスコープを指定します。

```
${sessionScope.msg}
```

この「sessionScope」は、セッションスコープを表すEL式独自のオブジェクトです。EL式にはこのような特別なオブジェクトがいくつか用意されています。これらを**EL式の暗黙オブジェクト**といい、EL式の中だけで使用できます。主なEL式の暗黙オブジェクトを表12-2に挙げました。

表12-2 主なEL式の暗黙オブジェクト

暗黙オブジェクト名	説明
pageScope	ページスコープを表す暗黙オブジェクト
requestScope	リクエストスコープを表す暗黙オブジェクト
sessionScope	セッションスコープを表す暗黙オブジェクト
applicationScope	アプリケーションスコープを表す暗黙オブジェクト
param	リクエストパラメータの名前と値を対応させた Map オブジェクト
header	リクエストのヘッダーの名前と値を対応させた Map オブジェクト
cookie	クッキーの名前と値を対応させた Map オブジェクト

chapter
12

EL式で検索するスコープの指定

- 検索するスコープはEL式の暗黙オブジェクトを使用して指定できる。
- 検索するスコープを指定しない場合、「ページ→リクエスト→セッション→アプリケーション」の順にスコープが検索される。

5.2.3項に出てきたJSPの暗黙オブジェクトとは別物だよ。表記が異なるので注意しよう。たとえば、JSPの暗黙オブジェクトは「sessionScope」ではなく「session」だ。

12.2.3 EL式による改良

EL式を使って、これまでに登場したプログラムを書き直してみましょう。次のコード12-5は、コード7-8のhealthCheckResult.jsp（p.205）を、EL式を利用して改良したものです。

コード12-5　EL式を使用したJSPファイル

healthCheckResult.jsp （src/mainwebapp/WEB-INF/jsp ディレクトリ）

```
01 <%@ page language="java" contentType="text/html; charset=UTF-8"
02     pageEncoding="UTF-8" %>                          ポイント①
03 <!DOCTYPE html>
04 <html>
05 <head>
06 <meta charset="UTF-8">
07 <title>スッキリ健康診断</title>
08 </head>
09 <body>
10 <h1>スッキリ健康診断の結果</h1>
11 <p>
12 身長：${health.height}<br>
13 体重：${health.weight}<br>          ポイント②③
14 BMI：${health.bmi}<br>
15 体型：${health.bodyType}
16 </p>
17 <a href="HealthCheck">戻る</a>
18 </body>
```

```
19   </html>
```

以下のポイントについて、元のソースコードと比較して違いを把握しましょう。

ポイント①　クラスのインポートとスコープ経由のインスタンス取得が不要

EL式を利用すれば、pageディレクティブを使ってクラスを**インポートしなくても、スコープに保存されているインスタンスを利用**できます。さらに、getAttribute()でスコープからインスタンスを取得する必要もありません。

ポイント②　プロパティの値を自動的に取得

プロパティの値を取得するためにgetterメソッドを記述していましたが、EL式では**プロパティ名を指定すると自動的にgetterメソッドが実行**されます。たとえば12行目では、「health」という属性名でスコープに保存されているインスタンス（今回はHealthインスタンス）のgetHeight()が実行されます。ただし、指定したプロパティに対応するgetterメソッドが存在しない場合、**PropertyNotFoundException例外**がスローされるので注意しましょう（付録A.2.6項の**10**）。

ポイント③　スクリプト式が不要

変数の値やメソッドの戻り値を出力するためにスクリプト式を記述していましたが、EL式を**テンプレートに書くだけでEL式の結果が出力**されます。

EL式の特徴

- スコープから取得するインスタンスのクラスをインポートしなくてよい。
- プロパティ名を指定すると、getterメソッドが自動で実行される。
- テンプレートに記述すると、式の結果が出力される。

めっちゃシンプルになったなあ！

12.2.4 | EL式の演算子

EL式では演算子も使用できます。大部分はJavaと同じ書き方ができますが、次のempty演算子のようなJavaにないものもあります。

- -

 empty演算子

`${empty 対象}`

※ 対象が以下の場合、trueを返す。
- **スコープに保存されていない**
- null
- **空文字**
- **要素数が0の配列**
- **インスタンスを1つも格納していないコレクションクラス (リスト、マップ、セット) のインスタンス**

※ empty演算子の結果を反転したい場合、not empty演算子を使用する。

- -

通常の演算子の例 (スコープは図12-5の状態とする)

`${human.age + 1}` ── 結果は24になる

`${human.age >= 18}` ── 結果はtrueになる

empty演算子の例 (スコープは図12-5の状態とする)

`${empty human}` ── 結果はfalseとなる

`${not empty human}` ── 結果はtrueとなる

 演算子を使ったEL式は、次節で登場するので楽しみにしていてほしい。

12.2.5 | EL式とコレクション

EL式の基本はわかったかな。ここからは、EL式をより上手に
使いこなすために知っておいたほうがよい知識を紹介しよう。

　リストやマップといったコレクションクラスのインスタンスをスコープに
保存し、JSPファイルで利用したい場面があります（たとえば第10章で使用
したArrayListはリストの1つです）。EL式でリストやマップを利用するには、
次のように記述します。

 スコープに保存されたコレクションを利用するEL式

・スコープに保存されているリスト内のインスタンスを取得する。

　　${属性名[インデックス]}

・スコープに保存されているマップ内のインスタンスを取得する。

　　${属性名["キー"]}

　たとえば、図12-6のようなArrayListがスコープに保存されている場合、
`${humanList[0].name}` とすると、リストの0番目にあるHumanインスタ
ンスのgetName()が実行され、nameの値を取得できます。

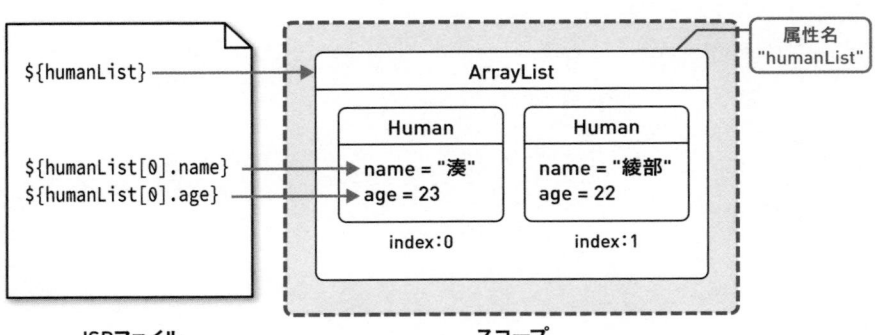

図12-6 EL式とスコープに保存されたインスタンスの関係（リスト）

図12-6の状況では、格納されているインスタンスを先頭から順に取り出せると便利です。そのために、EL式を使った次のようなfor文を思いつくかもしれません。

```
<% for (int i=0; i < ${humanList.size()}; i++) { %> … <% } %>
<% for (Human human : ${humanList}) { %> … <% } %>    拡張for文の場合
```

しかし、この書き方はエラーになります。なぜなら、**EL式はスクリプト要素（スクリプトレットやスクリプト式）の中では使用できない**というルールがあり、for文やif文と一緒にEL式は使えないからです。**繰り返しや条件分岐でEL式を使用したい場合は、次節で紹介するJSTLを使う**必要があります。

EL式とスクリプト要素は相性が悪し、なんやね。

12.3.1　JSTLとカスタムタグ

> EL式って便利ですね！　もっといろいろな処理で使えるように、EL式で分岐や繰り返しをする方法を教えてください。

> よかった、気に入ったみたいだね。最後にそのやり方を紹介しよう。

　JSPには、<jsp:include> といったアクションタグが標準でいくつか用意されていましたが、実は、それ以外のアクションタグを**カスタムタグ**として独自に作成できます。作成したカスタムタグを**タグライブラリ**にまとめて配布すれば、第三者も利用できます。

　EL式で分岐や繰り返しを行うには、**JSTL**（Jakarta Standard Tag Library）と呼ばれるタグライブラリを利用します。JSTLは、一般的によく使用されるカスタムタグをまとめたライブラリで、広く使われています。

> カスタムタグは作るより使う機会のほうが多いからね。まずは使い方に慣れよう。

　JSTLを使用するには、JSTLのJARファイルをダウンロードして、動的Webプロジェクトに配置します。JARファイルについては付録B.2.3項を、JSTLの入手方法と配置の手順は、Web付録を参照してください。

JARファイルをダウンロードして、プロジェクトに配置……っと。よぉし、準備できたぞ！

12.3.2 JSTLの構成とtablibディレクティブ

JSTLは、5つのタグライブラリで構成されています（表12-3）。この中で特に使用頻度の高いものが、この後に紹介するCoreタグライブラリです。

表12-3 JSTLのタグライブラリ一覧

タグライブラリ	内容
Core	変数、条件分岐、繰り返しなどの基本的な処理に関するタグ
I18N	数値や日付のフォーマット、国際化対応に関するタグ
Database	データベース操作に関するタグ
XML	XML操作に関するタグ
Functions	コレクションや文字列を操作する関数

EL式で分岐や繰り返しを使うには、Coreタグライブラリに含まれるカスタムタグを使うんだよ。

JSPファイルでタグライブラリを利用するには、taglibディレクティブで使用するタグライブラリを指定します。

 taglibディレクティブによるタグライブラリの指定

```
<%@ taglib prefix="接頭辞" uri="タグライブラリのURI" %>
```

prefix属性で指定する接頭辞は、タグライブラリに付けるあだ名のようなものです。任意の文字列を指定できますが、Coreタグライブラリなら「c」、I18Nタグライブラリなら「fmt」など、規定の接頭辞もあります。uri属性に指定するタグライブラリのURIは、使用するタグライブラリによって決めら

れています。

JSTLのタグライブラリとprefix属性やuri属性の組み合わせは、次の表12-4を参考にしてください。

表12-4 JSTLタグライブラリのtaglibディレクティブ

タグライブラリ	prefix 属性と uri 属性の組み合わせ
Core	<%@ taglib prefix="c" uri="jakarta.tags.core" %>
I18N	<%@ taglib prefix="fmt" uri="jakarta.tags.fmt" %>
Database	<%@ taglib prefix="sql" uri="jakarta.tags.sql" %>
XML	<%@ taglib prefix="x" uri="jakarta.tags.xml" %>
Functions	<%@ taglib prefix="fn" uri="jakarta.tags.functions" %>

12.3.3 Core タグライブラリ

Core タグライブラリの中でも、特に使用頻度が高いタグを紹介するよ。

Core タグライブラリを使用すると、変数宣言、分岐と繰り返し、例外処理などのJava プログラミングの基本処理をタグで行えるようになります（表12-5）。

表12-5 Coreタグライブラリの主なタグ（接頭辞を「c」にした場合）

タグの機能		タグ
変数宣言	変数設定	<c:set>
	変数削除	<c:remove>
	変数出力	<c:out>
分岐	2 分岐	<c:if>
	多分岐	<c:choose> 、<c:when>、<c:otherwise>
繰り返し		<c:forEach>
リダイレクト		<c:redirect>

また、タグライブラリ内のカスタムタグは、次の構文で使用できます。

 カスタムタグの利用

> <接頭辞:タグ名 属性名="値">・・・</接頭辞:タグ名>
>
> <接頭辞:タグ名 属性名="値" />

※ 接頭辞はtaglibディレクティブのprefix属性で指定した値。

　ここからは、表12-5（p.355）で紹介したタグを使用して、変数出力・分岐・繰り返しの記述方法を解説します。

変数出力

　<c:out>タグで変数の値を出力できます。

 <c:out>タグ

> <c:out value="変数名" />

---

　value属性にEL式を使用すれば、スコープに保存されたインスタンスのプロパティの値を簡単に出力できます。たとえば、図12-5（p.345）のHumanインスタンスが持つnameプロパティの値を出力するには、次のように記述します。

```
<c:out value="${human.name}" />
```

　変数の値を出力するだけならば、前節で紹介したように、<c:out>タグを使わずにEL式だけでも可能です。しかし、出力内容に「<」や「>」といったHTMLにとって特殊な意味を持つ記号が含まれていた場合、そのまま出力すると、ページが改ざんされたり、クロスサイトスクリプティング（XSS）と呼ばれる攻撃に利用されたりする恐れがあります。<c:out>タグは、記号の意味を無害化する処理（**エスケープ**）を行ってから出力してくれるので、**セキュリティの点でより優れています**。特に、**ユーザーが入力した内容を出**

力する処理では、<c:out>タグを使用するほうがよいでしょう。

分岐

<c:if>タグでシンプルなif文と同じ処理を記述できます。

 <c:if>タグ

```
<c:if test="条件式">
  条件式がtrueなら実行される処理
</c:if>
```

---

test属性の条件式にEL式を使用すれば、スコープに保存されたインスタンスを分岐条件に指定できます。たとえば、図12-5（p.345）のHumanインスタンスに対して、成人（human.ageが18以上）の場合にのみ行う処理は次のように記述します。

```
<c:if test="${human.age >= 18}">
  あなたは成人です
</c:if>
```

<c:if>タグは、test属性がfalseになった場合、何も処理をしません。falseのときにも処理を行う「if-else if-else文」のような多分岐にするには、<c:choose>タグを使用します。

 <c:choose>タグ

```
<c:choose>
  <c:when test="条件式">
    条件式がtrueなら実行される処理
  </c:when>
  <c:otherwise>
```

```
    whenの条件式がすべてfalseなら実行される処理
  </c:otherwise>
</c:choose>
```

※ <c:when> タグは複数記述できる。

　たとえば、図12-5（p.345）のHumanインスタンスに対して、成人と未成年とで処理を分岐するには次のように記述します。

```
<c:choose>
  <c:when test="${human.age >= 18}">
    あなたは成人です
  </c:when>
  <c:otherwise>
    あなたは未成年です
  </c:otherwise>
</c:choose>
```

よし、EL式を使って分岐をする方法がわかったぞ。

繰り返し

繰り返しには <c:forEach> タグを使用します。

 <c:forEach> タグ（通常のfor文）

```
<c:forEach var="カウンタ変数" begin="カウンタ変数の最初の値"
      end="カウンタ変数の最後の値" step="カウンタの増加値">
  繰り返し実行する処理
</c:forEach>
```

一見ややこしそうに見えますが、通常のfor文と書き方はよく似ています。
次の例を見てください。

```
<c:forEach var="i" begin="0" end="9" step="1">
  <c:out value="${i}" />
</c:forEach>
```

ページスコープに保存
された変数iを参照

ループをカウントする変数iが作成され（var）、その値が0でループが開始
されます（begin）。ループを1回実行するごとにiの値は1つ増加し（step）、
その値が10になるとループが終了します（end）。end属性に指定した値まで
ループする（値を超過したらループを抜ける）点に注意してください。

これを普通のfor文で書くなら、「for (int i=0; i<=9; i++)」になるね。

var属性で作成した変数は自動的にページスコープ（p.346）に保存される
ため、「${変数名}」でその値を取得できます。上記の場合、0〜9が出力され
ます。
また、<c:forEach>タグは拡張for文と同じ処理を実現できます。

 ### <c:forEach>タグ（拡張for文）

<c:forEach var="変数名" items="インスタンスの集合">
　　繰り返し実行する処理
</c:forEach>

※ items属性には、インスタンスのコレクション（リスト、マップ、セット）や、インスタンスの配列な
どのインスタンスの集合を指定する。

chapter
12

items属性にはEL式を使ってインスタンスの集合を指定します。リストを
指定すると、リストに格納されているインスタンスの数だけループが実行さ
れます。ループを実行するたびにリストの先頭から順にインスタンスが取り
出され、var属性の変数に代入されます。

たとえば、図12-6（p.351）の場合、次のように記述すると、スコープに
保存されているArrayListに格納されたHumanインスタンスを先頭から順に
取得できます。

```
<c:forEach var="human" items="${humanList}" >
    名前：<c:out value="${human.name}" />、年齢：<c:out value="${human.age}" />
</c:forEach>
```

> これを拡張for文で表すと、for (Human human: humanList)
> になるんやね。

　ここまで、Core タグを使った変数出力・分岐・繰り返しの方法を解説し
ました。ここで紹介したものがすべてではないので、興味があればほかの機
能もぜひ調べてみましょう。

12.3.4　JSTL による改良

　「どこつぶ」で作成したコード10-15のmain.jsp（p.292）を、JSTLを使っ
て書き直してみましょう（コード12-6）。変更した箇所を青字で示している
ので、どのように変わったかを比較してください。

コード12-6 **どこつぶのメイン画面（EL式&JSTL版）**

main.jsp（src/main/webapp/WEB-INF/jsp ディレクトリ）

```
01  <%@ page language="java" contentType="text/html; charset=UTF-8"
02      pageEncoding="UTF-8" %>
03  <%@ taglib prefix="c" uri="jakarta.tags.core" %>
04  <!DOCTYPE html>
05  <html>
06  <head>
07  <meta charset="UTF-8">
08  <title>どこつぶ</title>
```

```
09   </head>
10   <body>
11   <h1>どこつぶメイン</h1>
12   <p>
13   <c:out value="${loginUser.name}" />さん、ログイン中
14   <a href="Logout">ログアウト</a>
15   </p>
16   <p><a href="Main">更新</a></p>
17   <form action="Main" method="post">
18   <input type="text" name="text">
19   <input type="submit" value="つぶやく">
20   </form>
21   <c:if test="${not empty errorMsg}">
22     <p><c:out value="${errorMsg}" /></p>
23   </c:if>
24   <c:forEach var="mutter" items="${mutterList}">
25     <p><c:out value="${mutter.userName}" /> :
         <c:out value="${mutter.text}" /></p>
26   </c:forEach>
27   </body>
28   </html>
```

　動作確認の前に、JSTLのJARファイルをWEB-INF/libに配置するのを忘れないようにしましょう。また、実行は、トップ画面から行ってください（p.268）。実行結果はこれまでと変わりません。

> すごいや！　Javaのコードが1つもないのに、同じ動きをしてくれてる！

この章では、標準アクションタグとカスタムタグという2種類のアクションタグを紹介しました。また、標準アクションタグの代表として <jsp:include> タグを、カスタムタグの代表として JSTL の Core タグライブラリに用意されているタグの使い方を解説しました。

一方、EL式は、非常にシンプルな書き方で、スコープに保存されているインスタンスやそのプロパティの利用を可能にします。単独の使用で出力に利用できるほか、アクションタグの属性として使うこともできます。

> なお、EL式は、カスタムタグだけでなく、標準アクションタグの属性にも使えるよ。

> EL式とアクションタグは相性ばっちりなんだね。

アクションタグとEL式を組み合わせて使うと、JSPファイルからJavaのコード（スクリプト要素）をなくすことができます。 先ほどのコード12-6（p.360）をもう一度確認してください。Javaのコードが一切入っておらず、ディレクティブを除けばタグ（HTMLタグやアクションタグ）と通常のテキストしか書かれていません。

> でも、Javaのコードでも同じことができるんやし、無理してタグを使う必要ないんとちゃう？

> いや。ちゃんとメリットはあるんだよ。

ビューであるJSPファイルの作成や変更は、Javaの開発者ではなく、主にWebデザイナーが担当するのが一般的です。Webデザイナーの専門分野はHTMLやCSSであり、Javaではありません。そのため、JSPファイルにJavaのコードが多くあると編集作業がしにくくなるだけでなく、不用意にコード

第 IV 部

を触ってしまいバグを混入しやすくなります。しかし、コード12-6（p.360）のように、JSPファイルの内容がタグが主体になっていれば、作業の効率が上がり、かつ安全に編集できるようになります。

Webアプリケーションの開発者がアクションタグの名前や属性を指示して、Webデザイナーがそのアクションタグを書く、というやり方も可能になるんだよ。

分業がもっとしやすくなるんやね。それって、とっても素敵やん。

12.4 この章のまとめ

アクションタグ

- アクションタグを使ってJavaのコードを呼び出せる。
- JSPに最初から用意されているアクションタグを「標準アクションタグ」という。
- `<jsp:include>`タグを使用すると、サーブレットクラスやJSPファイルを実行し、その出力結果を取り込むことができる。
- 独自に作成したアクションタグを「カスタムタグ」という。
- 「JSTL」は5つのタグライブラリで構成されたカスタムタグである。
- JSTLのCoreタグライブラリを使用すると、変数の操作や分岐・繰り返しといった基本的な処理をタグで行える。

EL式

- スコープ内のインスタンスをシンプルな書き方で利用できる。
- テンプレート（HTML）で使用すると式の結果が出力される。
- アクションタグの属性に記述できる。
- スクリプト要素（スクリプトレット、スクリプト式、スクリプト宣言）内では使用できない。
- アクションタグと組み合わせると、Javaのコードが登場しないJSPファイルを作成でき、分業しやすくなる。

練習12-1

次の文章とコードの①～⑦に適切な語句を入れてください。

アクションタグには、最初から利用可能な ① と、開発者が独自に作成する ② がある。代表的な ① として、ほかのJSPファイルの ③ 結果を取り込むことができる <jsp:include> タグがある。一方、便利な ② の集合であるJSTLは複数のタグライブラリから構成されており、その一部である ④ は、条件分岐・繰り返しといった基本的な処理を行うタグを提供している。

EL式を使うと、 ⑤ に保存されたインスタンスを利用する処理を簡潔に記述できる。ただし、EL式で分岐や繰り返し処理を表すには ④ を使用する必要がある。たとえば、スコープの状態が図12-6（p.351）の場合は次のように記述できる。

```
<c:forEach ⑥="human" ⑦="${humanList}">
  名前：<c:out value="${human.name}" />、年齢：<c:out value="${human.age}" />
</c:forEach>
```

chapter
12

練習12-2

練習9-2（p.259）では、アプリケーションスコープからFruitインスタンスを取り出して表示するサーブレットクラスとJSPファイルを作成しました。JSPファイルについて、EL式を用いるように修正してください。ただし、インスタンスは常にアプリケーションスコープから取得するものとします。なお、JSTLは使用しません。

chapter 13
JDBCプログラムとDAOパターン

これまでの学習では、画面から入力したデータは
サーバのメモリ上にあるため、サーバを停止すると
消滅してしまいました。
停止後もデータを残すには、一般的にデータベースを利用します。
これにより、データを保存できるだけでなく、
高度なデータ管理も可能になります。
この章では、データベースの利用経験がない人に向けて、
データベースを Java プログラムで利用するために必要な
基礎知識を紹介します。

contents

13.1 データベースと JDBC プログラム

13.1.1 データベースの基礎知識

ちょっと、どこつぶを修正しようっと。サーバを再起動して……、よし、反映された！

あーっ！　僕のつぶやきが消えちゃったじゃないかあ。

　これまでに作成したプログラムは、データをスコープに保存しただけなので、サーバを停止するとデータも消滅してしまいます。**サーバを停止してもデータを残すには、ファイルやデータベース（DB）といった外部システムにデータを保存**しておく必要があります。業務で開発する本格的なアプリケーションでは、データの保存先として、データベースを使用するのが一般的です。

　この章では、Java プログラムからのデータベースの利用に必要な基礎知識を紹介します。

データベース？　聞いたことはあるけど、実はよぉ知らんねん……。

大丈夫。まずはデータベースの基礎を解説するからね。なお、データベースの詳しい働きは『スッキリわかる SQL 入門 第4版』、Java での詳しい利用方法は『スッキリわかる Java 入門 実践編 第4版』を参考にしてほしい。

データベースを使うと、大量のデータを効率よく安全に蓄積できます。データベースは、データの保存や管理方法により種類が分かれますが、**テーブル（表）形式**での管理を採用する**リレーショナルデータベース**が広く使用されています。単にデータベースという場合、ほとんどがこのリレーショナルデータベースを指しています。

　リレーショナルデータベースでは、1件分のデータを1行で表します。この行を**レコード**と呼びます（図13-1）。また、テーブルの列はデータの要素を表します。

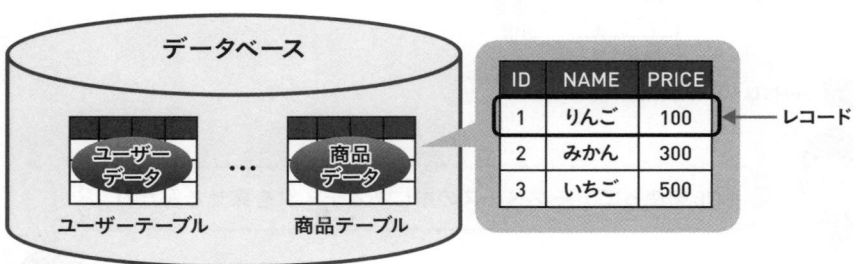

図13-1　リレーショナルデータベース

データベースはテーブルの入れ物なんやね。

　現在、データベースには商用からオープンソースまで、多くの製品が提供されています（表13-1）。

表13-1　主なデータベース製品

商用	オープンソース
Oracle Database	MySQL
Microsoft SQL Server	PostgreSQL
IBM Db2	H2 Database

　データベースに蓄積されたデータは、**DBMS（データベース管理システム）**というソフトウェアが管理しています。したがって、**データベース内のデータを操作するには、DBMSに指示を出す**必要があります。

　DBMSに指示を出すには、データベース専用言語の**SQL**（Structured Query

Language）を使います（図13-2）。

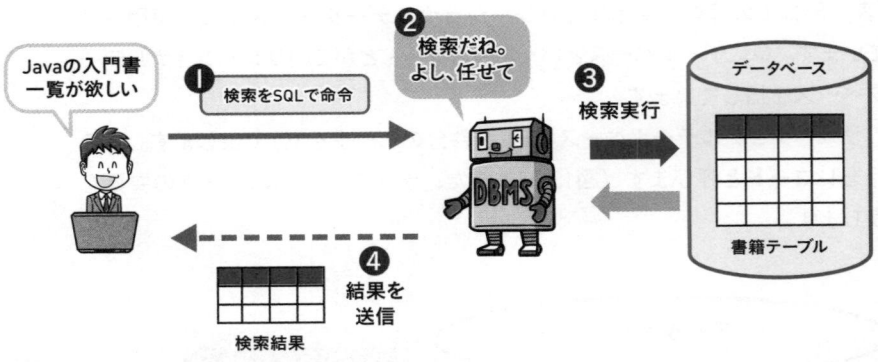

図13-2 DBMSはSQLで操作する

 SQLを使ってデータベースの中にあるデータを探せるんだね。

なんや、Excelみたいに直接データを触るのと違うんか。

SQLでは、次の4つの命令（SQL文）を使ってデータを操作します。

- **SELECT文 ：レコードを検索**
- **INSERT文 ：レコードを追加**
- **UPDATE文 ：レコードを変更**
- **DELETE文 ：レコードを削除**

なお、DBMSとデータベースはセットで動作するので、両者を併せて「データベース」と呼ぶ場面も多くあります。

 「（広義の）データベース＝DBMS＋データベース」なんやね。

ここからは、次の図13-3のようなテーブルとデータを持つデータベースを前提に解説を進めていきます。EMPLOYEESテーブルは従業員の情報を格納

するテーブルです。

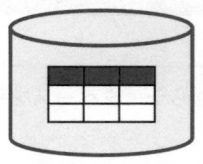

ID	NAME	AGE
EMP001	湊 雄輔	23
EMP002	綾部 めぐみ	22

「EMPLOYEES」(従業員) テーブル

「example」データベース

図13-3 本章の解説に使うデータベースの構成

本書ではデータベースにH2 Databaseを使用するので、Web付録を参考に次の①〜④の手順で環境を準備してください。

① H2 Database をインストールする。
② H2 Database にデータベース「example」を作成する。
③ データベース「example」に、テーブル「EMPLOYEES」を作成する。
④ テーブル「EMPLOYEES」にレコード（データ）を追加する。

よし、準備完了です！

column

H2 Database

H2 DatabaseはJavaで作成されており、本体は1つのJARファイルです。このJARファイルをクラスパスに追加するだけで使用できるので、手軽にH2 Databaseを導入できます。しかも、その機能は豊富で高性能ですから、学習や規模の小さい開発などによく利用されています。

chapter
13

JDBCプログラムの準備

環境の準備ができたら、Javaプログラムからデータベースを利用する方法を紹介しよう。

　Javaプログラムでデータベースを利用するには、プログラムからデータベースにSQL文を送信して、結果を取得します。それを行うのがjava.sqlパッケージに含まれているクラスやインタフェースです（表13-2）。

表13-2 java.sqlパッケージの主なクラスやインタフェース

クラス／インタフェース	機能
DriverManager	DBMSへの接続準備を行う
Connection	DBMSへの接続や切断を行う
PreparedStatement	SQL文の送信を行う
ResultSet	DBMSから検索結果を受け取る
SQLException	データベースに関するエラー情報を提供する

　java.sqlパッケージは、Java SEの標準APIで提供されているので、インポートして使用します。

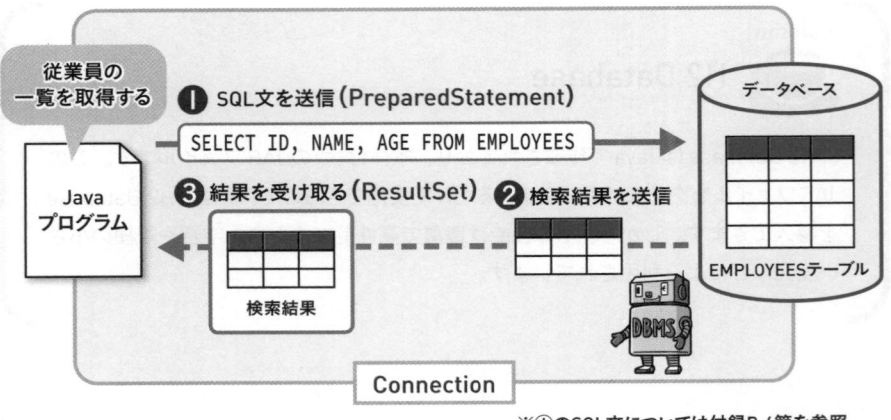

※①のSQL文については付録B.4節を参照。

図13-4 Javaプログラムからデータベースを利用

図13-4（p.372）は、Javaプログラムとデータベースの間でデータのやりとりに用いるjava.sqlパッケージのクラスやインタフェースを表したものです。Connectionはプログラムとデータベースとを結ぶ道路、PreparedStatementはSQL文を運ぶ車、ResultSetは検索結果を受け取る宅配ボックスのようなものと考えてください。

> Javaでデータベースを利用するには、java.sqlパッケージのほかに、あともう1つ必要なものがあるんだ。

Javaプログラムからデータベースを利用するには、java.sqlパッケージのクラスやインタフェースのほかに、**JDBCドライバ**と呼ばれるライブラリが必要です。JDBCドライバは、**データベースを操作するのに必要なクラスやインタフェース群**です。各データベース製品の開発元がJARファイルとして提供しており、開発元のWebサイトなどから入手できます。

JDBCドライバに格納されたクラスやインタフェースは直接使用するのではなく、**java.sqlパッケージのクラスやインタフェースを介して間接的に使用**します。そのため、開発者がJDBCドライバの内容を詳しく知っておく必要はありません。

このように、java.sqlパッケージとJDBCドライバを使用して、データベースを利用するJavaプログラムを**JDBCプログラム**と呼びます。

この後に紹介するJDBCプログラムを実際に動作させるには、H2 DatabaseのJDBCドライバを入手して、適切な場所に配置する必要があります（導入手順はWeb付録を参照してください）。

JDBCプログラム開発に必要なもの

① java.sqlパッケージのクラスやインタフェース
インポートして使用する（JavaのAPIに含まれているので準備は不要）。

② JDBCドライバ
使用するデータベースの開発元から入手し、適切な場所に配置する。
※ Eclipseの動的Webプロジェクトの場合、src/main/webapp/WEB-INF/libに配置する。

13.1.3 JDBCプログラムを見てみよう

それでは、JDBCプログラムを見てみましょう。次のコード13-1は、図13-3
（p.371）のEMPLOYEESテーブルから全レコード（全従業員の情報）を取得
して表示するだけのプログラムです。ざっと目を通してみてください。

コード13-1 全従業員情報の検索（JDBCプログラム）

SelectEmployees.java
（デフォルトパッケージ）

```java
01  import java.sql.Connection;
02  import java.sql.DriverManager;
03  import java.sql.PreparedStatement;
04  import java.sql.ResultSet;
05  import java.sql.SQLException;
06
07  public class SelectEmployees {
08    public static void main(String[] args) {
09      // JDBCドライバを読み込む
10      try {
11        Class.forName("org.h2.Driver");
12      } catch (ClassNotFoundException e) {
13        throw new IllegalStateException(
              "JDBCドライバを読み込めませんでした");
14      }
15      // データベースに接続
16      try (Connection conn = DriverManager.getConnection(
            "jdbc:h2:tcp://localhost/~/example", "sa", "")) {
17
18        // SELECT文を準備
19        String sql = "SELECT ID,NAME,AGE FROM EMPLOYEES";
20        PreparedStatement pStmt = conn.prepareStatement(sql);
21
```

16行目: 接続先DB、ユーザ名、パスワード

20行目: SQLをDBに届けるPreparedStatementインスタンスを取得する

374

22	// SELECTを実行し、結果表（ResultSet）を取得
23	ResultSet rs = pStmt.executeQuery();
24	└──── ResultSetインスタンスにSELECT文の結果が格納される
25	// 結果表に格納されたレコードの内容を表示
26	while (rs.next()) { ── 結果表の取り出し対象レコードを1つ進める
27	String id = rs.getString("ID");
28	String name = rs.getString("NAME"); ── 取り出し対象レコードの各列の値を取得する
29	int age = rs.getInt("AGE");
30	
31	// 取得したデータを出力
32	System.out.println("ID:" + id);
33	System.out.println("名前:" + name); ── 取得したデータを利用する
34	System.out.println("年齢:" + age + "\n");
35	}
36	} catch (SQLException e) {
37	e.printStackTrace(); ── 接続やSQL処理失敗時の処理
38	}
39	}
40	}

※ 必要に応じて適切な処理を入れる。

……何だかごちゃごちゃしてますね。

細かく見るのではなく、ポイントを押さえよう。

　注目してほしいポイントは青字で表した部分です。これは、Javaプログラムからデータベースを利用するために、表13-2（p.372）にあるjava.sqlパッケージのクラスやインタフェースを利用しているコードです。

こんなに書かないとダメなんか……。

データベースを利用するために必要な手続きなんだ。

もしこのプログラムをEclipseで実行するなら、「実行するファイルを選択
→右クリック→実行→Javaアプリケーション」を選択してください。

実行するとEclipseの「コンソール」ビューに次の結果が表示されます。

```
ID:EMP001
名前:湊 雄輔
年齢:23


ID:EMP002
名前:綾部 めぐみ
年齢:22
```

すごい！！ データベースの中のデータを抜き出せてるわ。あ
の長いコードを打ち込んだかいがあるなぁ。

column
JDBCドライバ読み込み失敗時の対応

　コード13-1（p.374）の11行目では、H2 DatabaseのJDBCドライバを読み込ん
でいます。もしJDBCドライバが適切に配置されていなければ、Class
NotFoundExceptionが発生します。JDBCドライバを読み込めないと後続のデー
タベース処理が行えないため、ここではアプリケーションが適切な状態でないこ
とを表す「IllegalStateException」例外を発生させて、処理を強制終了します。こ
の例外が発生したら、Web付録を参照してJDBCドライバが適切に配置されてい
るかを確認してください。

13.2 DAO パターン

13.2.1 JDBC プログラムの問題

JDBC プログラムって、クラスをたくさん使うわ、例外処理もいるわで大変やねぇ。

ソースコードがごちゃごちゃになっちゃうよね。

前節のコード13-1（p.374）のように、Javaのプログラムからデータベースを利用するには、データベースを利用するための処理、すなわち「JDBCプログラム特有のコード」をたくさん書く必要があります。そのため、プログラム本来の処理に関係しないコードが多く入ることになり、湊くんの言うように、**雑然としたわかりにくいソースコード**になってしまいます。

コード13-1に示したプログラムでは、JDBCプログラム特有のコードを目立たせていますが、それがなければ本来の目的（全従業員の情報を出力する処理）に関係するコードを見分けるのは困難でしょう。

さっきのプログラムの目的は、取得したデータをただ出力するだけやったけど……。

想像してごらん。もし、プログラム本来の処理がもっと複雑だったらどうなるか。

ソースコードがもっと大変なことになりそう……。

ソースコードの見通しが悪くなると、バグが混入する可能性が高くなったり、不具合が起きたときに原因を見つけて修正するのに時間がかかったりするため、好ましくありません。

せやけど、しゃあないんやないですか。大丈夫！　気合と根性でなんとかしますわ！

いつまでそう言っていられるかな（笑）。

　問題はこれだけではありません。アプリケーションの規模が大きくなれば、アプリケーション内のさまざまな場所にデータベースを利用する処理が登場するでしょう。たくさんのクラスがデータベースを使用し、それぞれのクラスに「JDBCプログラム特有のコード」がある場合、データベースやテーブルが変更されると、それぞれのクラスで修正が必要になります。結果として、そのアプリケーションの保守性は大きく低下してしまいます（図13-5）。

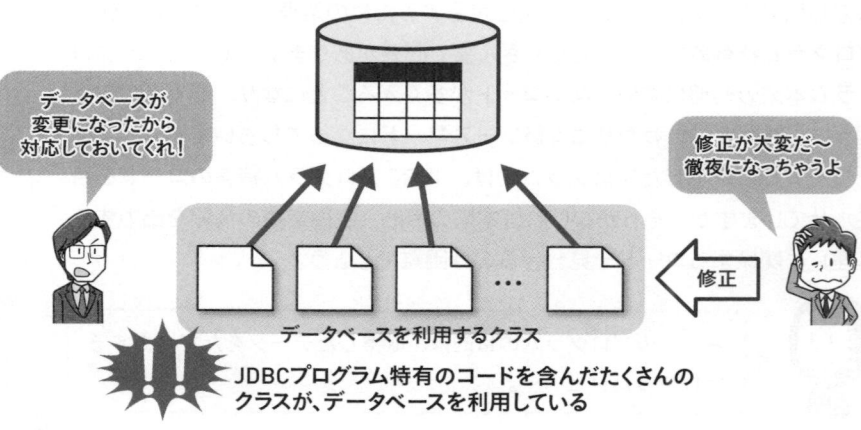

データベースが変更になったから対応しておいてくれ！

修正が大変だ〜徹夜になっちゃうよ

修正

データベースを利用するクラス

JDBCプログラム特有のコードを含んだたくさんのクラスが、データベースを利用している

図13-5　データベースの変更による保守性の低下

もし、データベースを利用するクラスが100個あったら、1つも漏らさずに修正できるかい？

気合と根性だけでは、どないもなりません……。

13.2.2 DAOパターンによる解決

こうした問題の解決策として生まれたのが **DAOパターン**です。DAOパターンはJavaでのデータベース利用の手本となる考え方で、おおまかにいえば、「データベース専門の担当者を作って、データベース利用の処理をすべて任せる設計にしましょう」というものです。

具体的には、**DAO**（Data Access Object）と呼ばれる、データベースの操作（テーブルに対する検索、追加、変更、削除など）を担当するクラスを用意します。データベースを利用するクラスは、直接ではなく、必ずDAOを介してデータベースを利用します（図13-6）。

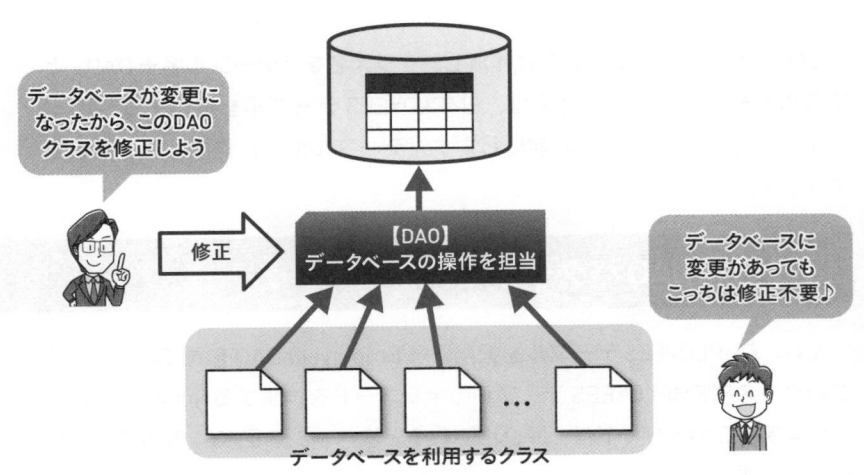

図13-6 DAOパターンによる保守性の向上

DAOパターンを用いると、**データベースを利用するクラスからJDBCプログラム特有のコードを排除できます**。それにより、ソースコードの見通しはよくなり、利用するデータベースに変更があっても修正箇所は最低限に抑え

られます。加えて、データベースの知識がない開発者でもDAOを介してデータベースの利用が可能になるので、開発の効率も上がります。

データベースの知識がなくても利用できるんや。めっちゃ素敵やん♪

DAOパターンとは

データベースにアクセスする専用のDAOクラスを作成し、DAOクラスを介してデータベースを利用する方法で、以下のメリットを見込める。
- JDBCプログラムの知識がなくてもデータベースを利用できる。
- コードの見通しがよくなる。
- データベースに関する仕様変更に対応しやすくなる。

DAOクラスはテーブルごとに作成し、クラス名を「テーブル名＋DAO」とするのが一般的です。たとえば、EMPLOYEESテーブルを担当するDAOは「EmployeesDAO」という名前にします（テーブル単位に作成しない場合もあります）。

13.2.3 DAOパターンを試してみよう

では、EMPLOYEESテーブルを担当するEmployeesDAOを見てみましょう。このクラスはEMPLOYEESテーブルの全レコードを検索するfindAll()を持っています。このメソッドは、呼び出されると次ページの図13-7の順で次の処理をします。

① EMPLOYEESテーブルからレコードを取得する。
② 取得したレコードの内容をEmployeeインスタンスのフィールドに設定する。
③ EmployeeインスタンスをArrayListインスタンスに追加する。
④ 取得したレコードの数だけ①③の処理を繰り返す。
⑤ ArrayListインスタンスを呼び出し元に返す。

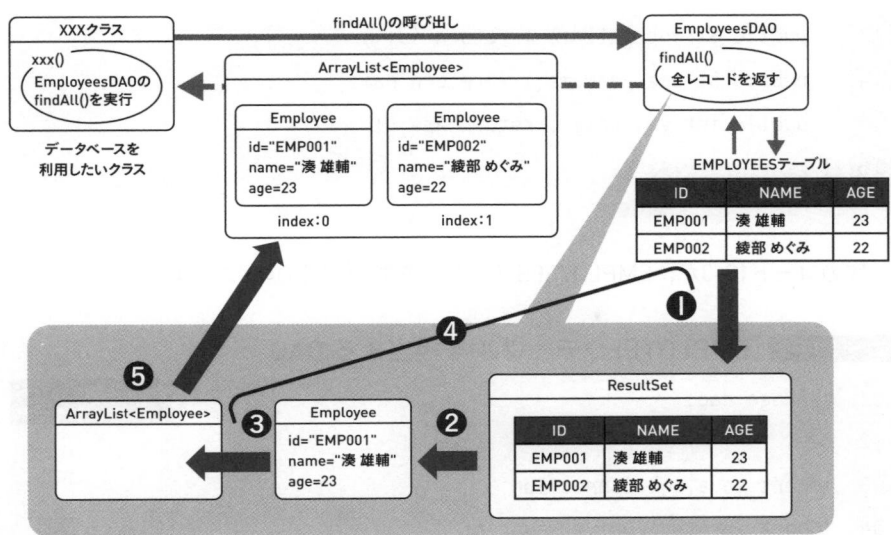

図13-7 EmployeesDAO の findAll メソッド

　②で利用する Employee クラスは、EMPLOYEES テーブルの1件分のデータを格納するクラスです（コード13-2）。DAO パターンでは、このような各テーブルのレコードを表すクラスを用いるのが一般的です。

コード13-2 EMPLOYEES テーブルのレコードを表すクラス

```
01  package model;                                    Employee.java
                                                      (model パッケージ)
02
03  public class Employee {
04    private String id;
05    private String name;
06    private int age;
07
08    public Employee(String id, String name, int age) {
09      this.id = id;
10      this.name = name;
11      this.age = age;
12    }
```

```
13    public String getId() { return id; }
14    public String getName() { return name; }
15    public int getAge() { return age; }
16  }
```

次のコード13-3が、EMPLOYEESテーブルを担当するDAOクラスです。

コード13-3 EMPLOYEESテーブルを担当するDAO

```
                                                    EmployeesDAO.java
                                                    (dao パッケージ)
01  package dao;

02

03  import java.sql.Connection;

04  import java.sql.DriverManager;

05  import java.sql.PreparedStatement;

06  import java.sql.ResultSet;

07  import java.sql.SQLException;

08  import java.util.ArrayList;

09  import java.util.List;

10  import model.Employee;    ⟩── Employee クラスをインポート

11

12  public class EmployeesDAO {

13    // データベース接続に使用する情報

14    private final String JDBC_URL =
            "jdbc:h2:tcp://localhost/~/example";

15    private final String DB_USER = "sa";

16    private final String DB_PASS = "";

17

18    public List<Employee> findAll() {

19      List<Employee> empList = new ArrayList<>();

20      // JDBCドライバを読み込む

21      try {
```

```java
22      Class.forName("org.h2.Driver");
23    } catch (ClassNotFoundException e) {
24      throw new IllegalStateException(
            "JDBCドライバを読み込めませんでした");
25    }
26    // データベースに接続
27    try (Connection conn = DriverManager.getConnection(
          JDBC_URL, DB_USER, DB_PASS)) {
28
29      // SELECT文を準備
30      String sql = "SELECT ID, NAME, AGE FROM EMPLOYEES";
31      PreparedStatement pStmt = conn.prepareStatement(sql);
32
33      // SELECTを実行し、結果表を取得
34      ResultSet rs = pStmt.executeQuery();
35
36      // 結果表に格納されたレコードの内容を
37      // Employeeインスタンスに設定し、ArrayListインスタンスに追加
38      while (rs.next()) {
39        String id = rs.getString("ID");
40        String name = rs.getString("NAME");
41        int age = rs.getInt("AGE");
42        Employee employee = new Employee(id, name, age);
43        empList.add(employee);
44      }
45    } catch (SQLException e) {
46      e.printStackTrace();
47      return null;
48    }
49    return empList;
```

レコードの値を取得する

取得した値を Employee インスタンスに格納する

ArrayList インスタンスに Employee インスタンスを追加する

chapter 13

50	`  }`
51	`}`

EmployeesDAOを利用すると、SelectEmployees.java（コード13-1、p.374）
は、次のように書き換えられます。

コード13-4 全従業員情報の検索（DAOを利用）

SelectEmployees.java（デフォルトパッケージ）

```java
01  import java.util.List;
02  import model.Employee;
03  import dao.EmployeesDAO;
04
05  public class SelectEmployees {
06    public static void main(String[] args) {
07      // EMPLOYEESテーブルの全レコードを取得
08      EmployeesDAO empDAO = new EmployeesDAO();
09      List<Employee> empList = empDAO.findAll();
10
11      // 取得したレコードの内容を出力
12      for (Employee emp : empList){
13        System.out.println("ID:" + emp.getId());
14        System.out.println("名前:" + emp.getName());
15        System.out.println("年齢:" + emp.getAge() + "\n");
16      }
17    }
18  }
```

JDBCプログラム特有のコードがないやん。これやったら私で
も書けるわ！

　DAOパターンのメリットを再度確認しておきましょう。データベースを利
用するクラス（コード13-4）には、ConnectionやResultSetの利用、SQL文、

例外処理などのJDBCプログラム特有のコードが一切書かれていない点に注目してください（java.sqlパッケージのインポートすらしていません）。このため、元のコード13-1（p.374）に比べて本来の処理が明らかになっただけでなく、データベースに変更があっても影響を受けません。さらに、綾部さんのようにJDBCプログラムの知識がなくてもクラス内でデータベースを利用できます。

column

デザインパターン

　DAOパターンは有名な**デザインパターン**の1つです。デザインパターンとは「○○をしたければ、こういうふうにクラスを設計したらいいよ。そうすれば開発もしやすいし、後々の修正や改善も楽だよ」という、いわば設計の定石です。

　デザインパターンに従ってクラスを設計する（クラスに役割を与える）ことで、開発効率や保守性の高いクラス設計が可能になります。デザインパターンは、先人たちの苦労から生み出された汗と涙の結晶といえるでしょう。

　デザインパターンをまとめたものとして、「GoFのデザインパターン」や「J2EEデザインパターン」が有名です。DAOパターンはJ2EEパターンの1つです。

13.2.4 Webアプリケーションと DAO パターンの関係

DAOパターン、すごいですね！　そうだ、これを使えば僕のつぶやきも保存できる！　どこつぶにはどうやって使えばいいんですか？

それについて考えるために、Webアプリケーションと DAO パターンの関係を整理しておこう。

　Webアプリケーションの場合、DAOは、サーブレットクラス、JSPファイル、一般的なJavaのクラスのどれからでも利用可能です。

どれからDAOを呼び出すかは設計によって異なりますが、MVCモデルで
は、モデルがアプリケーションで扱う情報の管理を担うので、通常は**モデル
のクラス（ユーザーの要求に応える処理を担う一般的なJavaのクラス）**か
らDAOを利用します（図13-8）。

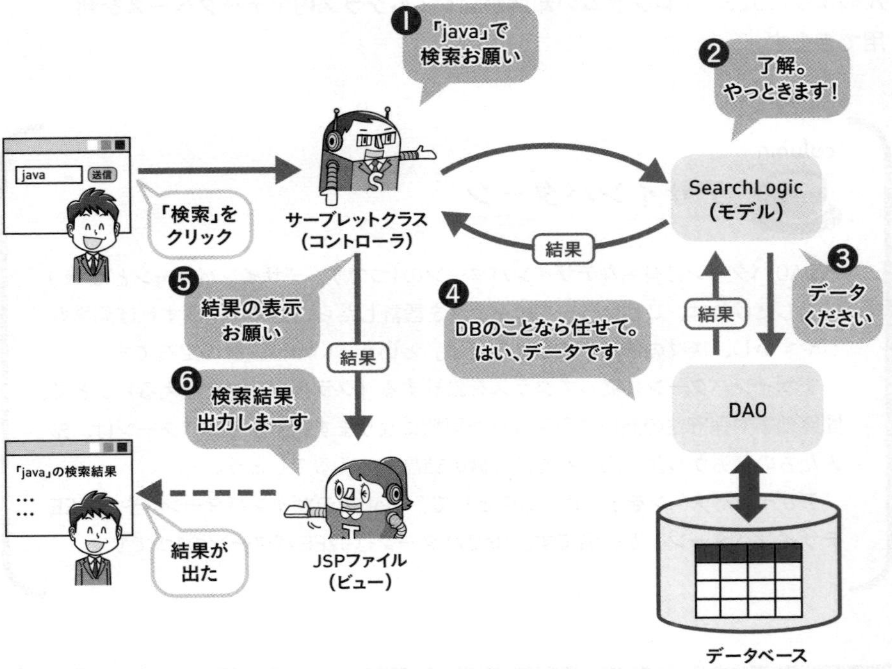

図13-8 MVCモデルとDAOパターン（図6-2にDBとDAOを組み込んだもの）

サーブレットクラスやJSPファイルからは、なるべくデータ
ベースを利用しないようにしよう。

13.3 { どこつぶでデータベースを利用する

13.3.1 | データベース化の準備

> よし！ DAOパターンを使って、どこつぶのつぶやきを保存できるように変更するぞ！

　第10章で作成した「どこつぶ」を改良します。つぶやきの保存先をアプリケーションスコープからデータベースに変更して、サーバを停止しても投稿したつぶやきが残るようにしましょう。データベースやJDBCプログラミングの経験がない人には難しい課題かもしれませんが、ぜひチャレンジしてください。

> JDBCプログラムのところは自信ないけど、私も見よう見まねで挑戦してみるわ。

　まずは、H2 Databaseに図13-9のデータベースを準備します。

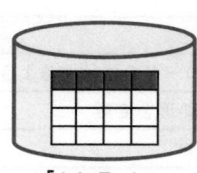

ID	NAME	TEXT
1	湊	今日は休みだ
2	綾部	いいな〜

「MUTTERS」テーブル

「dokoTsubu」
データベース

図13-9 どこつぶ用のデータベースとテーブル

H2 Database の準備

① どこつぶ用のデータベース「dokoTsubu」を作成する。
② データベースにつぶやきを保存するテーブル「MUTTERS」を作成する。
③ MUTTERS テーブルにレコードを追加する。

次に、動的Webプロジェクトに JDBC ドライバを準備します（すでに配置済みの場合は不要です）。

動的Webプロジェクト「dokoTsubu」の準備

src/main/webapp/WEB-INF/lib に JDBC ドライバを配置する。

それぞれの手順の詳しい内容は、Web付録を参照してください。

13.3.2 データベース化のしくみ

準備ができたら、第10章で作成したプログラムのうち、変更するものと新しく作るものを確認しよう。

つぶやきをデータベースに保存するには、既存のクラスの変更や、クラスの新規作成を行います。

表13-3 「どこつぶ」プログラムの変更と新規作成

クラス	区分	内容
Mutter.java	既存	MUTTERS テーブルのレコードを格納するように変更
Main.java	既存	つぶやきの取得と追加の処理を変更
PostMutterLogic.java	既存	つぶやきの保存処理を変更
GetMutterListLogic.java	新規	全つぶやきをデータベースから取得する
MuttersDAO.java	新規	MUTTERS テーブルを担当する DAO 全レコード取得とレコード追加のメソッドを持つ

表13-3のクラスを使用して、つぶやきリストの取得と、つぶやき投稿の処理を次ページの図13-10のように変更します。その内容を詳しく見てみましょう。

第IV部

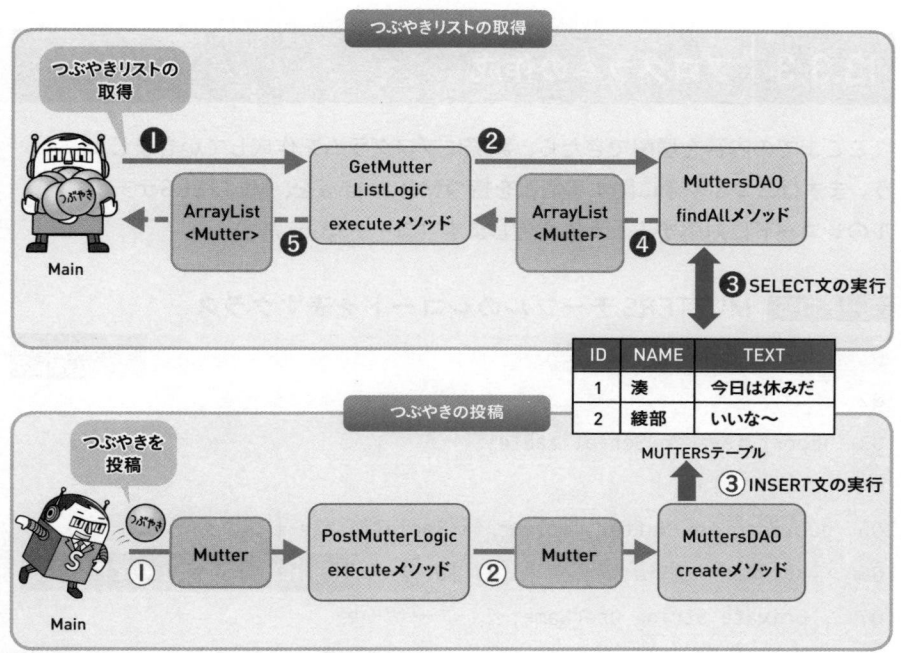

図13-10 つぶやきリストの取得とつぶやきの投稿

　まず、図13-10の上段でつぶやきリスト取得の流れを確認しましょう。サーブレットクラスMainは、つぶやきリストの取得をGetMutterListLogicに依頼します（❶）。GetMutterListLogicはMUTTERSテーブル担当のMuttersDAOに検索を依頼します（❷）。MuttersDAOのfindAll()は、MUTTERSテーブルに対してSELECT文を実行して検索を行い（❸）、取得したレコードの内容をMutterインスタンスに設定して、それをArrayListに格納して返します（❹）。GetMutterListLogicは返ってきたArrayListインスタンスを、つぶやきリストとしてサーブレットクラスMainに返します（❺）。

　次に、図の下段でつぶやき投稿の流れを確認します。サーブレットクラスMainは、追加するつぶやき（Mutterインスタンス）をPostMutterLogicに渡し、その追加を依頼します（①）。PostMutterLogicは、MUTTERSテーブル担当のMuttersDAOに追加を依頼します（②）。MuttersDAOのcreate()がMUTTERSテーブルに対してINSERT文を実行し、レコードを追加します（③）。

13.3.3 | プログラムの作成

　ここまでの内容を理解できたら、実際にプログラムを作成していきましょ
う。まずは、つぶやきに関する情報を持つMutter.javaを、MUTTERSテーブ
ルのレコードに対応するように変更します（コード13-5）。

コード13-5 MUTTERSテーブルのレコードを表すクラス

```java
01  package model;
02
03  import java.io.Serializable;
04
05  public class Mutter implements Serializable {
06    private int id;         // ID        ── ID列に対応するフィールドを追加
07    private String userName; // ユーザー名
08    private String text;    // つぶやき内容
09
10    public Mutter() {}
11    public Mutter(String userName, String text) {
12      this.userName = userName;
13      this.text = text;          ── idフィールド追加に伴い、
14    }                               コンストラクタとgetterを追加
15    public Mutter(int id, String userName, String text) {
16      this.id = id;
17      this.userName = userName;
18      this.text = text;
19    }
20    public int getId() { return id; }
21    public String getUserName() { return userName; }
22    public String getText() { return text; }
23  }
```

次に、MUTTERSテーブルを担当するDAOを新しく作成します。全レコードを取得するfindAllメソッドと、レコードを追加するcreateメソッドを含みます（コード13-6）。

コード13-6 MUTTERSテーブルを担当するDAO

```
01  package dao;
02
03  import java.sql.Connection;
04  import java.sql.DriverManager;
05  import java.sql.PreparedStatement;
06  import java.sql.ResultSet;
07  import java.sql.SQLException;
08  import java.util.ArrayList;
09  import java.util.List;
10  import model.Mutter;
11
12  public class MuttersDAO {
13    // データベース接続に使用する情報
14    private final String JDBC_URL =
          "jdbc:h2:tcp://localhost/~/dokoTsubu";
15    private final String DB_USER = "sa";
16    private final String DB_PASS = "";
17
18    public List<Mutter> findAll() {
19      List<Mutter> mutterList = new ArrayList<>();
20      // JDBCドライバを読み込む
21      try {
22          Class.forName("org.h2.Driver");
23      } catch (ClassNotFoundException e) {
24          throw new IllegalStateException(
              "JDBCドライバを読み込めませんでした");
```

MuttersDAO.java
（dao パッケージ）

chapter
13

```
25        }
26        // データベース接続
27        try (Connection conn = DriverManager.getConnection(
             JDBC_URL, DB_USER, DB_PASS)) {
28
29          // SELECT文の準備
30          String sql =
               "SELECT ID,NAME,TEXT FROM MUTTERS ORDER BY ID DESC";
31          PreparedStatement pStmt = conn.prepareStatement(sql);
32
33          // SELECTを実行
34          ResultSet rs = pStmt.executeQuery();
35
36          // SELECT文の結果をArrayListに格納
37          while (rs.next()) {
38            int id = rs.getInt("ID");
39            String userName = rs.getString("NAME");
40            String text = rs.getString("TEXT");
41            Mutter mutter = new Mutter(id, userName, text);
42            mutterList.add(mutter);
43          }
44        } catch (SQLException e) {
45          e.printStackTrace();
46          return null;
47        }
48        return mutterList;
49      }
50      public boolean create(Mutter mutter) {
51        // JDBCドライバを読み込む
52        try {
```

ID の大きい順に
検索結果を並べる

第Ⅳ部

392

```
53        Class.forName("org.h2.Driver");
54    } catch (ClassNotFoundException e) {
55        throw new IllegalStateException(
              "JDBCドライバを読み込めませんでした");
56    }
57    // データベース接続
58    try (Connection conn = DriverManager.getConnection(
          JDBC_URL, DB_USER, DB_PASS)) {
59
60        // INSERT文の準備（idは自動連番なので指定しなくてよい）
61        String sql = "INSERT INTO MUTTERS(NAME, TEXT) VALUES(?, ?)";
62        PreparedStatement pStmt = conn.prepareStatement(sql);
63
64        // INSERT文中の「?」に使用する値を設定してSQL文を完成
65        pStmt.setString(1, mutter.getUserName());
66        pStmt.setString(2, mutter.getText());
67
68        // INSERT文を実行（resultには追加された行数が代入される）
69        int result = pStmt.executeUpdate();
70        if (result != 1) {
71          return false;
72        }
73    } catch (SQLException e) {
74      e.printStackTrace();
75      return false;
76    }
77    return true;
78  }
79 }
```

作成したMuttersDAOを呼び出して、Mutterインスタンスを MUTTERS テーブルに追加するよう、PostMutterLogic.javaを変更します（コード13-7）。

コード13-7 つぶやきの投稿に関する処理をするモデル（DAO を利用）

```
01  package model;
02
03  import dao.MuttersDAO;
04
05  public class PostMutterLogic {
06    public void execute(Mutter mutter) {
07      MuttersDAO dao = new MuttersDAO();
08      dao.create(mutter);
09    }
10  }
```

PostMutterLogic.java
（model パッケージ）

引数でつぶやきリストを受け取らない

DAO を利用してつぶやきを投稿

MuttersDAO を使用して MUTTERS テーブルの全レコードを取得する Get
MutterListLogic.javaを新しく作成します（コード13-8）。

コード13-8 つぶやきの取得に関する処理をするモデル（DAO を利用）

```
01  package model;
02
03  import java.util.List;
04  import dao.MuttersDAO;
05
06  public class GetMutterListLogic {
07    public List<Mutter> execute() {
08      MuttersDAO dao = new MuttersDAO();
09      List<Mutter> mutterList = dao.findAll();
10      return mutterList;
11    }
12  }
```

GetMutterListLogic.java
（model パッケージ）

最後に、つぶやきリストの取得とつぶやき投稿の処理を変更します。アプリケーションスコープを使用していた箇所はすべて削除します。

コード13-9 つぶやきに関するリクエストを処理するコントローラ

```java
package servlet;                                    // Main.java (servlet パッケージ)

import java.io.IOException;
import java.util.List;
import jakarta.servlet.RequestDispatcher;
import jakarta.servlet.ServletException;
import jakarta.servlet.annotation.WebServlet;
import jakarta.servlet.http.HttpServlet;
import jakarta.servlet.http.HttpServletRequest;
import jakarta.servlet.http.HttpServletResponse;
import jakarta.servlet.http.HttpSession;
import model.GetMutterListLogic;              // 追加
import model.Mutter;
import model.PostMutterLogic;
import model.User;

@WebServlet("/Main")
public class Main extends HttpServlet {
  private static final long serialVersionUID = 1L;

  protected void doGet(HttpServletRequest request,
      HttpServletResponse response)
      throws ServletException, IOException {
    // つぶやきリストを取得して、リクエストスコープに保存
    GetMutterListLogic getMutterListLogic =
        new GetMutterListLogic();
    List<Mutter> mutterList = getMutterListLogic.execute();
```

```
25    request.setAttribute("mutterList", mutterList);
26
27    // ログインしているか確認するため
28    // セッションスコープからユーザー情報を取得
29    HttpSession session = request.getSession();
30    User loginUser = (User)session.getAttribute("loginUser");
31
32    if (loginUser == null) { // ログインしていない
33      // リダイレクト
34      response.sendRedirect("index.jsp");
35    } else { // ログイン済み
36      // フォワード
37      RequestDispatcher dispatcher =
           request.getRequestDispatcher("WEB-INF/jsp/main.jsp");
38      dispatcher.forward(request, response);
39    }
40  }
41  protected void doPost(HttpServletRequest request,
        HttpServletResponse response)
        throws ServletException, IOException {
42    // リクエストパラメータの取得
43    request.setCharacterEncoding("UTF-8");
44    String text = request.getParameter("text");
45
46    // 入力値チェック
47    if (text != null && text.length() != 0) {
48      // セッションスコープに保存されたユーザー情報を取得
49      HttpSession session = request.getSession();
50      User loginUser = (User)session.getAttribute("loginUser");
51
52      // つぶやきをつぶやきリストに追加
```

```
53    Mutter mutter = new Mutter(loginUser.getName(), text);
54    PostMutterLogic postMutterLogic = new PostMutterLogic();
55    postMutterLogic.execute(mutter);
56  } else {
57    // エラーメッセージをリクエストスコープに保存
58    request.setAttribute("errorMsg",
          "つぶやきが入力されていません");
59  }
60
61  // つぶやきリストを取得して、リクエストスコープに保存
62  GetMutterListLogic getMutterListLogic =
        new GetMutterListLogic();
63  List<Mutter> mutterList = getMutterListLogic.execute();
64  request.setAttribute("mutterList", mutterList);
65
66  // フォワード
67  RequestDispatcher dispatcher = request.getRequestDispatcher(
        "WEB-INF/jsp/main.jsp");
68  dispatcher.forward(request, response);
69  }
70 }
```

なお、main.jspがコード12-6（p.360）ではなく、コード10-17（p.297）の
場合は、アプリケーションスコープではなくリクエストスコープからつぶや
きリストを取得するよう、コード10-17の8行目を次のように変更します。

```
List<Mutter> mutterList = (List<Mutter>)request.getAttribute("mutterList");
```

お疲れさま。これでより実践的なアプリになったね。

13.4 この章のまとめ

データベース

- データをテーブル（表）形式で管理するデータベースを「リレーショナルデータベース」という。
- 1件分のデータは1行で表され、「レコード」と呼ぶ。
- データの管理はDBMS（データベース管理システム）が行う。
- DBMSに命令するにはデータベース専用言語のSQLを使用する。

JDBCプログラム

- データベースを利用するJavaプログラムを「JDBCプログラム」と呼ぶ。
- JDBCプログラムを作成するには次のものが必要である。
  ① java.sqlパッケージのクラスやインタフェース
  ② データベースの開発元が配布するJDBCドライバ
- JDBCドライバはクラスパス（Eclipseの場合、ビルドパス）に追加する。

DAOパターン

- データベースの操作を担当するDAOクラスを作成する。
- データベースの操作はDAOを介して行う。

Webアプリケーションと DAO パターン

- MVCモデルで作成するWebアプリケーションでは、一般的に、ユーザーの要求に応える処理を担うモデルのみがDAOクラスを利用する。
- JDBCドライバを「src/main/webapp/WEB-INF/lib」に配置する（配置したファイルはビルドパスに自動的に追加される）。

13.5 練習問題

練習13-1

次の文章の（1）〜（8）に適切な語句を入れて、文章を完成させてください。

　本格的なWebアプリケーションでは、データの格納にデータベースを用いる。なかでも、データを複数のテーブル（表）の形で格納する　(1)　という種類のデータベースが一般的である。　(1)　には、　(2)　という言語を用いてデータの読み書きを指示する。

　Javaから　(1)　を制御する目的で用いるのがJDBCと呼ばれる一連のAPIである。このAPIは、　(3)　パッケージに属したクラスやインタフェースから構成される。さらに、利用するデータベース製品ごとに提供される　(4)　をクラスパスが通る場所に配置することで、利用可能となる。

　JDBCプログラムでは、データベースの接続や切断には　(5)　、SQLの送信には　(6)　、検索結果を受け取るためには　(7)　を利用するなど、複数のクラスやインタフェースを用いるため複雑になりやすい。そこで、データベース操作を専門に受け持つ　(8)　と呼ばれるクラスを作成するデザインパターンが広く利用されている。

練習13-2

　コード13-3のEmployeesDAO（p.382）に、次のような責務を持つメソッドremove()を追加してください。

- 呼び出される際、従業員IDとして文字列を1つ受け取る。
- 従業員IDに該当する従業員の情報をデータベースから削除する。
- 従業員を削除した場合はtrue、該当する従業員がいない場合やエラーが発生した場合はfalseを戻り値として返す。

column

コネクションプーリング

　本書の方法でデータベースを利用する場合、リクエストのたびに、データベースとの接続（コネクション）の確立と切断が行われます。しかし、これらの処理はアプリケーションサーバの負荷が大きく、Webアプリケーションのボトルネックになってしまう可能性があります。

　業務で使用するような本格的なWebアプリケーションの場合、この問題を回避するために**コネクションプーリング**を使用します。コネクションプーリングは、データベースとの接続の確立と切断を下の図のように行い、接続を使い回します。これにより、リクエストごとの接続の確立と切断は不要となります。

　コネクションプーリングはアプリケーションサーバが提供する機能なので、使用方法はサーバによって異なります。使用する場合は、サーバのマニュアルや解説サイトを参照してください。

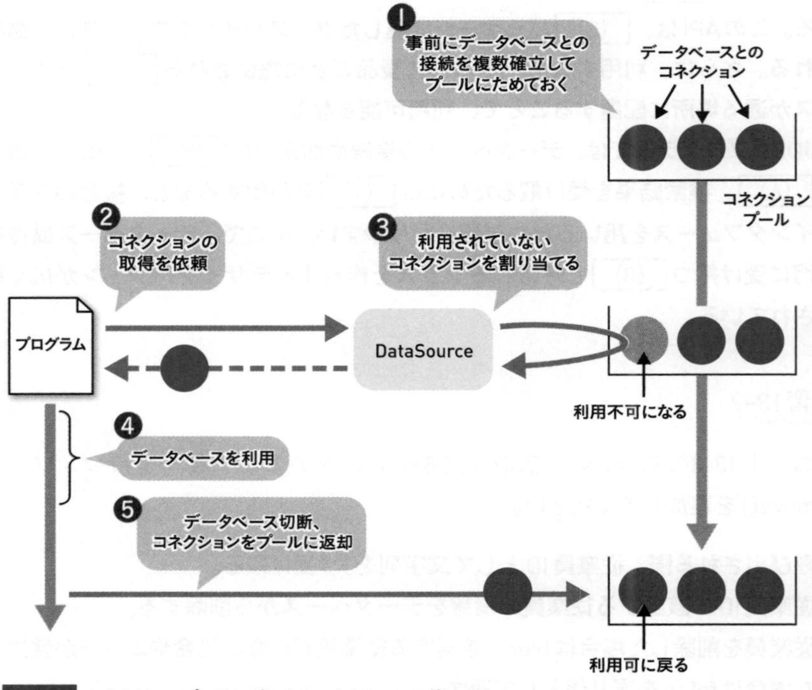

❶ 事前にデータベースとの接続を複数確立してプールにためておく

データベースとのコネクション

コネクションプール

❷ コネクションの取得を依頼

❸ 利用されていないコネクションを割り当てる

プログラム

DataSource

利用不可になる

❹ データベースを利用

❺ データベース切断、コネクションをプールに返却

利用可に戻る

図13-11 コネクションプーリングによるコネクションの使い回し

第IV部

400

設計手法を
身に付けよう

chapter 14 Webアプリケーションの設計

実現したいものを明確にしよう

お疲れさま。これからは今まで学んだことを使って、どんどんオリジナルのWebアプリケーションを開発していってほしい。

はい。ありがとうございました！

あれ？　でもよく考えたら、イチからWebアプリケーションを作るのって、やったことないわ……。

本当だ。何から始めて、どうやって作っていったらいいんだろう？

それでは卒業のはなむけに、自分の力でWebアプリケーションを作っていく手順を紹介しよう。

これまで学んだことを組み合わせれば、かなり本格的なWebアプリケーションが作成できます。しかし、作りたいWebアプリケーションのアイデアが頭に浮かんでも、何から始めたらいいのか悩んでしまう人も多いかもしれません。

最後となる第Ⅴ部では、これまで学んだ知識を生かしながら、自分が望むとおりのWebアプリケーションを作成するための方法や手順について学びましょう。

chapter 14
Webアプリケーション の設計

これまでの各章を通じて、Webアプリケーションを作る上で
必要な文法やしくみを学習してきました。
しかし、思い描くアプリケーションを開発するには、
まだ大きな困難を伴います。
なぜなら、開発には文法やしくみ以外の知識が必要だからです。
この最終章では、入門者向けの開発手順を紹介します。
少し難しいかもしれませんが、ぜひ体験して、
思い通りのアプリケーションを開発する達成感を味わってください。

contents

chapter
14

14.1 Webアプリケーションの設計とは

菅原さーん、助けてください。自分でWebアプリケーションを作りたくて、プログラムを書いてるんですけど、全然うまくいかなくて……。

ああ、プログラミングから開発を始めたんだね。大丈夫だよ。うまくいかないのにはちゃんと理由があるんだ。

　これまで学習してきた内容を組み合わせれば、いろいろなWebアプリケーションを作ることができます。理解を深めるためにも、実際に手を動かしてWebアプリケーション作成にチャレンジするとよいでしょう。

　とはいえ、湊くんのようにいきなりプログラミングから始めると、うまくいかない場合がほとんどです。「どんな機能を作ろうか、どのように作ろうか」と考えながら作るため、図14-1のような状況に陥ってしまうのです。

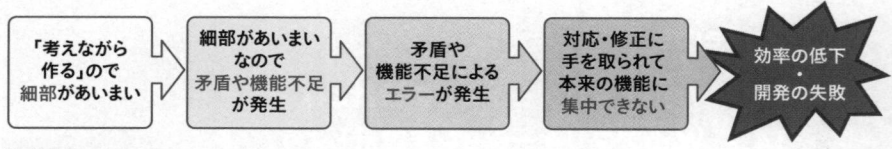

図14-1 プログラム作成がうまくいかない理由

　そこで本章では、考えながら作るのではなく、あらかじめ作る内容を明確にして、効率よくWebアプリケーションを開発する手順を紹介します。

14.1.2 | 要件の決定

> プログラミングを始める前にやっておくことがあるんだ。まず、どんなものを作りたいかを決めよう。

アプリケーション開発の第一歩は、要件を決めることです。要件とは、ざっくりいえば、「どんなものを開発したいか」を決めてまとめたもので、具体的にはアプリケーションの機能とその仕様のことです。業務として開発する場合は、依頼元であるお客様と話し合って決めますが、学習目的の場合は、自分で要件を考える必要があります。

> ここはやっぱりショッピングサイトやろ！ 実家のお好み焼きでひと儲けしたいわぁ。

> 志が高いのはいいことだけど、最初から立派なものを作ろうとすると大変だから、まずは小さな機能だけで練習してみよう。

最初は欲張らず、1〜3つ程度の機能しか持たない小規模なアプリケーションを作ります。大きなアプリケーションの一部の機能だけを開発するのもよいでしょう。

なお、インターネット上に公開されている実際のWebアプリケーションを参考にしてもかまいませんが、Web開発のプロが時間とお金を十分かけて作ったものと同じレベルを最初から目指すのはおすすめしません。機能は簡単なものにして、数も減らしましょう。

chapter
14

> よし、「どこつぶ」をまねして作れそうな機能を考えてみよう。

湊くんと綾部さんの2人は、話し合って次ページの図14-2の要件に決めました。本章では、これを題材に解説します。

①ログイン機能
　・アプリケーションにログインする。
　・ユーザー ID とパスワードの入力によりユーザーを認証する。
　・ユーザーはあらかじめ登録されている必要がある。

②ユーザー登録機能
　・ユーザーを登録する。
　・登録する情報は、ユーザー ID、パスワード、メールアドレス、姓名、年齢。
　・同じユーザー ID は登録できない。
（以下略）

図14-2 ショッピングサイト「スッキリ商店」の要件（抜粋）

column

機能要件と非機能要件

　要件には「機能要件」と「非機能要件」の2種類があり、本章では機能要件を扱っています。機能要件とは、アプリケーションが備えるべき機能や動作のことです。非機能要件とは、性能や信頼性、拡張性、運用性、セキュリティといった機能要件以外の全般を指します。開発の現場では、機能要件と非機能要件の両方を満たすように開発を進めます。

14.1.3 さまざまな設計手法

要件が決まったら、プログラムを作るんですか？

いや、まだだ。「何を」作るかを決めたら、次は「どうやって」作るかを決めるんだ。

　要件を決めたら、それをどのような構成で作るかを決める**設計**という作業を行います。文章で書かれた要件を、プログラムまでのどのように落とし込む

かを考える作業と捉えてもよいでしょう。具体的には、画面の遷移、テーブルやクラスの仕様、クラス間の連係手順などを決めます。

> 大規模なWebアプリケーションを複数のメンバーで手分けして開発する場合、設計は特に重要だよ。

　設計の手法として、OOAD（オブジェクト指向分析／設計）やDOA（データ中心アプローチ）など、いくつもの手法が知られています。開発現場では、これらの設計手法（組織やプロジェクトの事情に合わせてカスタマイズしたものも含む）を用いて設計します。しかし、サーブレットとJSPを学んだばかりの私たちにとって、こうした本格的な設計手法を使いこなすのはまだ無理でしょう。

> 「OOAD」を調べてみたんですけど、チンプンカンプンでした……。

> 今は仕方ないよ。OOADもゆくゆくはマスターできるから、まずはこれから紹介する方法でやってごらん。

　この章では、入門者向けに本書独自の設計方法を紹介します。この方法は、本格的な大規模開発には向いていませんが、入門者が小規模なWebアプリケーションを開発するのには適しています。
　この方法では、設計を次の4つに分けます。

① **テーブルの設計（14.2.1項）**
② **画面の設計（14.2.3項）**
③ **サーブレットクラスとJSPファイルの設計（14.2.4項）**
④ **サーバサイドの設計（14.2.5項）**

chapter
14

　最初にデータベースのテーブルの設計（①）を行い、その後、機能ごとに画面とプログラミングに関する設計（②〜④）を行います。設計を行うことで、効率的にプログラミングする資料ができあがります。最後に、この資料を使ってプログラミングを行い、機能を完成させます（図14-3）。

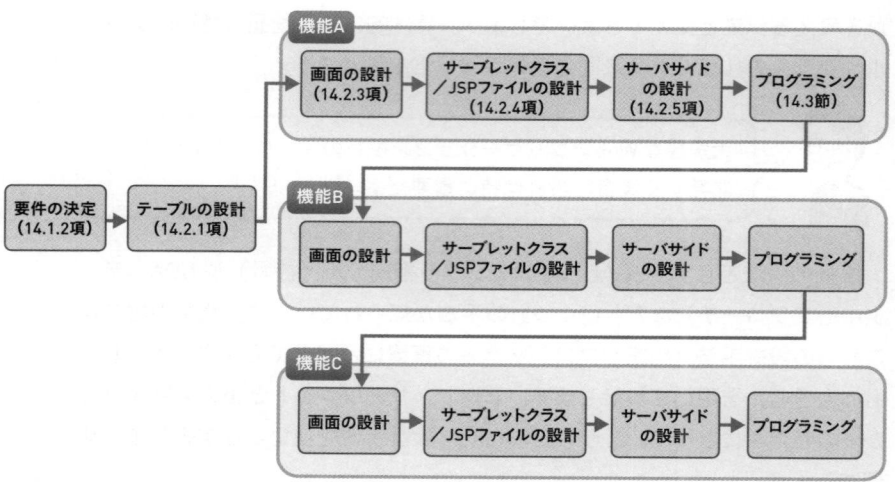

図14-3 本書における開発の手順

機能ごとに完成させていくんですね。

手間やなあ。一度で済ましたいわあ。

慣れるまでのガマンだ。慣れるまでは少しずつ完成させたほう
が失敗は少ないし、作りやすいよ。

　一度の設計とプログラミングでアプリケーションを完成させるのも可能で
すが、それには多くの経験と高いスキルが必要です。まずは、機能ごとに設
計とプログラミングの経験を積み、スキルを高めましょう。機能ごとならば、
設計で考えるべき範囲が限定されるので、経験が浅くても設計しやすくなり
ます。

　ただし、機能ごとの設計にはデメリットもあります。ほかの機能との連係
を考慮せずに1つひとつの機能を設計する流れのため、それぞれの機能がう
まく連係せずに全体として動作しない可能性があります。そのため、一度完
成させた機能を後から修正しなければならない状況も考えられます。

こうしたことは、**経験の浅いうちは仕方がありません。**経験を積んで慣れ
てくれば、連係にも気を配りながら関連する機能を2つ、3つとまとめて設計
できるようになります。そうなれば、修正の回数や量も自然と減っていくで
しょう。今はまだ、焦らず経験を積むことを優先しましょう。

手直しも経験のうち、と思えば苦じゃなくなるよ。

14.2 Webアプリケーションを設計しよう

14.2.1 テーブルの設計

　それでは実際に設計を進めていきましょう。最初はテーブルの設計です。

　アプリケーションで扱う情報の保存先にデータベースを使用する場合、テーブルを設計する必要があります。具体的には、テーブル名、列名と、列の型や制約といったテーブルの仕様を決定します。

　テーブルを設計するには、まず、作りたいアプリケーションの要件を実現するために、どのような情報を扱う必要があるのか、**要件に登場する情報を整理**しましょう。たとえば、ログイン機能（図14-2、p.406）を実現するには、ユーザーの情報（IDやパスワード）が必要だと気づくでしょう。それらの情報を適切に保存できるように、データベースのテーブルを設計していきます。

　本格的なテーブルの設計は、「概念設計→論理設計→物理設計」という手順で行います。しかし、最初のうちはいきなり設計に取りかかるのではなく、頭の中で扱う情報を想像し、整理することから始めましょう。

> ログインとユーザー登録で扱う情報を整理して、テーブルを考えてみてごらん。

> よっしゃ！　うちのあふれる想像力に任しといてや。

　綾部さんは、湊くんと一緒に、前節で決めた要件をもとにして次ページの図14-4のようなACCOUNTSテーブルを考えたようです。

列名	型（桁）	制約	格納する情報
USER_ID	VARCHAR(10)	PRIMARY KEY	ユーザーID
PASS	VARCHAR(10)	NOT NULL	パスワード
MAIL	VARCHAR(100)	NOT NULL	メールアドレス
NAME	VARCHAR(40)	NOT NULL	姓名
AGE	INT	NOT NULL	年齢

図14-4 ログインとユーザー登録で扱う情報を整理した「ACCOUNTSテーブル」

型や制約は『スッキリわかるSQL入門 第4版』で学んだ内容を使いました。「概念→論理→物理設計」も載ってるから後で復習しておこうっと。

図14-4のACCOUNTSテーブルは、次のSQL文で作成できます。

```
CREATE TABLE ACCOUNTS (
  USER_ID VARCHAR(10) PRIMARY KEY,
  PASS VARCHAR(10) NOT NULL,
  MAIL VARCHAR(100) NOT NULL,
  NAME VARCHAR(40) NOT NULL,
  AGE INT NOT NULL
);
```

ここからは、このACCOUNTSテーブルがデータベース「sukkiriShop」に作成されているものとして解説を進めます（作成手順の操作は、Web付録を参照してください）。

14.2.2 開発順序の決定

いよいよ設計やね。どの機能から設計したらええんやろ？

そう、それが肝心なんだ。設計を始める前に、開発する機能の順番を決めよう。

　どの機能から開発していくか、その順序は重要です。なぜなら、前節の最後で解説したように、機能ごとに開発をする場合、一度完成させた機能の修正が必要になる可能性があるからです。こうした修正の発生を減らすには、ほかの機能との関わりが少ない機能から作るのがポイントです。また、これまでに同じ機能やよく似た機能を開発した経験があれば、そうした機能から着手するのも一案です。

じゃあ、ログイン機能から作ろう。第10章で作ったし。

　開発する順番によっては、テーブルにデータの追加が必要になります。たとえば、今回のようにユーザー登録機能の前にログイン機能を作成する場合、登録されているユーザーがいないためログイン機能の動作確認ができません。あらかじめ、次のようなSQL文を使用してユーザーを登録しておきましょう。

```
INSERT INTO ACCOUNTS (USER_ID, PASS, MAIL, NAME, AGE)
VALUES('minato', '1234', 'yusuke.minato@miyabilink.jp', '湊 雄輔', 23);
```

14.2.3 画面の設計

いよいよここからは機能ごとの設計に入るよ。

　まずは開発する機能の画面について設計します。その機能に必要な画面の概要と遷移を決めて図にまとめます（次ページの図14-5）。本章では、この図を**画面遷移図**と呼びます。

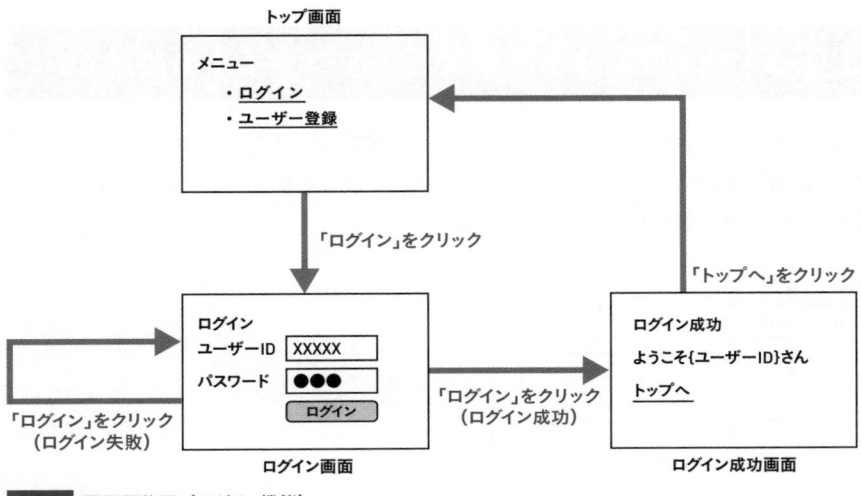

図14-5 画面遷移図（ログイン機能）

　画面遷移図の作成では、主に次の2点を明らかにして、作成します。

①画面の遷移とそのきっかけ

　機能を実現するのに必要な画面の概要と、遷移の流れをもれなく記述します。遷移のきっかけとなるユーザーの操作（送信ボタンやリンクのクリックなど）も、このタイミングでしっかりと決めて図に書き込みましょう。

②各画面における入出力項目

　それぞれの画面でどのような情報を出力し、また、ユーザーにどのような情報を入力させるのかを決定します。

　絵にすると、作らなあかん画面がはっきりするなあ。それに、各画面がいつ表示されるのかわかりやすいわ。

14.2.4 | サーブレットクラスとJSPファイルの設計

　次に、サーブレットクラスとJSPファイルに関する設計を行います。作成した画面遷移図にサーブレットクラスとJSPファイルを加え、それらと画面を線でつないで関係を整理します（図14-6）。

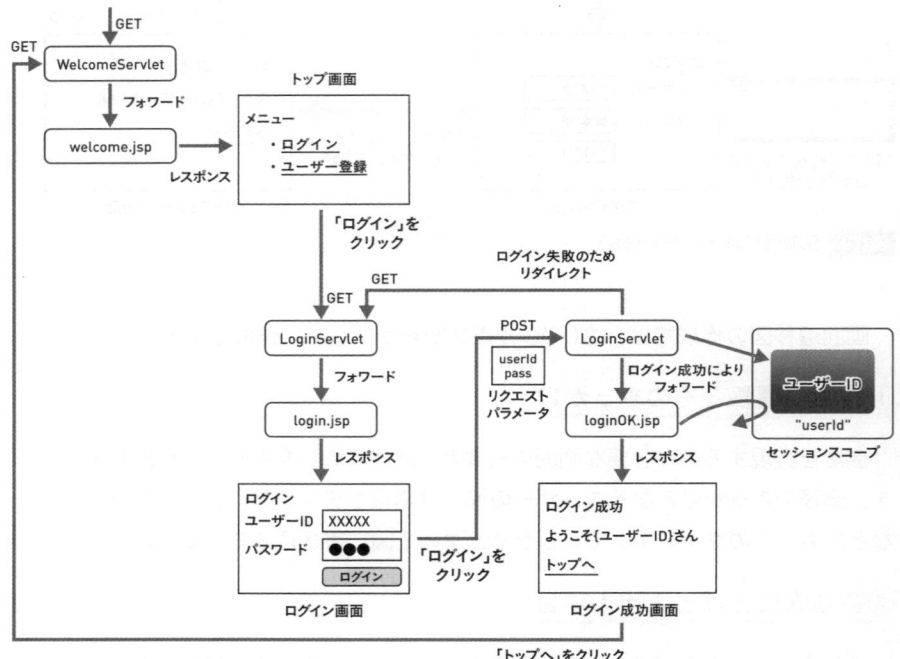

図14-6 拡張した画面遷移図（ログイン機能）

　サーブレットクラスやJSPファイルの名前はこの段階で決めておきます。また次の3つを決定して、画面遷移図に加えます。

① 画面、サーブレットクラス、JSPファイルのつながり

　つないだ線が、それぞれGETリクエスト、POSTリクエスト、フォワード、リダイレクト、レスポンスのいずれなのかを決めます。図14-6のように各線に沿って記入すると、つながりがわかりやすくなります。また、点線や矢印線を使ったり、線の色や太さを調整したりしてもよいでしょう。

414

② リクエストパラメータの名前

　画面からサーブレットクラスに送信するリクエストパラメータの名前を決めて、図に書き入れます。

③ スコープ

　サーブレットクラスとJSPファイルが使用するスコープの種類と、保存や取得する情報の種類、スコープ格納時の属性名を決め、もれなく記述します。

> 画面遷移図を描く過程で、MVCの「V」と「C」に関する部分を設計しているんだ。

　画面遷移図が作成したら、次のポイントをチェックしましょう。

・リクエスト先はサーブレットクラスか

　リクエストを受けるのは原則サーブレットクラスにします。画面から出ている線の先、またはリダイレクトの線の先が、サーブレットクラスになっているかを確認します。

・画面を出力するのはJSPファイルか

　画面に向かう線の根元がJSPファイルであるかを確認します。

・処理に必要な情報が揃っているか

　サーブレットクラスが、処理に必要な情報をリクエストパラメータまたはスコープから取得できるかを確認します。

・画面に出力する情報が揃っているか

　JSPファイルが、画面を出力するために必要な情報をスコープから取得できるかを確認します。

chapter
14

14.2.5 | サーバサイドの設計

　最後に、サーブレットクラスにリクエストが届き、JSPファイルからレスポンスがあるまでの間、どのように処理するかを設計します。対象となるのは、画面遷移図の中で、サーブレットクラスとJSPファイルが連係している部分です。前項で作成した図では、**ア**、**イ**、**ウ**で示した3箇所が該当します（図14-7）。

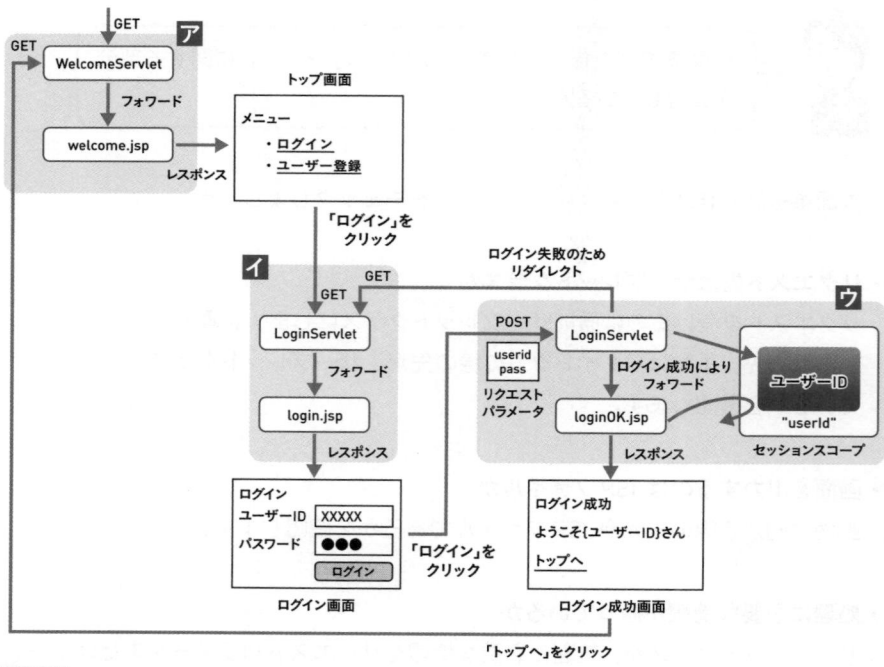

図14-7 サーバサイドの設計が必要な部分

　それぞれのサーバサイド処理の部分について、利用するクラスとその連係をより詳細に決め、次ページの図14-8のような図を作成します。本書では、この図を**基本アーキテクチャ図**と呼びます。

　図14-8は、図14-7の**ウ**の部分を基本アーキテクチャ図に表したものです（図中の❶〜❾は処理の順番を表しています）。

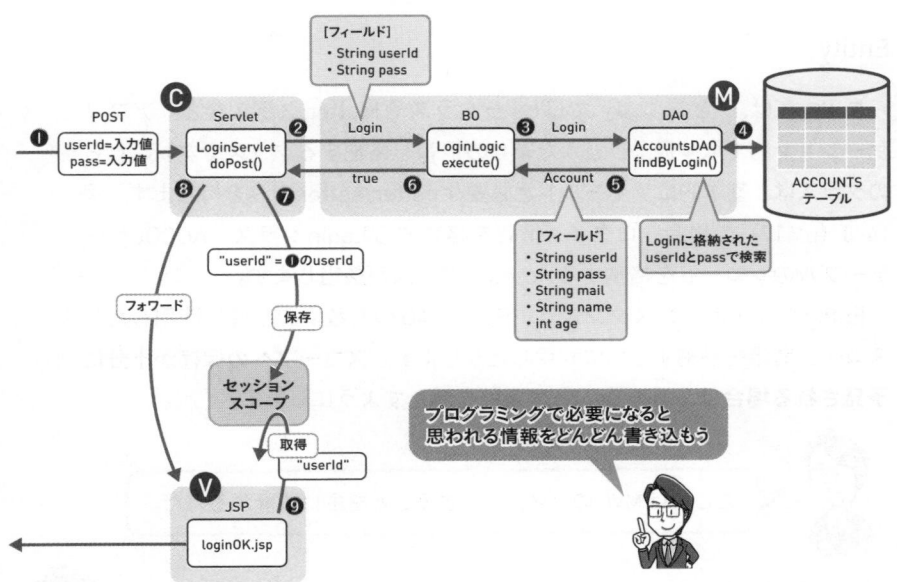

図14-8 基本アーキテクチャ図（ログイン成功時）

サーブレットクラスとJSPファイルの間の処理をするクラスをどのように設計するかは自由ですが、**パターンを決めたほうが失敗は少ない**でしょう。今回紹介する方法では、次のBO、DAO、Entityの3種類のクラスを必ず使います。

BO

BO（Business Object）とは、サーブレットクラスから呼び出され、アプリケーションの中核となる処理をするクラス、またはそのインスタンスです。本書を通して、「〜Logic」という名前が付いたクラスが該当します。通常、処理ロジックを含むメソッドを1つだけ持つよう設計します。プログラム作成時に迷わないよう、メソッド名と引数、戻り値を決定し、基本アーキテクチャ図に書き込んでおくとよいでしょう。

DAO

DAO（p.379）は、BOから呼び出され、データベース（テーブル）の操作を行います。DAOについても、メソッド名、引数、戻り値を明確にし、基本アーキテクチャ図に書き込みましょう。

Entity

Entityとは、「どこつぶ」ではUserクラスやMutterクラスなど、アプリケーション内で取り扱うひとかたまりの情報を格納するクラスです。これらのクラスは、基本的にフィールドと必要なgetter/setterのみを持ちます。図14-8（p.417）の場合、ログイン情報を格納するLoginクラス、ACCOUNTSテーブルのレコードを格納するAccountクラスが該当します。

Entityクラスのインスタンスは、BOやDAOの引数や戻り値に使用したり、スコープ情報を格納するのに利用したりします。**スコープへの保存が十分に予見される場合は、JavaBeansの条件を満たす**ようにします。

ここではMVCの「M」に関することを主に設計するんだ。

図14-8は、ログインに成功したときの処理だけですよね。ログインに失敗したときの処理も書くと、ごちゃごちゃになっちゃいそうだな。

処理が分岐する場合、1つの図にすべての情報を書き込んでしまうと、図が複雑になり見づらくなる恐れがあります。そのような図は、解釈を誤らせて不具合の原因となる可能性もあります。それでは本末転倒なので、**図が見づらくなるような場合は、別の図として作成**しましょう。

基本アーキテクチャ図はプログラミングを念頭に作成する

図は、あくまでもプログラミングを目的として書く。「わかりやすさ」を重視し、誤解の余地のないものを作成しよう。

たとえば、図14-7（p.416）の**ウ**の部分でログインが失敗したときの基本アーキテクチャ図は、次のようになります（次ページの図14-9）。

第V部

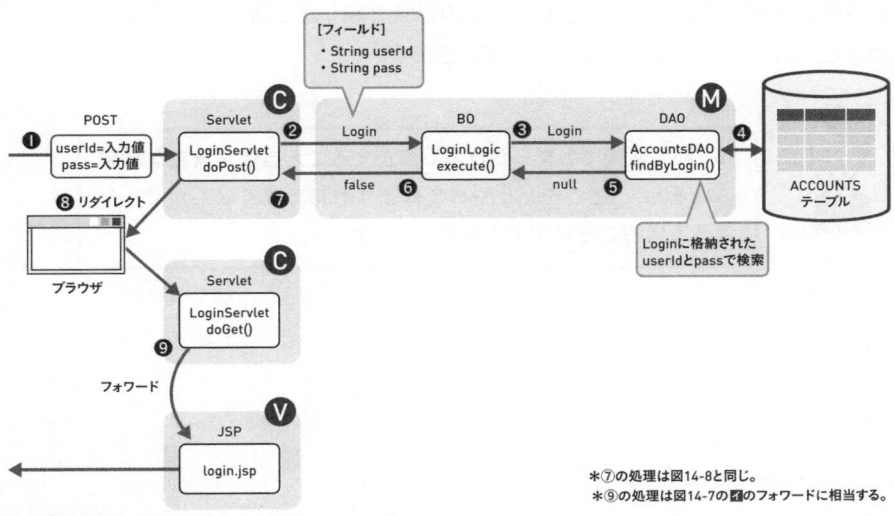

図14-9 基本アーキテクチャ図（ログイン失敗時）

＊⑦の処理は図14-8と同じ。
＊⑨の処理は図14-7の**イ**のフォワードに相当する。

　なお、図14-7（p.416）の**ア**のような、サーバサイドの処理が単にサーブレットからJSPファイルへのフォワードだけの場合は、画面遷移図（図14-6、p.414）に加える情報がないため、基本アーキテクチャ図を作成しなくてもかまいません。

> ふー、これでやっとプログラミングできるなあ。せやけど、どこかにミスがないか心配やわ。

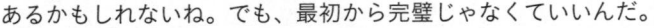

> あるかもしれないね。でも、最初から完璧じゃなくていいんだ。

　要件の策定や設計作業など、プログラミング前の作業を**上流工程**と呼びます。上流工程でミスをなくすのは経験豊富なエンジニアでもとても難しいものです。サーブレットやJSPを学んだばかりで完璧にこなすのは不可能でしょう。ですから、**ある程度の要件や設計ができて、プログラムを作り始められそうだなと感じたら、プログラミングの作業に入ってかまいません。**
　ただ、**プログラミングで要件や設計のミスに気づいたら、その都度、面倒**

がらずに修正しましょう。こうして修正の経験を繰り返し積んでいけば、上流工程のスキルが少しずつ身に付いていきます。

14.1節の最後でも言ったけど、修正すること自体が貴重な経験になるし、「どこをどうやって修正すればうまくいくか？」を考える過程こそがスキルを磨いてくれるよ。

14.3 プログラムを完成させよう

14.3.1 モデルの作成

いよいよプログラムを書いてログイン機能の完成だ！　よし、得意なJSPファイルから作ろうかな。

それでもいいけど、おすすめの順番を紹介しよう。

　これまで作成した画面遷移図（図14-6、p.414）と基本アーキテクチャ図（図14-8、p.417，図14-9、p.419）を参考にしながら、ログイン機能についてプログラミングを行います。

　プログラムを効率よく作成するには、やはり作成する順番が重要です。この節では、初心者にやさしいおすすめの順番でコードを紹介していきます。

① Entity クラスの作成

　まず、さまざまなクラスで使用されるEntityクラスから作成します。今回の場合、Loginクラス、Accountクラスが該当します（コード14-1、14-2）。

コード14-1 ログイン情報を表す Entity

```
                                                    Login.java
                                                （model パッケージ）
01  package model;
02
03  public class Login {
04      private String userId;
05      private String pass;
06      public Login(String userId, String pass) {
```

```
07        this.userId = userId;
08        this.pass = pass;
09      }
10      public String getUserId() { return userId; }
11      public String getPass() { return pass; }
12    }
```

コード14-2 ACCOUNTS テーブルのレコードを表す Entity

```
01  package model;                                          Account.java
                                                           (model パッケージ)
02
03  public class Account {
04    private String userId;
05    private String pass;
06    private String mail;
07    private String name;
08    private int age;
09
10    public Account(String userId, String pass, String mail,
             String name, int age) {
11      this.userId = userId;
12      this.pass = pass;
13      this.mail = mail;
14      this.name = name;
15      this.age = age;
16    }
17    public String getUserId() { return userId; }
18    public String getPass() { return pass; }
19    public String getMail() { return mail; }
20    public String getName() { return name; }
21    public int getAge() { return age; }
```

```
22  }
```

② DAO の作成

次に、DAOを作成します。今回はAccountsDAOが該当します（コード14-3）。

コード14-3 ACCOUNTS テーブルを担当する DAO

```
01  package dao;                                         AccountsDAO.java
                                                         (dao パッケージ)
02
03  import java.sql.Connection;
04  import java.sql.DriverManager;
05  import java.sql.PreparedStatement;
06  import java.sql.ResultSet;
07  import java.sql.SQLException;
08  import model.Account;
09  import model.Login;
10
11  public class AccountsDAO {
12    private final String JDBC_URL =
          "jdbc:h2:tcp://localhost/~/sukkiriShop";
13    private final String DB_USER = "sa";
14    private final String DB_PASS = "";
15
16    public Account findByLogin(Login login) {
17      Account account = null;
18      // JDBCドライバを読み込む
19      try {
20        Class.forName("org.h2.Driver");
21      } catch (ClassNotFoundException e) {
22        throw new IllegalStateException
            ("JDBCドライバを読み込めませんでした");
```

```java
23     }
24     // データベースへ接続
25     try (Connection conn = DriverManager.getConnection(
           JDBC_URL, DB_USER, DB_PASS)) {
26
27       // SELECT文を準備
28       String sql = "SELECT USER_ID, PASS, MAIL, NAME, AGE
             FROM ACCOUNTS WHERE USER_ID = ? AND PASS = ?";
29       PreparedStatement pStmt = conn.prepareStatement(sql);
30       pStmt.setString(1, login.getUserId());
31       pStmt.setString(2, login.getPass());
32
33       // SELECT文を実行し、結果表を取得
34       ResultSet rs = pStmt.executeQuery();
35
36       if (rs.next()) {
37         // ユーザーが存在したらデータを取得
38         // そのユーザーを表すAccountインスタンスを生成
39         String userId = rs.getString("USER_ID");
40         String pass = rs.getString("PASS");
41         String mail = rs.getString("MAIL");
42         String name = rs.getString("NAME");
43         int age = rs.getInt("AGE");
44         account = new Account(userId, pass, mail, name, age);
45       }
46     } catch (SQLException e) {
47       e.printStackTrace();
48       return null;
49     }
50
```

```
51      return account;
52    }
53 }
```

よしっ、DAOも完成！　コンパイルエラーも出てないし。菅原さん、次は何を作ればいいんですか？

次に進む前に、作ったDAOが本当に問題ないか、この段階でチェックしておこう。急がば回れ、だよ。

③ DAOのテスト

作成したDAOの動作をチェックするために、mainメソッドを持つクラスを用意します。mainメソッド内でDAOのインスタンスを生成してメソッドを呼び出し、その結果（戻り値やテーブルの状態）を確認します。今回のfindByLoginメソッドのように引数によって結果が変わる場合、すべての結果を確認できるように引数を変えてテストをします（コード14-4）。

コード14-4 AccountsDAOをテストするクラス

```
                                              AccountsDAOTest.java
                                                  (test パッケージ)
01 package test;
02
03 import model.Account;
04 import model.Login;
05 import dao.AccountsDAO;
06
07 public class AccountsDAOTest {
08   public static void main(String[] args) {
09     testFindByLoginOK(); // ユーザーが見つかる場合のテスト
10     testFindByLoginNG(); // ユーザーが見つからない場合のテスト
11   }
12   public static void testFindByLoginOK() {
```

chapter
14

```
13      Login login = new Login("minato", "1234");

14      AccountsDAO dao = new AccountsDAO();

15      Account result = dao.findByLogin(login);

16      if (result != null &&
            result.getUserId().equals("minato") &&
            result.getPass().equals("1234") &&
            result.getMail().equals("yusuke.minato@miyabilink.jp") &&
            result.getName().equals("湊 雄輔") &&
            result.getAge() == 23) {

17        System.out.println("testFindByLoginOK:成功しました");

18      } else {

19        System.out.println("testFindByLoginOK:失敗しました");

20      }

21    }

22    public static void testFindByLoginNG() {

23      Login login = new Login("minato", "12345");

24      AccountsDAO dao = new AccountsDAO();

25      Account result = dao.findByLogin(login);

26      if (result == null) {

27        System.out.println("testFindByLoginNG:成功しました");

28      } else {

29        System.out.println("testFindByLoginNG:失敗しました");

30      }

31    }

32  }
```

このAccountsDAOTestは、mainメソッドを持つクラスなので一般的なJava
のクラスとして実行可能です。Eclipseの場合、ファイルを選択して右クリッ
ク→「実行」→「Javaアプリケーション」を選択して実行します。

次のような結果が表示されたらテストは成功です。

```
testFindByLoginOK: 成功しました
testFindByLoginNG: 成功しました
```

　テストに失敗した場合は、データベース、またはLoginクラス、Account クラス、AccountsDAOクラスに問題があると考えられるので、これらを見直 します。

column

単体テストとJUnit

　コード14-4（p.425）で行ったDAOのテストのように、クラスのメソッドが正 しく作られているか確認するテストを「単体テスト」と呼びます。今回は使用し ていませんが、単体テストフレームワーク「JUnit」を用いれば、効率よく単体テ ストを実施できます。単体テストの詳しい手法やJUnitについては、『スッキリわ かるJava入門 実践編 第4版』で紹介しているので、興味があれば参照してくだ さい。

④ BOの作成

　次にBOを作成します。今回はLoginLogicクラスが該当します（コード14-5）。

コード14-5 ログイン処理を担当するBO

```
                                                         LoginLogic.java
                                                         (model パッケージ)
01  package model;
02
03  import dao.AccountsDAO;
04
05  public class LoginLogic {
06    public boolean execute(Login login) {
07      AccountsDAO dao = new AccountsDAO();
08      Account account = dao.findByLogin(login);
```

chapter
14

```
09      return account != null;
10    }
11  }
```

⑤ BOのテスト

DAO同様、④で作成したBOの動作を確認します。

コード14-6 LoginLogic をテストするクラス

```
                                                          LoginLogicTest.java
                                                          (test パッケージ)
01  package test;
02
03  import model.Login;
04  import model.LoginLogic;
05
06  public class LoginLogicTest {
07    public static void main(String[] args) {
08      testExecuteOK(); // ログイン成功のテスト
09      testExecuteNG(); // ログイン失敗のテスト
10    }
11    public static void testExecuteOK() {
12      Login login = new Login("minato", "1234");
13      LoginLogic bo = new LoginLogic();
14      boolean result = bo.execute(login);
15      if (result) {
16        System.out.println("testExecuteOK:成功しました");
17      } else {
18        System.out.println("testExecuteOK:失敗しました");
19      }
20    }
21    public static void testExecuteNG() {
22      Login login = new Login("minato", "12345");
```

```
23    LoginLogic bo = new LoginLogic();
24    boolean result = bo.execute(login);
25    if (!result) {
26      System.out.println("testExecuteNG:成功しました");
27    } else {
28      System.out.println("testExecuteNG:失敗しました");
29    }
30  }
31 }
```

このクラスを実行し、次のような結果が表示されたらテストは成功です。

```
testExecuteOK: 成功しました
testExecuteNG: 成功しました
```

テストに失敗した場合、LoginLogic クラスに問題があると考えられます。

さて、ここまででモデルが完成したよ。

モデルは一般的な Java のクラスなので、実行しやすくエラーも修正しやすいという特長があります。この特長を活かして、まずモデルから作成してテストを行い、内容を確実にします。なぜなら、この後にサーブレットクラスと連係してエラーが発生したとしても、原因の調査対象を絞れるからです。

作成したプログラムを一度に動作確認しようとすると大変だからね。こまめに行って、確実な箇所を少しずつ増やしていくんだ。

14.3.2 コントローラとビューの作成

ここからは、Web アプリケーション独自の部品、つまりサーブレットクラ

スと JSP ファイルを作っていきます。まずは、これらのスムーズな連係を目的として、画面遷移の完成のみを目指します。

⑥ 画面遷移の作成

サーブレットクラスと JSP ファイルの作成では、一度に完成させず、まず**画面遷移だけを先に作るのがポイント**です。また、画面遷移が分岐する場合、まずは基本のルートだけを実装します。今回の場合、ログインの成否で画面遷移が分岐しますから、「ログイン成功」を基本ルートとすればよいでしょう。

そして、サーブレットクラスには BO の呼び出しは記述せず、フォワードまたはリダイレクトの処理だけを書きます。また、JSP ファイルも画面遷移に必要最低限の内容のみを記述しておきます。

このように、画面遷移を先に完成させておくのは、ブラウザでプログラムを実行できるようにして、この後のテスト作業を容易にするためです。

コード14-7 トップに関するリクエストを処理するコントローラ （遷移のみ）

```
01  package servlet;
02
03  import java.io.IOException;
04  import jakarta.servlet.RequestDispatcher;
05  import jakarta.servlet.ServletException;
06  import jakarta.servlet.annotation.WebServlet;
07  import jakarta.servlet.http.HttpServlet;
08  import jakarta.servlet.http.HttpServletRequest;
09  import jakarta.servlet.http.HttpServletResponse;
10
11  @WebServlet("/WelcomeServlet")
12  public class WelcomeServlet extends HttpServlet {
13    private static final long serialVersionUID = 1L;
14
```

WelcomeServlet.java
(servlet パッケージ)

第Ⅴ部

430

```
15    protected void doGet(HttpServletRequest request,
         HttpServletResponse response)
         throws ServletException, IOException {
17      RequestDispatcher dispatcher = request.getRequestDispatcher(
           "WEB-INF/jsp/welcome.jsp");
18      dispatcher.forward(request, response);
19    }
20  }
```

コード14-8 トップ画面を出力するビュー

```
01  <%@ page language="java" contentType="text/html; charset=UTF-8"
02      pageEncoding="UTF-8" %>
03  <!DOCTYPE html>
04  <html>
05  <head>
06  <meta charset="UTF-8">
07  <title>スッキリ商店</title>
08  </head>
09  <body>
10  <ul>
11  <li><a href="LoginServlet">ログイン</a></li>
12  <li>ユーザー登録</li>
13  </ul>
14  </body>
15  </html>
```

ログインを制御するサーブレットは、前述したように、基本ルートである
ログイン成功時の画面遷移のみを実装します（次ページのコード14-9）。

コード14-9 ログインに関するリクエストを処理するコントローラ
（遷移のみ）

```java
01  package servlet;                                          LoginServlet.java
02                                                            (servlet パッケージ)
03  import java.io.IOException;
04  import jakarta.servlet.RequestDispatcher;
05  import jakarta.servlet.ServletException;
06  import jakarta.servlet.annotation.WebServlet;
07  import jakarta.servlet.http.HttpServlet;
08  import jakarta.servlet.http.HttpServletRequest;
09  import jakarta.servlet.http.HttpServletResponse;
10
11  @WebServlet("/LoginServlet")
12  public class LoginServlet extends HttpServlet {
13    private static final long serialVersionUID = 1L;
14
15    protected void doGet(HttpServletRequest request,
          HttpServletResponse response)
          throws ServletException, IOException {
16      RequestDispatcher dispatcher = request.getRequestDispatcher(
            "WEB-INF/jsp/login.jsp");
17      dispatcher.forward(request, response);
18    }
19    protected void doPost(HttpServletRequest request,
          HttpServletResponse response)
          throws ServletException, IOException {
20      RequestDispatcher dispatcher = request.getRequestDispatcher(
            "WEB-INF/jsp/loginOK.jsp");
21      dispatcher.forward(request, response);
22    }
23  }
```

コード14-10 ログイン画面を出力するビュー

login.jsp (src/main/webapp/WEB-INF/jsp ディレクトリ)

```
01  <%@ page language="java" contentType="text/html; charset=UTF-8"
02      pageEncoding="UTF-8" %>
03  <!DOCTYPE html>
04  <html>
05  <head>
06  <meta charset="UTF-8">
07  <title>スッキリ商店</title>
08  </head>
09  <body>
10  <form action="LoginServlet" method="post">
11  ユーザーID:<input type="text" name="userId"><br>
12  パスワード:<input type="password" name="pass"><br>
13  <input type="submit" value="ログイン">
14  </form>
15  </body>
16  </html>
```

　JSPファイルで、スコープに保存されている情報を出力する箇所がある場合、この段階ではダミーの情報を出力しておきます（コード14-11の10行目）。

コード14-11 ログイン成功画面を出力するビュー（ユーザーIDはダミー）

loginOK.jsp (src/main/webapp/WEB-INF/jsp ディレクトリ)

```
01  <%@ page language="java" contentType="text/html; charset=UTF-8"
02      pageEncoding="UTF-8" %>
03  <!DOCTYPE html>
04  <html>
05  <head>
06  <meta charset="UTF-8">
07  <title>スッキリ商店</title>
```

chapter
14

08	`</head>`
09	`<body>`
10	`<p>ようこそ{ユーザーID}さん</p>` ダミーのユーザーID
11	`<a href="WelcomeServlet">トップへ</a>`
12	`</body>`
13	`</html>`

⑦ 画面遷移のテスト

作成した画面遷移が正しく行われるか、ブラウザを使ってテストします。
「http://localhost:8080/sukkiriShop/WelcomeServlet」にリクエストするか、
Eclipseの実行機能で「WelcomeServlet」を実行して、図14-10のように画
面が遷移するのを確認しましょう。

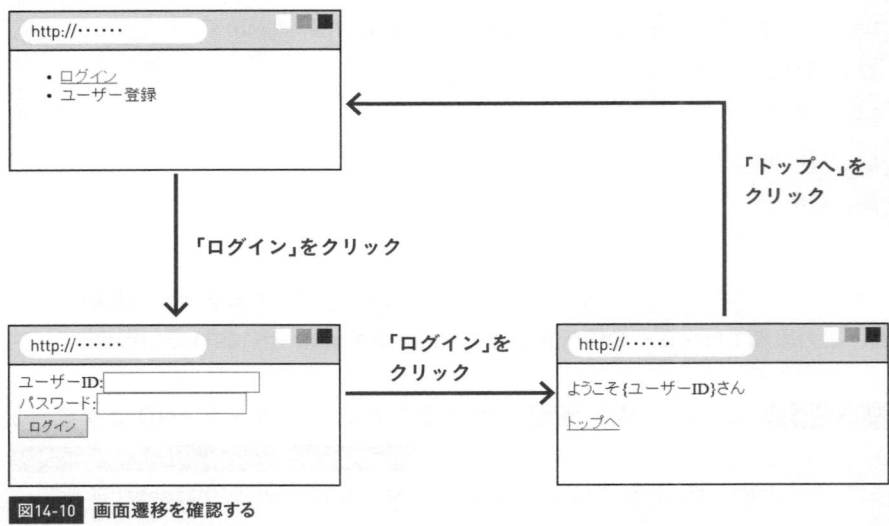

図14-10 画面遷移を確認する

14.3.3 コントローラとビューの仕上げ

⑧ サーブレットクラスの仕上げ

doGet()やdoPost()に、リクエストパラメータを取得する処理、BOを呼び

出す処理、スコープの処理などを追加して、サーブレットクラスを完成させます（コード14-12）。

　もし、一度に完成させるのが大変だと感じたら、少しずつ処理を追加しては実行し、問題が起きないことを確認しながら進めましょう。問題が起きた場合でも、14.3.1項でDAOとBOは完成しているので、これらは調査の対象から外せます。サーブレットに新しく追加した処理を中心に、問題の原因を探しましょう。

コード14-12 ログインに関するリクエストを処理するコントローラ

```java
01  package servlet;                                    LoginServlet.java
                                                        (servlet パッケージ)
02
03  import java.io.IOException;
04  import jakarta.servlet.RequestDispatcher;
05  import jakarta.servlet.ServletException;
06  import jakarta.servlet.annotation.WebServlet;
07  import jakarta.servlet.http.HttpServlet;
08  import jakarta.servlet.http.HttpServletRequest;
09  import jakarta.servlet.http.HttpServletResponse;
10  import jakarta.servlet.http.HttpSession;
11  import model.Login;
12  import model.LoginLogic;
13
14  @WebServlet("/LoginServlet")
15  public class LoginServlet extends HttpServlet {
16    private static final long serialVersionUID = 1L;
17
18    protected void doGet(HttpServletRequest request,
          HttpServletResponse response)
            throws ServletException, IOException {
19      // フォワード
20      RequestDispatcher dispatcher = request.getRequestDispatcher(
```

```java
            "WEB-INF/jsp/login.jsp");
21        dispatcher.forward(request, response);
22    }
23    protected void doPost(HttpServletRequest request,
          HttpServletResponse response)
          throws ServletException, IOException {
24        // リクエストパラメータの取得
25        request.setCharacterEncoding("UTF-8");
26        String userId = request.getParameter("userId");
27        String pass = request.getParameter("pass");
28
29        // ログイン処理の実行
30        Login login = new Login(userId, pass);
31        LoginLogic bo = new LoginLogic();
32        boolean result = bo.execute(login);
33
34        // ログイン処理の成否によって処理を分岐
35        if (result) { // ログイン成功時
36            // セッションスコープにユーザーIDを保存
37            HttpSession session = request.getSession();
38            session.setAttribute("userId", userId);
39            // フォワード
40            RequestDispatcher dispatcher =
                  request.getRequestDispatcher("WEB-INF/jsp/loginOK.jsp");
41            dispatcher.forward(request, response);
42        } else { // ログイン失敗時
43            // リダイレクト
44            response.sendRedirect("LoginServlet");
45        }
46    }
47 }
```

⑨ JSPファイルの仕上げ

　前項で作成したJSPファイル（コード14-11、p.433）に、スコープからインスタンスを取得する処理などを加えて完成させます（コード14-13）。開発現場で活かせる実践力を養うために、EL式やアクションタグなど、第Ⅳ部で学んだ知識や技術を使い、スクリプト要素（スクリプトレット、スクリプト式）の記述を避けましょう。

コード14-13 ログイン成功画面を出力するビュー

```
                        loginOK.jsp (src/main/webapp/WEB-INF/jsp ディレクトリ)
01  <%@ page language="java" contentType="text/html; charset=UTF-8"
02      pageEncoding="UTF-8" %>
03  <%@ taglib prefix="c" uri="jakarta.tags.core" %>
04  <!DOCTYPE html>
05  <html>
06  <head>
07  <meta charset="UTF-8">
08  <title>スッキリ商店</title>
09  </head>
10  <body>
11  <p>ようこそ<c:out value="${userId}" />さん</p>
12  <a href="WelcomeServlet">トップへ</a>
13  </body>
14  </html>
```

> ダミーのユーザーID だった部分を <c:out> タグに変更

⑩ 機能の動作確認

　開発した機能が要件を満たすか、画面遷移図どおりに遷移するか、などをブラウザを使って確認します。また、画面からさまざまな値を入力して実行し、意図どおりに動作するかを確認しましょう。

chapter
14

やった！　ログイン機能が完成したぞ！

お疲れさま。次の機能に進もう、と言いたいところだけど、本書での解説はここまで。あとは身に付けたことを活用して、自分たちだけでやってみてごらん。ポイントは拡張だよ。

　1つの機能が完成したら、次の機能に取りかかります。図14-3（p.408）で紹介したように、再び画面の設計から始めます。画面遷移図は、機能ごとに作成してもかまいませんが、前の工程で作成したものを拡張するほうが、Webシステムの全体像を確認しながら開発できるので、見落としを防げます。

画面遷移図を拡張する

2つ目以降の機能で作成する画面遷移図は、すでに作ったものを拡張するとよい。

　今回紹介した画面設計図や基本アーキテクチャ図には、厳密な記述のルールはありません。慣れてきたら、自分なりの書き方にアレンジして使いやすくしてください。

ようし！　教えてもらった方法を使って、アプリケーションをどんどん作るぞ！

機能が少ない簡単なアプリケーションでいいので、まずは手順に沿って作ることに慣れよう。

細かいところまできちんと決めなあかんことがわかったわ。繰り返しやって慣れていこ。

　アプリケーションを開発した経験がない、または少ないなら、今回紹介した手順に沿って、アプリケーション開発の経験を積みましょう。**完成度は低くてもいいので、まずはひととおり作ってみるのが大切**です。

もう少し経験を積んだら、プロジェクトに参加してもらうよ。一緒に開発できる日を楽しみに待っているからね。

はい、僕たちも楽しみです！　待っていてください！！

chapter
14

14.4 この章のまとめ

アプリケーションの要件

- アプリケーション開発の第一歩として、アプリケーションに求める機能とその仕様を決める。

アプリケーションの設計

- 設計は、要件をプログラムに落とし込めるよう細部まで決める作業である。
- 本格的な大規模開発向けには、さまざまな設計手法がある。
- まずは、小規模開発向けの簡易な手法から始め、経験の蓄積が重要である。

入門者向けの設計開発方法

- テーブル設計を行い、開発する機能の順序を決定する。
- 1つの機能について、次の手順で設計する。
  - ① 画面だけの画面遷移図を作成する。
  - ② 利用するサーブレットや JSP を画面遷移図に書き込む。
  - ③ サーブレットと JSP の連係内容を基本アーキテクチャ図にまとめる。
- 設計した機能について、次の手順で開発する。
  - ① Entity の作成
  - ② DAO の作成　　　③ DAO のテスト
  - ④ BO の作成　　　⑤ BO のテスト
  - ⑥ 画面遷移の作成　⑦ 画面遷移のテスト
  - ⑧ サーブレットクラスの仕上げ
  - ⑨ JSP ファイルの仕上げ
  - ⑩ 機能の動作確認
- 開発する順序に従って、ほかの機能の設計と開発を繰り返す。

第Ⅴ部

付録 A
エラー解決・虎の巻

Webアプリケーションの開発には、サーブレットクラスと
JSPファイルだけでなく、HTMLやSQL、
アプリケーションサーバなどさまざまな要素が絡みます。
そのため、エラーが起きたときに独力で原因を探り当てて
解決するのは難しい場合もあるでしょう。
この付録では、よく起きるエラーやトラブルと、
その対応方法を紹介します。
困ったときは、ぜひ参考にしてください。

contents

付録
A

A.1 〜 エラーとの上手な 付き合い方

A.1.1 エラー解決の3つのコツ

　プログラミングを学び始めて間もないうちは、作成したプログラムが思うように動かない場面も多いでしょう。1つのエラーの解決に長い時間がかかるかもしれませんが、誰もが通る道ですから自信をなくす必要はありません。

　しかし、その「誰もが通る道」を可能な限り効率よく駆け抜けて、エラーをすばやく解決できれば理想的です。

　幸いにも、**すばやくエラーを解決するにはコツがあります**。この節ではそのコツを、次節では具体的な状況別にエラーの対処方法を紹介します。

[コツ1]　エラーメッセージから逃げずに読む

　はじめのうちは、エラーが出ると、エラーメッセージをきちんと読まずに、思いつきでソースコードを修正してしまいがちです。しかし、**「どこの何が悪いのか」という情報は、エラーメッセージに書いてあります**。その貴重な手がかりを読まないのは、目隠しをして探し物をするのと同じです。上級者でも難しい「ノーヒント状態でのエラー解決」は、初心者にとっては至難の業でしょう。

　メッセージが英語、あるいは不親切な日本語でも、エラーメッセージはきちんと読みましょう。特に**英語の意味を調べる手間を惜しまないでください**。ほんの数分の手間で、その何倍も悩む時間を節約できる可能性さえあります。

[コツ2]　原因を理解して修正する

　エラーが発生した原因を理解しないまま、エラーの修正に取りかかってはいけません。原因がわからないままでは、いずれまた、同じエラーに悩まされます。理解に1時間かかるとしても、2度と同じエラーに悩まされないほうが合理的といえるでしょう。特に、原因を理解していなくても表面的にエ

ラーを解消してしまう、開発ツールや統合開発環境の「エラー修正支援機能」には注意が必要です。**初心者のうちはできるだけ、この機能を使わずに、自分でエラーに対応しましょう。**

[コツ3] エラーの発生と試行錯誤をチャンスと考える

熟練した開発者がすばやくエラーを解決できるのは、JavaやHTMLなどの文法に精通しているからという理由だけではありません。エラーを起こした失敗経験と、それを解決した成功経験の引き出しをたくさん持っている、つまり、「似たようなエラーで悩んだ経験があるから」なのです。

したがって、**エラー解決の上達には、たくさんのエラーに出会い、試行錯誤し、引き出しを1つずつ増やす過程が不可欠**です。誰もが避けたいと思う新しいエラーに直面して試行錯誤している時間こそ、最も成長している時間です。深く悩む場面や切羽詰まる状況もあるでしょうが、「自分は今、成長している」と考え、前向きに試行錯誤してください。

僕もいつもエラーが出るとイヤな気持ちになってました。でも、ポジティブに捉えればいいんですね。

そうだよ。熟練者も最初からエラー解決がうまかったわけじゃない。初心者が経験を積み重ねた結果、熟練していったんだよ。

以上の3つのコツで、**最も基本かつ重要なのが「エラーメッセージをきちんと読むこと」**です。しかし、「そもそもエラーメッセージの読み方がわからない」という初心者も多いでしょう。そこで、次項からはエラーメッセージの読み方を紹介します。

A.1.2 | Eclipseとコンパイルエラー

EclipseにはJavaのコンパイラが含まれており、コードを書いたり、上書き保存したりすると自動的にコンパイルされます。その際にコンパイルエラーがあると、次ページの図A-1の1つ目の画面のように、該当する行の先頭にはエラーを表す赤色のマーク、コンパイルエラーが起きた箇所には赤色の波線が表示されます（青枠で囲んだ部分）。

■コンパイルエラーがあると赤色のマークと波線が表示される

```
 53    request.setCharacterEncoding("UTF-8");
 54    String text = request.getParameter("text");
```

■コンパイルエラーのマークにマウスを重ねると、エラーメッセージが表示される

```
 52    // リクエストパラメーターの取得
 53    request.│メソッド setCharacterEncoding(String) は型 HttpServletRequest で未定義です│F-8");
 54    String text = request.getParameter("text");
```

■コンパイルエラーのマークをクリックすると、修正方法の候補が表示される

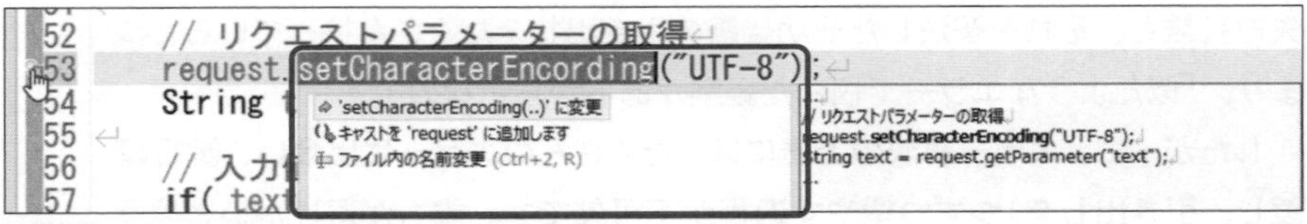

```
 52    // リクエストパラメーターの取得
 53    request.setCharacterEncoding("UTF-8");
 54    String ┌──────────────────────────────┐        // リクエストパラメーターの取得
 55         │ ◇ 'setCharacterEncoding(..)' に変更 │        request.setCharacterEncoding("UTF-8");
 56    // 入力│ ⓘ キャストを 'request' に追加します │        String text = request.getParameter("text");
 57    if( text│ ⇄ ファイル内の名前変更 (Ctrl+2, R)   │
             └──────────────────────────────┘
```

図A-1 Eclipseのコンパイルエラーと修正支援機能

　ソースコードの入力中に一時的に表示されるコンパイルエラーは気にする必要はありませんが、**保存時にコンパイルエラーが表示されたら解決する必要があります**。エラーの印の上にマウスポインタを重ねるとエラーメッセージが表示されるので、それを手がかりに原因を探り、解決していきます（図A-1、2つ目の画面）。

　前項で述べたように、Eclipseには「エラー修正支援機能」があり、エラーのマークをクリックするか、赤の波線の上にマウスポインタを重ねると、修正方法の候補がいくつか表示されます（図A-1、3つ目の画面）。その中から1つを選択すると、自動でその処理が行われエラーが解消されます。

　ただし、ぞんざいに修正候補を選択してしまうと、単にエラーが消えただけで根本的な解決になっていなかったり、余計にエラーを増やしてしまったりする可能性があります。エラー発生の理由を理解しないまま、**Eclipseが提示する修正候補を選択するのはやめましょう**（A.1.1項のコツ2）。

　Eclipseが表示する修正候補の意味がわからないのは、「エラーを起こした失敗経験と、それを解決した成功経験」が不足しているためです。まずは、自分でエラーを解決して成功経験をたくさん積みましょう。そうすれば、Eclipseのエラー修正支援機能をうまく活用できるようになります。

　なお、次ページの図A-2のように、コンパイルエラーではなく警告（黄色のマークと波線）が表示される場合もあります（青枠で囲んだ部分）。

警告のマーク ─── 波線で示された部分 ───

```
29    List<Mutter> mutterList = (List<Mutter>) context.getAttribute("mutterList");
30    if (mutterList == null) {
31      mutterList = new ArrayList<Mutter>();↵
32      context.setAttribute("mutterList", mutterList);↵
33    }↵
```

図A-2 警告

　警告も、コンパイルエラーと同じ操作でメッセージや修正方法を表示できます。ただし、**警告はコンパイルエラーではないので修正しなくても実行が可能です。**警告の表示を抑止したい場合は「@SuppressWarningsアノテーション」を使用します。（A.2.4項の**2**と**3**）。

A.1.3 スタックトレースの読み方

　プログラムの実行中に例外が発生し、最後までcatchされないと、「500ページ」が表示されます（図A-3）。

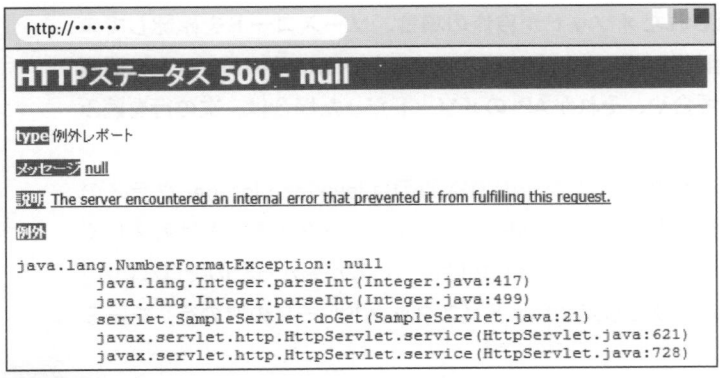

```
http://••••••

HTTPステータス 500 - null

type 例外レポート

メッセージ null

説明 The server encountered an internal error that prevented it from fulfilling this request.

例外
java.lang.NumberFormatException: null
        java.lang.Integer.parseInt(Integer.java:417)
        java.lang.Integer.parseInt(Integer.java:499)
        servlet.SampleServlet.doGet(SampleServlet.java:21)
        javax.servlet.http.HttpServlet.service(HttpServlet.java:621)
        javax.servlet.http.HttpServlet.service(HttpServlet.java:728)
```

図A-3 500ページ

　「500ページ」には**スタックトレース**が表示されており、エラーの原因を探るのに役立ちます（スタックトレースはEclipseのコンソールビューにも表示されます）。図A-3に表示されているスタックトレースを次に示します。

付録
A

```
java.lang.NumberFormatException: null          エラーの種類
    java.lang.Integer.parseInt(Integer.java:417)     エラーの直接原因
    java.lang.Integer.parseInt(Integer.java:499)     最も怪しむべき間接原因
    model.Sample.execute(Sample.java:6)          次に怪しむべき間接原因
    servlet.SampleServlet.doGet(SampleServlet.java:26)
    jakarta.servlet.http.HttpServlet.service(HttpServlet.java:621)
    jakarta.servlet.http.HttpServlet.service(HttpServlet.java:728)
```

　スタックトレースからエラーの原因を探るには、**まず先頭行を見て、発生したエラーの種類とメッセージを確認し、「何が起きたか」を把握します。**図A-3（p.445）の例では、NumberFormatException とあるため、「数値形式を期待された箇所でそれ以外のもの（null）を使用した」と推測できます。

　次に、**「どこで起きたか」を把握するために、次の行（字下げして表示されている最初の行）を見ます。**この行に記述があるクラスやメソッド内で今回のエラーが発生しており、直接の原因となった場所がわかります。

　この行に表示されたメソッドが自作の場合、ソースコードを確認してエラーの原因が判明すれば、それを修正します。しかし、そのメソッドに問題が見つからない場合や、それがAPIのメソッドだった場合は、次の行を読みます。

　たとえば、この例では、エラーの直接原因は java.lang.Integer クラスの parseInt メソッドです。しかし、APIのメソッドにバグがあるとは考えにくいので、「java.lang.Integer.parseInt()の呼び出し方が悪かったのではないか」と仮定して、その呼び出し元メソッド（スタックトレースの次の行）を読みます。

　そのように読み進めると、いずれ自作したクラスのメソッドが登場します。この例では、4行目に「model.Sample.execute(Sample.java:6)」とあり、これが自分で開発したクラスであるため、誤ったコードが含まれている可能性が比較的高いといえます。Sample.javaの6行目を確認し、エラーの原因が判明すれば、修正します。もしコードに問題がなければ、呼び出し元メソッドのコードに問題がないかを検証する作業を繰り返します。この例の場合は、execute()の呼び出し元である servlet.SampleServlet クラスの doGet() に問題がないかを検証します。

A.2 トラブルシューティング

A.2.1 リクエストしていないページや画面が表示される

■1 「404ページ」が表示される（その1）

症状 サーブレットクラスやJSPファイル、HTMLファイルを実行すると「HTTPステータス404」と書かれたページが表示される。

原因 リクエストしたファイルやサーブレットクラス、Webアプリケーションがアプリケーションサーバにありません。または、ファイルがWEB-INF配下にあります。

対応 リンクで実行した場合は `<a>` タグのhref属性、フォームで実行した場合は `<form>` タグのaction属性の値でURLの記述を確認します。URLに記述したWebアプリケーションの名前に問題がない場合は、以下を確認します。

- JSPファイルやHTMLファイルを実行した場合は、ファイル名（特に大文字・小文字の区別、つづりミス）、ファイルの配置されているディレクトリ（意図しないマウス操作などでファイルをWEB-INF配下に移動しているなど）。
- サーブレットクラスを実行した場合は、サーブレットクラスのURLパターン（@WebServletアノテーション）。

WEB-INF配下のJSPファイルを実行したい場合は、直接ではなく、そのJSPファイルにフォワードするサーブレットクラスを実行します。

参照 2.5.4、3.2.1、3.2.3、4.3.1、5.1.4各項

■2 「404ページ」が表示される（その2）

症状 フォワードまたはリダイレクトを行うサーブレットクラスを実行すると「HTTPステータス404」と書かれたページが表示される。

原因 実行したサーブレットクラスのフォワード先またはリダイレクト先がありません。

付録
A

| 対応 | フォワード先またはリダイレクト先の指定を修正します。 |

| 参照 | 6.2.2、6.2.6各項 |

3 「404ページ」が表示される（その3）

| 症状 | サーブレットクラスやJSPファイル、HTMLファイルを実行すると「HTTPステータス404」と書かれたページが表示される。 |

| 原因 | Eclipseのプロジェクトは、右クリックして「プロジェクトを閉じる」を選択すると、そのプロジェクトを使用不可にできます（図A-4）。この操作を意図せず行ってしまい、動的Webプロジェクトを閉じている可能性があります。 |

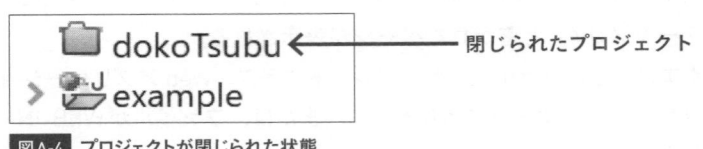

図A-4 プロジェクトが閉じられた状態

| 対応 | もしプロジェクトが閉じられていたら、プロジェクトを右クリックして「プロジェクトを開く」を選択して開きます。 |

4 「405ページ」が表示される

| 症状 | サーブレットクラスを実行すると「HTTPステータス405 - HTTPのXXXメソッドは、このURLではサポートされません」というメッセージが表示される（「XXX」はGETまたはPOST）。 |

| 原因 | リクエストしたサーブレットクラスに、リクエストメソッドに対応したメソッドが定義されていません。たとえば、Eclipseの「サーバーで実行」でサーブレットクラスを呼び出した場合、そのサーブレットクラスのURLがブラウザのアドレスバーに自動入力されてアクセスが行われます。このときのリクエストはGETとなるため、doPost()しか持たないサーブレットクラスでは405エラーが発生します。 |

| 対応 | 実行したサーブレットクラスに、メッセージの「XXX」の箇所がGETならdoGet()、POSTならdoPost()を定義します。なお、上記のとおりEclipseの実行機能では、doPost()しか持たないサーブレットクラスは呼び出せません。このようなサーブレットクラスは、POSTリクエストを送信するフォー |

ムを準備して実行する必要があります。

参照 5.2.2項

5 「500ページ」が表示される

症状 サーブレットクラスやJSPファイルを実行すると「HTTPステータス500」と書かれたページが表示される。

原因 リクエストされたサーブレットクラスやJSPファイルの実行中に、アプリケーションサーバ内部で問題が起きています。

対応 このページが表示される原因は数多くあるため、表示される情報（メッセージやスタックトレースなど）を手がかりに原因を探します。多くの場合は、catchされない例外の発生が原因です。その場合、発生した例外に対処します。A.2.5項では、よく起こる例外とその対処を紹介しているので参考にしてください。

参照 A.1.3、A.2.5各項

6 真っ白なページが表示される（その1）

症状 サーブレットクラスやJSPファイル、HTMLファイルを実行すると、真っ白なページが表示される。

原因 レスポンスされたHTMLに致命的な誤りがあり、ブラウザが内容を表示できません。

対応 正しいHTMLがレスポンスされるように修正します。レスポンスされたHTMLは、ブラウザの「ソースを表示する」機能で確認ができます。タグのつづりミス、タグやダブルクォーテーションの閉じ忘れ、全角の記号や全角スペースの記述などの原因が多いので、重点的に確認しましょう。

参照 1.1.2、1.3.5各項

7 真っ白なページが表示される（その2）

症状 サーブレットクラスを実行すると、真っ白なページが表示される。

原因 サーブレットクラスのdoGet()やdoPost()がHTMLを1文字も出力しないまま終了しています。具体的には、処理が書かれていないdoGet()やdoPost()をリクエストして実行した状況が考えられます。また、if文やswitch文でフォワード先を分岐している処理で、一致する条件がなくフォワードが行われていない場合もこの症状が発生します。

付録
A

対応 どのような状況でもHTMLを必ず出力するよう修正します。

8 真っ白なページが表示される（その3）

症状 サーブレットクラスやJSPファイルを実行すると、真っ白なページが表示される。

原因 レスポンスの処理中に例外が発生しています。

対応 Eclipseの「コンソール」ビューに表示されているスタックトレースを手がかりに原因を探して修正します。もしスタックトレースが出力されていない場合、例外をcatchしているにも関わらず、printStackTrace()を呼び出さずにエラーをもみ消している処理がないかを確認します。

参照 A.1.3項

9 ダウンロードの実行画面が表示される（ダウンロードが実行される）

症状 サーブレットクラスやJSPファイルを実行すると、ダウンロードの実行画面が表示される（図A-5）。

Eclipseの内部ブラウザの例

Google Chromeの例

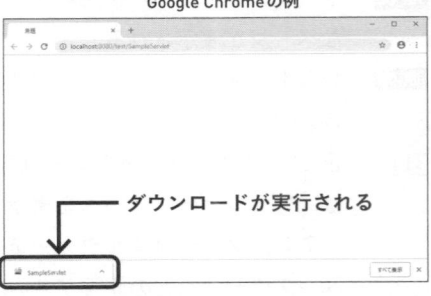

図A-5 ダウンロードの実行画面

原因 ブラウザが受け取ったcontent-typeが正しくありません。

対応 レスポンスのcontent-typeヘッダを修正します。特に「text/html」を「test/html」と記述してしまうなどのつづりミスが多いので注意しましょう。

参照 3.1.4項

10 「このサイトにアクセスできません」と書かれたページが表示される(Chrome)

症状 Google Chromeでサーブレットクラスや JSP ファイル、HTML ファイルを実行すると、ブラウザに「このサイトにアクセスできません」と書かれたページが表示される（図A-6）。

図A-6 「このサイトにアクセスできません」

原因 サーバが起動されていないか、リクエストしたサーバが存在しません。

対応 起動していない場合は、サーバを起動します。起動している場合は、URLに記述したサーバの指定に誤りがないかを確認します。特に「localhost」のつづりに注意しましょう。

11 「Webサイトはページを表示できません」と書かれたページが表示される(IE)

症状 Internet Explorerでサーブレットクラスや JSP ファイル、HTML ファイルを実行すると、「Webサイトはページを表示できません」と書かれたページが表示される（次ページの図A-7）。

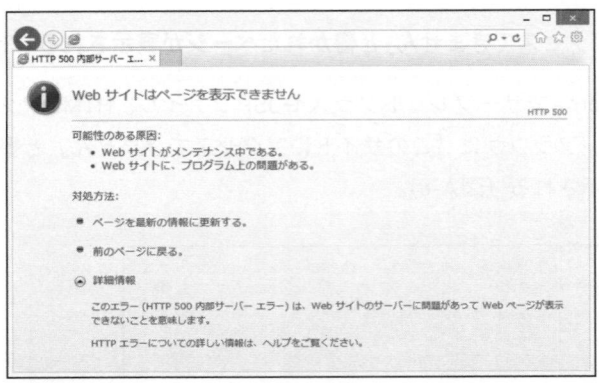

図A-7 「Webサイトはページを表示できません」

| 原因 | リクエストされたサーブレットクラスやJSPファイルの実行中に、アプリケーションサーバ内部で問題が起きています。通常は「500ページ」が表示されますが、何らかの理由でIEが「500ページ」ではなく上記の画面を表示する場合があります。 |

| 対応 | 「500ページ」が表示されたときと同じように対応します。 |

| 参照 | A.2.1項の**5** |

A.2.2 | サーバを起動できない

1 サーバを起動すると「ポートがすでに使用中」と表示される

| 症状 | Eclipseの「サーバービュー」でサーバを起動すると、「ローカル・ホストのTomcat vX.Xポートでいくつかのポート（8005,8080,8009）がすでに使用中です。このサーバーを始動するには、ほかのプロセスを停止するか、ポート番号を変更する必要があります。」と表示される（X.Xはバージョン番号）。 |

| 原因 | すでにサーバが起動されている状態でサーバを起動しています（サーバの二重起動）。サーバを停止せずにEclipseを強制終了した場合などに発生します。 |

| 対応 | 次の方法で起動中のサーバを停止します。 |

・Windowsの場合は、タスクマネージャーの「詳細」タブを選択し、「javaw.exe」を右クリックして「タスクの終了」を選択する。

・macOSの場合は、アクティビティモニタで「java」を終了する。

② サーバを起動すると「サーバー構成をロードできません」と表示される(その1)

症状 Eclipseの「サーバービュー」でサーバを起動すると、「¥Servers¥ローカル・ホストのTomcat vX.Xサーバー -config でのTomcatのサーバー構成をロードできませんでした。構成が破壊されているか不完全である可能性があります。」というメッセージを含む画面が表示される（X.Xはバージョン番号）。

原因 サーバの設定ファイル（server.xml）に誤りがあります。直接編集していない場合でも、server.xmlはEclipseによって書き換えられるため、適切でないEclipseの操作により、server.xmlの内容が壊れた可能性があります。

対応 Eclipseで使用するサーバを削除して作り直します。サーバを再作成した後は、動的Webプロジェクトを追加し直します。なお、専門知識が必要になりますが、server.xmlを直接修正する場合は以下の手順で行います。

　①「プロジェクト・エクスプローラービュー」のServers プロジェクト内の「ローカル・ホストのTomcat vX.Xサーバー-config」を開く（X.Xはバージョン番号）。

　②server.xmlを右クリックして「次で開く」→「テキストエディター」を選択する。

参照 Web付録

③ サーバを起動すると「サーバー構成をロードできません」と表示される(その2)

症状 Eclipseの「サーバービュー」でサーバを起動すると、「¥Servers¥ローカル・ホストのTomcat vX.Xサーバー -config でのTomcatのサーバー構成をロードできませんでした。サーバープロジェクトが閉じられています。」というメッセージを含む画面が表示される（X.Xはバージョン番号）。

原因 Servers プロジェクトが閉じられています。

対応 Servers プロジェクトを開きます。

参照 A.2.1項の③

④ サーバを起動すると「問題が発生しました」と表示される

付録
A

症状 Eclipseの「サーバービュー」でサーバを起動すると、「'開始中 ローカルホストのTomcatX(JavaX)' に問題が発生しました。サーバーローカルホストのTomcatX(JavaX) は始動に失敗しました。」と表示される（Xはバージョン号）。

原因　さまざまな原因が考えられますが、多くはURLパターンが重複している、ま
　　　たはURLパターン先頭の「/」が抜けていることが原因です。

対応　動的Webプロジェクトの中に、同じURLパターンを持つサーブレットクラ
　　　スが存在しないかを確認します。特に、コピーして作成したサーブレットク
　　　ラスがある場合、コピー元と同じURLパターンが設定されている可能性が
　　　高いため、重点的に確認します。同じURLパターンを持つサーブレットク
　　　ラスが見つかったら、@WebServletアノテーションを書き換えます。また、
　　　先頭に「/」が正しく入っているかを確認します。

参照　3.3.1項

5 「サーバービュー」が見つからない

症状　サーバを起動/停止したいが、「サーバービュー」が見つからない。

原因　「サーバービュー」が非表示になっています。

対応　「ウィンドウ」メニュー→「ビューの表示」→「その他」→「サーバー」→
　　　「サーバー」を選択して「サーバービュー」を表示します。

A.2.3　エラーは出ないが動作がおかしい

1 ファイルの内容を変更しても実行結果に反映されない（その1）

症状　サーブレットクラスやJSPファイル、HTMLファイルの内容を変更しても実
　　　行結果に反映されない。

原因　ファイルの内容が保存されていません。その場合、Eclipseのエディタ上部
　　　に表示されるファイル名に「*」が付いています。または、変更したファイ
　　　ルとは別のファイルを実行しています。

対応　ファイルが保存されていない場合はファイルを上書き保存します。保存さ
　　　れている場合、変更したファイルを実行しているかを確認します。

2 ファイルの内容を変更しても実行結果に反映されない（その2）

症状　サーブレットクラスやJSPファイル、HTMLファイルの内容を変更しても実
　　　行結果に反映されない。

原因　ブラウザのキャッシュが使用されています。

対応　ブラウザの更新ボタンをクリックします。それでも改善されない場合は、スー

パーリロードを行うか、キャッシュをクリアします。

3 サーブレットクラスの内容を変更しても実行結果に反映されない

症状 サーブレットクラスの変更が実行結果に反映されない。

原因 変更前に実行したサーブレットクラスのインスタンスが利用されています。または、Eclipseの設定で、ファイル保存時の自動ビルドが無効になっています。

対応 サーバを再起動します（オートリロード機能を有効にしている場合は、しばらく待ちます）。それでも反映されない場合は、プロジェクトのクリーン（「プロジェクト」メニュー→「クリーン」を選択）や、Tomcatディレクトリのクリーンを行います（「サーバービュー」で「ローカル・ホストのTomcat vX.Xサーバー」を右クリック（X.Xはバージョン番号）→「Tomcatワーク・ディレクトリをクリーン」を選択）。Eclipseの自動ビルドは、「プロジェクト」メニューの「自動的にビルド」にチェックを入れて有効化します。

参照 3.4.1項

4 JSPファイルの内容を変更しても実行結果に反映されない

症状 JSPファイルを変更しても実行結果に反映されない。

原因 通常、JSPファイルの変更はすぐ実行結果に反映されますが、まれにJSPファイルの更新日時がずれたために、更新が認識されず、実行結果にも反映されなくなる場合があります。または、Eclipseの設定で、ファイル保存時の自動ビルドが無効になっています。

対応 JSPファイルの更新を試します。反映されない場合は、プロジェクトのクリーン（「プロジェクト」メニュー→「クリーン」を選択）や、Tomcatディレクトリのクリーンを行います（「サーバービュー」で「ローカル・ホストのTomcat vX.Xサーバー」を右クリック（X.Xはバージョン番号）→「Tomcatワーク・ディレクトリをクリーン」を選択）。それでも解決しない場合は、次のディレクトリの中身を削除します（ディレクトリはEclipseのバージョンや設定によって変わる可能性があります）。

付録
A

```
<Pleiadesインストールディレクトリ>¥workspace¥.metadata¥.plugins¥org.
eclipse.wst.server.core¥tmp0¥work¥Catalina¥localhost¥<プロジェクト名>
```

```
¥org¥apache¥jsp
```

Eclipseの自動ビルドは、「プロジェクト」メニューの「自動的にビルド」に
チェックを入れて有効化します。

5 セッションスコープが新しく作成されない

症状 新しいセッションスコープを作成するサーブレットクラスまたはJSPファイ
ルを実行したのに、以前の実行時に作成したセッションスコープを取得し
てしまう。

原因 ブラウザに以前の実行時に設定されたセッションIDが残っています。

対応 ブラウザをすべて閉じてから実行します。

参照 8.3.2項

6 フォームの送信ボタンをクリックしてもリクエストされない

症状 フォームの送信ボタンを押してもリクエストされず、ページが変わらない。

原因 フォームが正しく作成されていません。

対応 フォームに関係するタグを確認して修正します。特に、次のようなミスをし
やすいので慎重に確認しましょう。
・formの終了タグの書き忘れ
・formタグのつづりミス（例：formをfromにするなど）
・action属性の書き忘れ
・全角のスペースや全角のダブルクォーテーションの記述
・formの範囲（formタグの開始から終了まで）の外側に送信ボタンを配置

参照 5.1.4項

7 リクエストパラメータの値が文字化けする

症状 リクエストパラメータの値を取得するためにHttpServletRequestの
getParameter()を使用すると、文字化けした文字列が返される。

原因 リクエストパラメータの文字コードが正しく指定されていません。

対応 getParameter()を使用する前に、HttpServletRequestのsetCharacter
Encoding()でリクエストパラメータの文字コード（送信元ページの文字コー
ド）を指定します。

参照 5.2.2、5.3.4各項

8 リクエストパラメータが取得できない

症状 リクエストパラメータの値を取得するためにHttpServletRequestの getParameter()を使用すると、nullが返される。

原因 getParameter()の引数で指定したリクエストパラメータが送信されていません。

対応 getParameter()の引数で指定した名前がフォームの部品の名前（name属性の値）と完全に一致しているかを確認します。一致している場合、フォームの部品のタグが正しいかを確認します。

参照 5.1.3、5.2.2、5.3.4各項

9 リスナーが実行されない

症状 対応するイベントが起きてもリスナーが実行されない。

原因 リスナーがアプリケーションサーバに登録されていません。

対応 リスナーに@WebListenerアノテーションを付与します。

参照 11.2.3項

10 フィルタが実行されない

症状 フィルタを設定したサーブレットクラスをリクエストしても、フィルタが実行されない。

原因 フィルタがアプリケーションサーバに登録されていません。

対応 フィルタに@WebFilterアノテーションを付与します。

参照 11.3.2項

A.2.4 Eclipseのエディタで警告／エラーが表示される

1 サーブレットクラスを新規作成すると、多数のエラーマークが表示される

症状 サーブレットクラスを作成すると、すぐにコンパイルエラーが発生し、import文をはじめとして多数の赤い波線が表示される。

原因 Eclipseのプロジェクトに「サーバーランタイム」が正しく設定されていません。特に、新しく作成したサーブレットクラスの冒頭に、「import javax. servlet.〜」のように「javax」の文字が含まれている場合、本書が前提とし

付録 A

ているバージョンとは異なるTomcatを利用している可能性があります。

対応　動的Webプロジェクトを作成し直します。

参照　Web付録

2 JavaBeansのクラスを作成すると警告が表示される

症状　JavaBeansのクラスを作成すると警告が表示され、「シリアライズ可能クラスXXXはlong型のstatic final serialVersionUIDフィールドを宣言していません。」というメッセージが表示される（XXXはクラス名）。

原因　直列化可能なクラスでの宣言が推奨されているserialVersionUIDフィールドが宣言されていません。

対応　警告を消すには、警告マークをクリックして「@SuppressWarnings 'serial'を'XXX'に追加します」を選択します（XXXはクラス名）。または、作成したクラスにserialVersionUIDフィールドを追加します。なお、このフィールドは警告マークをクリックして「デフォルト・シリアル・バージョンIDの追加」を選択すればEclipseが自動で追加します。

参照　7.1.3項

3 キャストを記述すると警告マークが表示される

症状　キャストを記述すると警告が表示され、「型の安全性：Objectから XXX<YYYY>への未検査キャスト」と表示される（XXXとYYYは型名）。

原因　Object型からジェネリクス（総称型）を利用した型へキャストしています。

対応　警告を消すには、警告マークをクリックして「@SuppressWarnings 'unchecked'を'XXX'に追加します」を選択します（XXXは変数名またはメソッド名）。JSPファイルの場合、警告マークをクリックしても修正の候補が表示されないため、次のようにコードの該当箇所に追加します。

```
@SuppressWarnings("unchecked")  ）──■追加
List<Mutter> mutterList =
    (List<Mutter>)application.getAttribute("mutterList");
```

参照　7.2.2項

4 taglibディレクティブにエラーのマークが表示される

症状 JSTLのCoreタグライブラリを使用するため、taglibディレクティブを記述するとコンパイルエラーとなり、「"jakarta.tags.core"のタグ・ライブラリー記述子が見つかりません」と表示される。

原因 JSTLのJARファイルが正しく配置されていません。

対応 JSTLのJARファイルをWEB-INF/libに配置します。それでも解決しない場合、taglibディレクティブの記述が正しいかを確認します。

参照 12.3.2項、Web付録

A.2.5 | 例外が発生する

1 ServletExceptionが発生する

症状 サーブレットクラスを実行するとServletExceptionが発生する。

原因 サーブレットクラスの実行中に問題が起きています。

対応 この例外が発生する原因は数多くあるため、「500ページ」やEclipseの「コンソールビュー」に表示される情報（メッセージやスタックトレースなど）を手がかりに原因を探して修正します。「500ページ」の「原因」の項目に例外が表示されている場合、その例外が原因でServletExceptionが発生しているので、対処します。

参照 A.1.3項

2 JasperExceptionが発生する

症状 JSPファイルを実行するとJasperExceptionが発生する。

原因 JSPファイルのコンパイルまたは実行中に問題が起きています。

対応 この例外が発生する原因は数多くあるため、「500ページや」Eclipseの「コンソールビュー」に表示される情報（メッセージやスタックトレースなど）を手がかりに原因を探して修正します。「500ページ」の「原因」の項目に例外が表示されている場合、その例外が原因でJasperExceptionが発生しているので、対処します。

付録
A

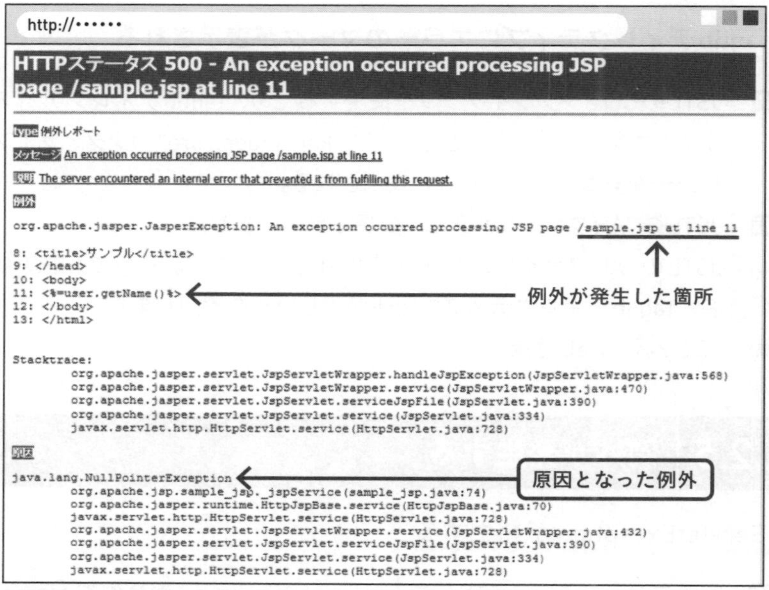

図A-8 JasperException の例

図A-8では、sample.jspの11行目でJasperExceptionが発生し、原因の箇所にNullPointerExceptionが表示されています。この場合、11行目でNullPointerException（本項の**6**）が発生したと考えて対処します。

参照 A.1.3項

3 JasperException ("jsp:param" 標準アクションが必要です) が発生する

症状 標準アクションタグを記述したJSPファイルを実行すると、JasperExceptionが発生して「"name"属性と "value" 属性を持つ "jsp:param" 標準アクションが必要です」というメッセージが表示される。

原因 記述した標準アクションタグが正しく閉じられていません。

対応 終了タグを追加するか、開始タグに「/」を追加してタグを閉じます。

参照 12.1.1項

4 IllegalStateException(レスポンスをコミットした後でフォワードできません)が発生する

症状 フォワードすると、IllegalStateExceptionが発生し「レスポンスをコミットした後でフォワードできません」というメッセージが表示される。

原因 レスポンスの実行後に、さらにレスポンスをしています。この例外は次のよ

うなコードが原因で発生します。

```
if (条件式) {
  RequestDispatcher dispatcher = request.getRequestDispatcher(
      "a.jsp");
  dispatcher.forward(request, response);
}
RequestDispatcher dispatcher = request.getRequestDispatcher("b.jsp");
dispatcher.forward(request, response);
```

フォワードの仕様では、フォワード実行後はフォワード元の処理は行われないとされています。しかし、Apache Tomcatはフォワード後もフォワード元に戻って続きを実行します。そのため、if文の条件式の結果がtrueの場合、a.jspへフォワード後にb.jspにもフォワードされてしまい、この例外が発生します。

対応 「500ページ」やEclipseの「コンソールビュー」に表示される情報（メッセージやスタックトレースなど）を手がかりに、この例外が発生した箇所を探して、レスポンスが2回実行されないように修正します。上のコードの場合は、次のように「return文」を入れるとこの問題を回避できます。

```
if (条件式) {
  RequestDispatcher dispatcher = request.getRequestDispatcher(
      "a.jsp");
  dispatcher.forward(request, response);
  return;  ——追加
}
RequestDispatcher dispatcher = request.getRequestDispatcher("b.jsp");
dispatcher.forward(request, response);
```

5 ClassCastException が発生する

症状 スコープからインスタンスを取得すると、ClassCastException が発生する。

原因 インスタンスのキャスト（型変換）に失敗しています。たとえば、セッショ

ンスコープに model.User インスタンスが属性名「user」で設定されている
場合、次のコードを実行すると発生します。

```
String user = (String)session.getAttribute("user");
```

対応　キャストで指定する型を次のいずれかにします。
　・getAttribute()で取得するインスタンスと同じ型
　・getAttribute()で取得するインスタンスのスーパークラスの型
　・getAttribute()で取得するインスタンスのインタフェースの型
参照　7.2.2、8.1.2、9.1.3各項

6 NullPointerException が発生する

症状　スコープから取得したインスタンスを利用すると、NullPointerExceptionが
　　　発生する。
原因　nullに対して、フィールドやメソッドの操作を行っています。たとえば、次
　　　のコードのように、セッションスコープに model.User インスタンスが属性
　　　名「user」で設定されているにも関わらず「User」で取り出そうとすると
　　　発生します。

```
User user = (User)session.getAttribute("User"); )─ nullが userに代入される
user.getName();
```

対応　getAttribute()の引数で指定する属性名は、setAttribute()の引数で指定した
　　　属性名と完全に一致させます。
参照　7.2.2、8.1.2、9.1.3各項

7 UnsupportedEncodingException が発生する

症状　サーブレットクラスや JSP ファイルを実行すると、UnsupportedEncoding
　　　Exception が発生する。
原因　Javaでサポートしていない文字コードを指定しています。多くの場合は、文
　　　字コードのつづりミスが原因です。

```
response.setContentType("text/html; charset=UFT-9"); )─ 「UTF-8」の誤り
```

| 対応 | Javaでサポートしている文字コードに修正します。 |

8 NotSerializableException が発生する

症状	サーバの起動時や実行中にNotSerializableExceptionが発生し、「永続記憶装置からセッションをロード中の例外です」と表示される。
原因	セッションスコープに保存したインスタンスの直列化に失敗しています。
対応	セッションスコープに保存するインスタンスは直列化可能にします。
参照	コラム「セッションスコープと直列化」（p.240）

9 ELException が発生する

| 症状 | EL式を含んだJSPファイルを実行すると、ELExceptionが発生する。 |
| 原因 | EL式に関係した問題が発生しています。多くの場合は、次のような誤ったEL式の記述が原因です。 |

```
${user.name        }を忘れている
```

| 対応 | メッセージを手がかりに、原因を探して問題を修正します。上のコードでは、次のメッセージが表示されます。 |

```
javax.el.ELException: Failed to parse the expression [${user.name]
```

| 参照 | 12.2.1項 |

10 PropertyNotFoundException が発生する

| 症状 | EL式を含んだJSPファイルを実行すると、PropertyNotFoundExceptionが発生する。 |
| 原因 | EL式で指定したインスタンスに必要なプロパティがありません。多くの場合は、getterの未定義が原因です。 |

```
${user.name}        属性名 "user" のインスタンスに getName() がない
```

| 対応 | EL式に指定したプロパティの名前が正しいかを確認します。正しい場合、EL式で指定したインスタンスのクラスにgetterを追加します。なお、エラー |

付録
A

メッセージから追加が必要なクラスとプロパティ名を確認できます。上の
コードでは、次のエラーメッセージが表示されます。

```
javax.el.PropertyNotFoundException: Property 'name' not found on type
model.User ⟩── model.User クラスに getName() を定義する
```

参照 12.2.1項

🔟 ClassNotFoundException が発生する

症状 JDBC ドライバを利用したプログラムを実行すると、ClassNotFoundException
が発生する。

原因 JDBC ドライバがクラスパスに追加されていません。

対応 src/main/webapp/WEB-INF/lib に JDBC ドライバが配置されているかを確
認します。

参照 13.1.2項、13.1.3項

A.2.6 | 例外が発生する（JdbcSQLException）

「JdbcSQLException」は java.sql.SQLException を継承しています。このクラスは
H2 Database の JDBC ドライバに含まれている例外クラスで、Java プログラムから
H2 Database を利用中に問題が起こると発生します。

本項で解説するトラブルシューティングは、H2 Database の使用を前提としてい
ます。

1 JdbcSQLException が発生する

症状 データベースを利用すると、JdbcSQLException が発生する。

原因 H2 Database の利用方法に誤りがあります。

対応 メッセージを手がかりに、原因を探して修正します。代表的なメッセージに
は、以下のものがあります。
・データベースが使用中です（本項2）
・ユーザー名またはパスワードが不正です（本項3）
・パラメータ "#x" がセットされていません（本項4）
・プリペアドステートメントにこのメソッドは許されていません（本項5）

- ・SQLステートメントに文法エラーがあります（本項**6**）
- ・テーブル "XXX" が見つかりません（本項**7**）
- ・列 "XXX" が見つかりません（本項**8**、**9**）
- ・データ変換中にエラーが発生しました（本項**10**）

2 JdbcSQLException（データベースが使用中）が発生する

症状 データベースに接続するためにDriverManagerのgetConnection()を使用すると、JdbcSQLExceptionが発生し、「データベースが使用中です」というメッセージが表示される。

原因 H2 Databaseが同時接続を許可しない「組み込み（Embedded）モード」の状態で稼働しており、ほかのJavaプログラムやアプリケーションがすでにデータベースに接続しています。

対応 H2コンソールで、H2 Databaseに接続しているJavaプログラムやアプリケーションを以下の手順で切断し、サーバーモードで起動し直します。
① 「設定」をクリックして「H2コンソール設定」を開く（図A-9左①）。
② 「アクティブセッション」項目の「シャットダウン」をクリックする（図A-9右②）。

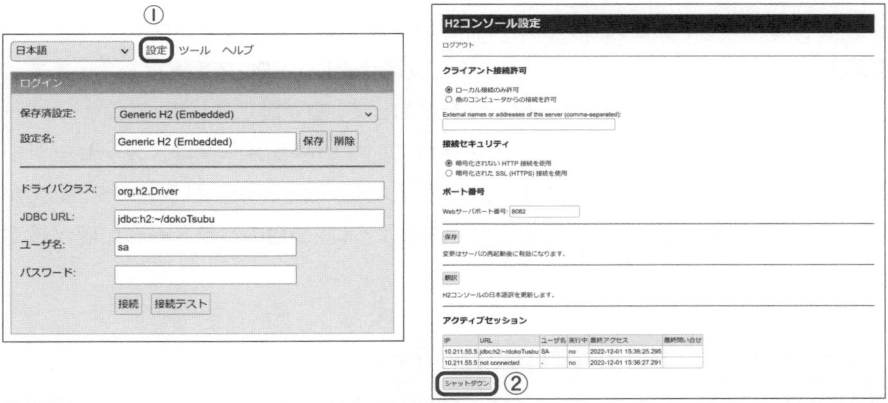

図A-9 「H2コンソール」でのアクティブセッションの切断

3 JdbcSQLException（ユーザー名またはパスワードが不正）が発生する

症状 データベースに接続するためにDriverManagerのgetConnection()を使用すると、JdbcSQLExceptionが発生し、「ユーザー名またはパスワードが不正

です」というメッセージが表示される。

原因 データベースに登録されていないユーザー名またはパスワードで接続しようとしています。

対応 DriverManager の getConnection() に指定しているユーザー名とパスワードを修正します。

```
Connection conn =
    DriverManager.getConnection(JDBC URL, ユーザ名, パスワード);
```
この部分を修正する

使用するユーザー名とパスワードはデータベースによって異なります。本書では、H2 Database に初期ユーザーとして登録されているユーザー「sa」（パスワードは設定がないため空文字「""」を指定）を使用しています。

参照 13.1.3項

４ JdbcSQLException（パラメータがセットされていません）が発生する

症状 SQL 文を実行するために PreparedStatement の executeQuery() または executeUpdate() を使用すると、JdbcSQLException が発生し、「パラメータ "#x" がセットされていません」というメッセージが表示される。

原因 SQL 文中のパラメータ「?」の値を設定せずに、SQL 文を実行しています。

対応 PreparedStatement の setXxx() を追加して、値が設定されていないパラメータに値を設定します。値が設定されていないパラメータは、メッセージ中の「"#x"」で確認できます。たとえば、メッセージが「パラメータ "#2" がセットされていません」の場合、次のように2つ目のパラメータに値が設定されていません。

```
String sql = "INSERT INTO MUTTERS(name, text) VALUES(?, ?)";
PreparedStatement pStmt = conn.prepareStatement(sql);
pStmt.setString(1, "湊 雄輔")    1つ目のパラメータのみ設定している
int result = pStmt.executeUpdate();
```

5 JdbcSQLException（このメソッドは許されていません）が発生する

症状 SQL文を実行するためにPreparedStatementのexecuteQuery()または executeUpdate()を使用すると、JdbcSQLExceptionが発生し、「プリペアド ステートメントにこのメソッドは許されていません」と表示される。

原因 PreparedStatementのexecuteQuery()またはexecuteUpdate()の引数に SQL文を指定しています。

対応 PreparedStatementのexecuteQuery()またはexecuteUpdate()の引数を削 除します。

6 JdbcSQLException（SQLステートメントに文法エラー）が発生する

症状 SQL文を実行するためにPreparedStatementのexecuteQuery()または executeUpdate()を使用すると、JdbcSQLExceptionが発生し、「SQLステー トメントに文法エラーがあります」というメッセージが表示される。

原因 PreparedStatementのexecuteQuery()またはexecuteUpdate()で実行した SQL文に文法エラーがあります。

対応 メッセージを参照して、SQL文を修正します。H2 Databaseの場合、次のよ うに誤りと判断された箇所に[*]が表示されます。

```
org.h2.jdbc.JdbcSQLException: SQLステートメントに文法エラーがあります
"SELECT NAME, TEXT FORM[*] MUTTER ORDER BY ID DESC "
                        └─ 「FROM」のつづりミス
```

7 JdbcSQLException（テーブル"XXX"が見つかりません）が発生する

症状 SQL文を実行するためにPreparedStatementのexecuteQuery()または executeUpdate()を使用すると、JdbcSQLExceptionが発生し、「テーブル "XXX"が見つかりません」と表示される（「XXX」はテーブル名）。

原因 接続先のデータベースが間違っているか、データベースにないテーブルを SQL文で指定しています。

対応 まず、DriverManagerのgetConnection()で指定する接続先データベースの 指定（JDBC URL）が正しいかを確認します（次ページの図A-10）。指定す べきJDBC URLは「H2コンソール」の画面で調べます。

付録
A

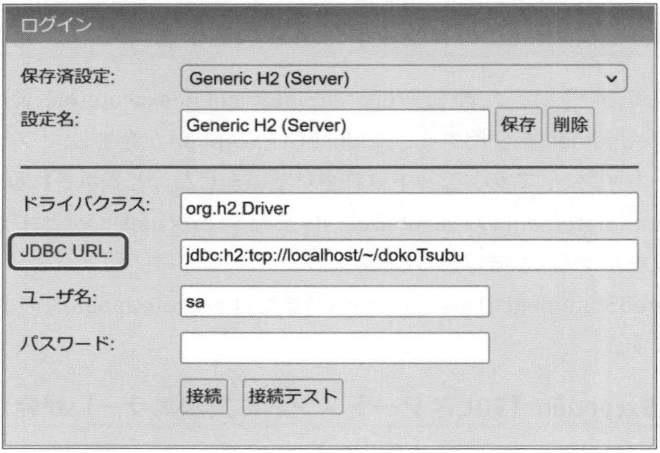

図A-10 JDBC URL

接続するデータベースに誤りがない場合、SQL文で指定したテーブル名に誤りがないかを確認します。

参照 13.1.3項

8 JdbcSQLException (列 "XXX" が見つかりません) が発生する (その1)

症状 SQL文を実行するためにPreparedStatementのexecuteQuery()または executeUpdate()を使用すると、JdbcSQLExceptionが発生し、「列 "XXX" が見つかりません」というメッセージが表示される (「XXX」は列名)。

原因 テーブルに存在しない列をSQL文で指定しています。

対応 SQL文で指定した列名に誤りがないかを確認します。

9 JdbcSQLException (列 "XXX" が見つかりません) が発生する (その2)

症状 SELECT文の結果を取得するためにResultSetのgetXxxメソッド (getString()やgetInt()など) を使用すると、JdbcSQLExceptionが発生し、「列 "XXX" が見つかりません」というメッセージが表示される (「XXX」は列名)。

原因 結果表にない列を取得しようとしています。

対応 ResultSetのgetXxxメソッドの引数で指定している列名に誤りがないかを確認します。

⑩ JdbcSQLException（データ変換中のエラー）が発生する

症状 SELECT文の結果を取得するためにResultSetのgetXxxメソッド（get
String()やgetInt()など）を使用すると、JdbcSQLExceptionが発生し、「デー
タ変換中にエラーが発生しました」というメッセージが表示される。

原因 ResultSetのgetXxxメソッドが、取得する列の型に対応していません。

対応 取得する列の型に対応するgetXxxメソッドを呼び出すよう修正します。た
とえば、取得する列の型が文字列型（VARCHAR、CHAR、TEXTなど）の場
合はgetString()、整数型（SMALLINT、INTなど）の場合はgetInt()を使用
します。

付録 B
補足

この付録では本編の補足的な内容を紹介します。
ひととおり学習を済ませた後に目を通して、
理解を深めるために役立ててください。

contents

付録
B

B.1 Jakarta EE の基礎知識

B.1.1 Jakarta EE と入手方法

Javaの学習にあたっては、一般的に Java SE（Standard Edition）を利用します。Java SE は、PC上で動くアプリケーションの作成に必要な機能を備えています。

しかし、本書で学習するサーブレットや JSP による Web アプリケーションを作成するには、Java SE に加えて **Jakarta EE（Enterprise Edition）** が必要です。Jakarta EE とは、企業の基幹システムのような大規模システムを開発するための機能を JavaSE とセットにしたもので、サーブレットと JSP は Jakarta EE に含まれる機能の1つです。

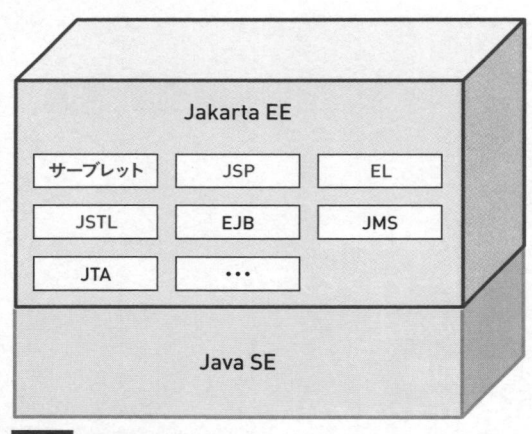

図 B-1 Jakarta EE と Java SE

Jakarta EE の機能はアプリケーションサーバが提供しています。 たとえば、本書で使用する Apache Tomcat をインストールすると、Jakarta EE の機能も利用できます。また、第2章の2.4節で紹介したように、Pleiades には Eclipse と Apache Tomcat が含まれています。Eclipse には、Java SE が付属しているため、**Pleiades をインストールすれば Java SE と Jakarta EE を準備できます。**

B.1.2 Jakarta EE の仕様と実装

前項で、アプリケーションサーバが Jakarta EE の機能を提供していると紹介しました。厳密には、Jakarta EE は仕様（規格）の集まりであり、アプリケーションサーバがそれを実現（実装）しているという図式です。そのため、アプリケーションサーバをインストールすることで Jakarta EE の機能が利用可能になるのです。

本書で使用している Apache Tomcat は、Jakarta EE のすべての仕様を実装していません。そのため、**Apache Tomcat では Jakarta EE の全機能を利用できるわけではありません**。たとえば、JSTL は Jakarta EE の仕様の一部ですが、Apache Tomcat は実装していないため、実装を追加しないと利用できません。

Jakarta EE のすべての仕様を実現しているアプリケーションサーバとして GlassFish（Eclipse 財団）、WebSphere Application Server Liberty（IBM 社）などが有名です。

column

Java EE から Jakarta EE へ

　Jakarta EE は以前は Java EE と呼ばれており、オラクル社がその仕様をとりまとめていましたが、2018年2月に Eclipse 財団に移管され、名称が Java EE から Jakarta EE に変更されました。

　2019年に Jakarta EE8、2020年に Jakarta EE9 がリリースされましたが、大きな機能追加はなかったため移行によるトラブルを危惧して、長年使用してきた Java EE を使用するプロジェクトも少なくありませんでした。しかし、2022年9月にリリースされた Jakarta EE10 では新機能が追加される本格的なバージョンアップが行われました。主要ベンダーの Jakarta EE10 対応も進んでおり、今後は Jakarta EE が主流となると思われます。

　Jakarta EE9 以降は長年使われてきた Java EE と互換性がなく、本書で使用している Tomcat10.1 は Java EE には対応していません。Java EE 対応での開発については、『スッキリわかるサーブレット＆JSP入門 第3版』を参照してください。

付録
B

B.1.3 | サーブレットと JSP のバージョン

サーブレットと JSP にはバージョンがあります。バージョンが異なれば、使用できる機能や構文も異なります。たとえば、**フィルタはサーブレット2.3以降、リスナーはサーブレット2.4以降、EL式は JSP 2.0以降で利用できます。**

使用するバージョンは、アプリケーションサーバによって決まります（表B-1）。たとえば、本書で使用している Apache Tomcat の10.1.xでは、サーブレットのバージョンは6.0、JSPのバージョンは3.1です。なお、Apache Tomcat 10.1.xの利用には、Java SE のバージョンが11以上である必要があります。

表B-1 Apache Tomcat のバージョンに対応するサーブレット／JSPのバージョン

Apache Tomcat の バージョン	サーブレットの バージョン	JSP のバージョン	サポートしている Java SE のバージョン
10.1.x	6.0	3.1	11 以上
10.0.x	5.0	3.0	8 以上
9.0.x	4.0		
8.5.x	3.1	2.3	7 以上
8.0.x			
7.0.x	3.0	2.2	6 以上
6.0.x	2.5	2.1	5 以上
5.5.x	2.4	2.0	1.4 以上
4.1.x	2.3	1.2	1.3 以上
3.3.x	2.1	1.1	1.1 以上

学習目的の環境では最新バージョンのアプリケーションサーバを使用できますが、開発現場では常に最新バージョンを使うとは限りません。むしろ、稼働安定性などの理由から少し古いバージョンを使用する場合も多いようです。**業務としての開発に参加する場合は、サーブレットやJSPのバージョンを必ず確認しましょう。**

B.2 Webアプリケーションと デプロイ

B.2.1 ディレクトリ構成の違い

　アプリケーションサーバは、Jakarta EEの仕様が定めるディレクトリ構成に従ってファイルを配置したWebアプリケーションのみを稼働できます（図B-2）。

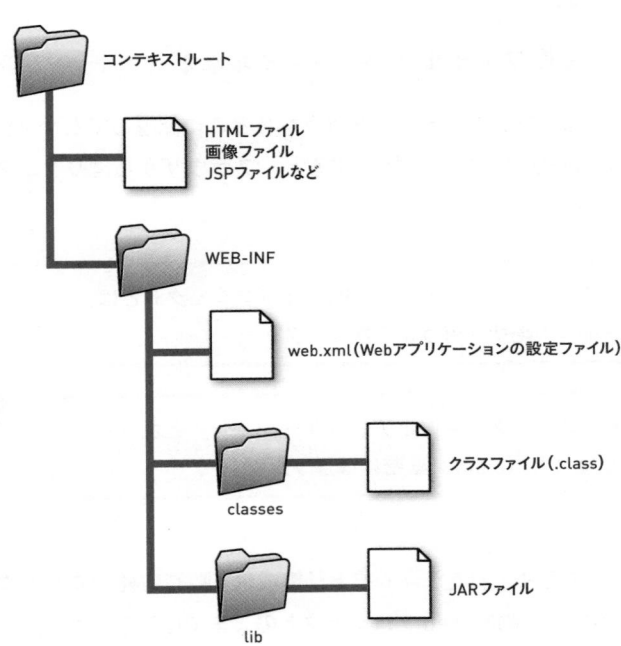

図B-2 Jakarta EE仕様が定めるWebアプリケーションのディレクトリ構成

　Webアプリケーションの最上位のディレクトリを**コンテキストルート**と呼びます。このコンテキストルート以下に、Webアプリケーションに関する次のファイル群を決められた構成で配置します。

付録 B

web.xml

Webアプリケーションの設定ファイルです。WEB-INF直下に配置します。本書では使用していません。

Javaのクラスファイル

サーブレットクラスや通常のクラスをコンパイルして得られるクラスファイル（拡張子が「.class」のファイル）は、WEB-INF/classesに配置します。

JARファイル

JSTLのタグライブラリなどで利用するJARファイルは、WEB-INF/libに配置します（JARファイルについてはB.2.3項で解説）。なお、クラスパスは自動的に通ります。

HTMLファイル／画像ファイル／JSPファイルなど

これらのファイルはコンテキストルート以下ならどこに配置してもかまいません。ただし、WEB-INF以下に配置すると、ブラウザからはリクエストできなくなります。

あれ？　今まで作ってきた動的Webプロジェクトとは、クラスファイルの場所が違うような……？

「動的Webプロジェクト＝Webアプリケーション」とざっくりと紹介したけれど（p.64）、厳密には違うんだ。

Jakarta EEの仕様で定められたディレクトリ構成は、動的Webプロジェクトのものとは異なるため、動的Webプロジェクトのままではアプリケーションサーバ上で実行できません。

そこでEclipseでは、サーバ起動などのタイミングで、**動的WebプロジェクトからJakarta EEの仕様に従ったディレクトリ構成を別に作り**、それを実行しています（次ページの図B-3）。

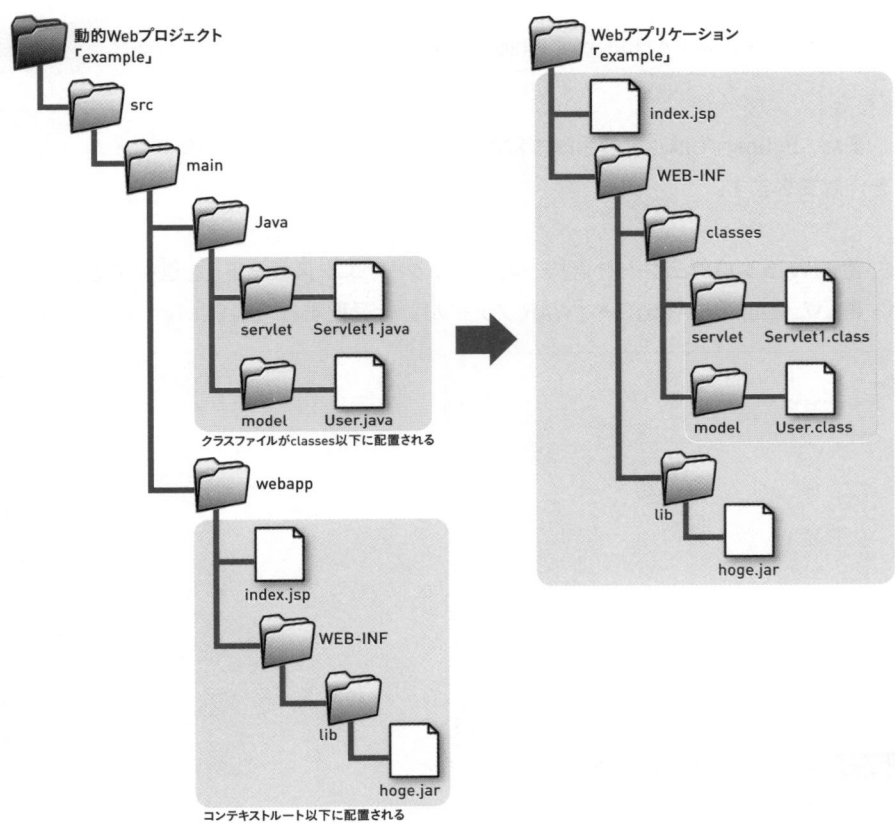

クラスファイルがclasses以下に配置される

コンテキストルート以下に配置される

図B-3 動的WebプロジェクトとWebアプリケーションのディレクトリ構成

B.2.2 | デプロイとWARファイル

　Webアプリケーションをアプリケーションサーバに登録して利用できるようにすることを**デプロイ（配備）**といいます。ざっくりいえば、アプリケーションサーバにWebアプリケーションをインストールする作業です。

　デプロイするWebアプリケーションは、図B-2のディレクトリ構成のままでもかまいませんが、一般的には単一の**WAR（Web Application Resources）ファイル**にまとめます。このファイルはJDKが標準で提供するjarコマンドで作成できます。たとえば、C:¥workにあるWebアプリケーション「example」をWARファイルにする場合、コマンドプロンプトなどで次のように実行します。

付録
B

```
C:¥work¥example>jar cvf example.war *
```

　また、Eclipseでは、次の手順で動的WebプロジェクトからWARファイル
を作成できます。

① 動的Webプロジェクトを選択→右クリック→「エクスポート」を選択する。
② 開いた画面で「Web」→「WARファイル」を選択する（図B-4）。

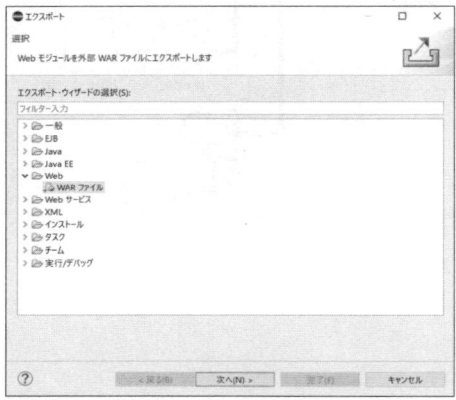

図B-4 WARファイルの出力形式を選択

③ 開いた画面で、宛先の「参照」ボタンを押し、WARファイルの出力先を
　 指定して、「完了」ボタンを押す（図B-5）。

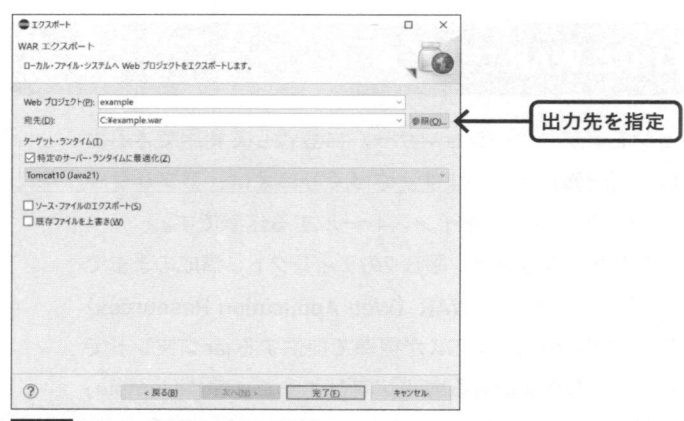

図B-5 WARファイルの出力先を指定

WARファイルをデプロイする方法はアプリケーションサーバによって違いますが、一般的には次に挙げる2つの方法のどちらかで行います。

Webアプリケーション管理ツール

アプリケーションサーバに付属しているWebアプリケーションの管理ツールを利用する方法です。たとえば、Apache Tomcatには「Tomcat Webアプリケーションマネージャ」が付属しており、デプロイやデプロイの解除をブラウザ上で操作できます（図B-6）。

ツールの機能や使い方は製品によって異なるので、マニュアルを参照してください。

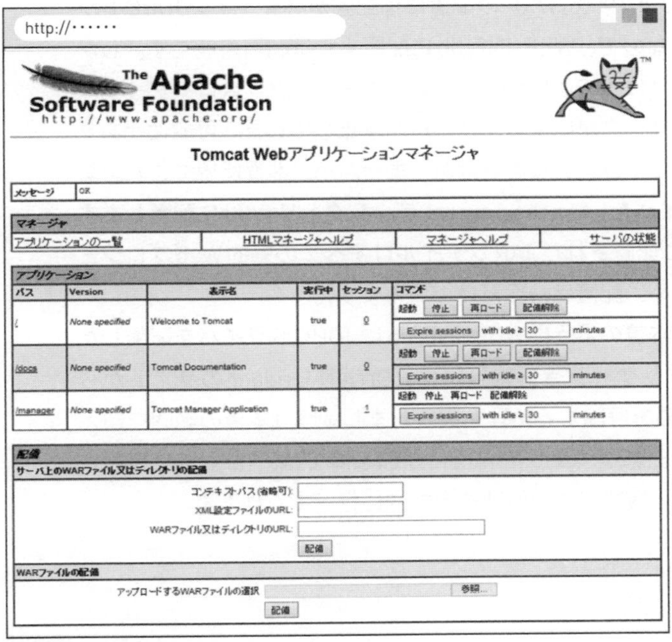

図B-6 Tomcat Webアプリケーションマネージャ

ホットデプロイ機能

アプリケーションサーバが定める特定のディレクトリにWARファイルを配置するだけで、自動的にデプロイされる機能を利用する方法です。WARファイルを配置するディレクトリは製品により異なりますが、Apache Tomcatでは<Apache Tomcatディレクトリ>¥webappsが初期設定されています。

B.2.3 | JARファイルとJDBCドライバによる注意点

JARファイルとは、クラスやインタフェースをまとめて格納したファイルです。JARファイルをクラスパスに追加すると、JARファイルに格納されているクラスやインタフェースを利用できます。

Eclipseでは、JARファイルをプロジェクトの「ビルドパス」に追加すれば、そのプロジェクトでJARファイルの内容を利用できます。動的Webプロジェクトの場合、**WEB-INF/lib以下にJARファイルを配置すると自動的にプロジェクトのビルドパスに追加されます**（B.2.1項）。

ただし、JDBCドライバ（p.373）の配置には配慮が必要です。JDBCドライバもJARファイルなので、WEB-INF/libに配置すれば利用可能です。しかし、このディレクトリにJDBCドライバを配置すると、クラスローダーリークと呼ばれるメモリリークが発生し、サーバが停止してしまう可能性があります。学習目的の環境では大きな影響はありませんが、本番環境でこれを防ぐには、**JDBCドライバを <Apache Tomcat ディレクトリ>/lib に配置します**（このディレクトリに配置されたJARファイルはすべての動的Webプロジェクトで使用できるため、配置は一度だけで済みます）。

もし、どうしても本書のようにWEB-INF/libにJDBCドライバを配置したい場合は、Webアプリケーション終了時に、DriverManagerのリストからJDBCドライバの登録を解除する処理を実装しましょう（本書の範囲を超えるため実例は割愛します）。なお、Tomcat6.0.24以降では、Tomcatに搭載されたメモリリーク防止機能がこの処理を自動的に行ってくれます。

B.3 $\big\{$ リクエスト先の指定

B.3.1 3種類の指定方法

第1章で紹介したリンク、第5章で紹介したフォーム、第6章で紹介したリダイレクトでは、次のようにリクエスト先のURLを指定する必要があります。

リンク先の指定

```
<a href="リクエスト先">…</a>
```

フォーム送信先の指定

```
<form action="リクエスト先">…</form>
```

リダイレクト先の指定

```
response.sendRedirect ("リクエスト先") ;
```

この「リクエスト先URL」を記述するには、次の3つの方法があります。

① 絶対URL
② 相対URL（本書で主に採用している方法）
③ ルート相対URL

本書では主に②の方法で指定していますが、それぞれ一長一短があるので、どの方法でもリクエスト先を指定できるようにするとよいでしょう。

B.3.2 絶対URLによる指定方法

「http://〜」から始まる**完全なURLでリクエスト先を指定する**方法です。ブラウザでサーブレットクラスやJSPファイルをリクエストするときに、アド

レスバーに指定する URL をそのまま記述します。

 絶対 URL の書式

> http://<サーバ>/<アプリケーション名>/<パス>

※ <パス>の記述はリクエスト先によって異なる。
- ・サーブレットクラスの場合 ：URL パターン
- ・JSP ／ HTML ファイルの場合 ：webapp からのパス

絶対 URL による指定の例

```
<a href= "http://localhost:8080/exmaple/SampleServlet">リンク</a>
```

ほかの方法に比べて記述が長くなりますが、リクエスト先のサーバを指定
できるので、**リクエスト元と異なるサーバに対してリクエストできます**。

B.3.3 | 相対 URL による指定方法

リクエスト元の URL を基準にしてリクエスト先を指定する方法です。

 相対 URL の書式

> <リクエスト元の URL を基準にしたパス>

次ページの図 B-7 は、リクエスト元を「http://localhost:8080/example/
index.jsp」とした場合に、書き方の違いによるリクエスト先の変化を表して
います。

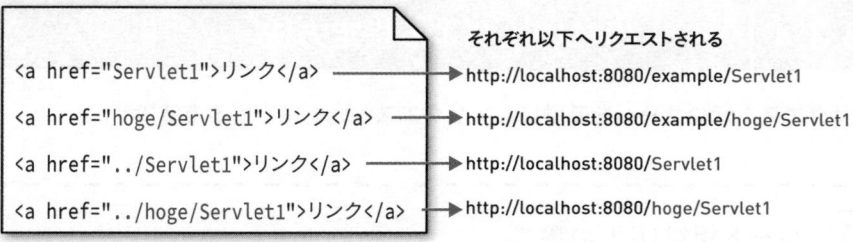

基準URL：http://localhost:8080/example/index.jsp

それぞれ以下へリクエストされる

`<a href="Servlet1">リンク</a>` ──→ http://localhost:8080/example/Servlet1

`<a href="hoge/Servlet1">リンク</a>` ──→ http://localhost:8080/example/hoge/Servlet1

`<a href="../Servlet1">リンク</a>` ──→ http://localhost:8080/Servlet1

`<a href="../hoge/Servlet1">リンク</a>` ──→ http://localhost:8080/hoge/Servlet1

図B-7 相対URLによる指定の例

　なお、JSPファイルがサーブレットクラスからフォワードされている場合、サーブレットクラスのURLが基準になるので注意しましょう（図B-8）。

■サーブレットクラスのURLが「http://localhost:8080/example/Servlet1」の場合

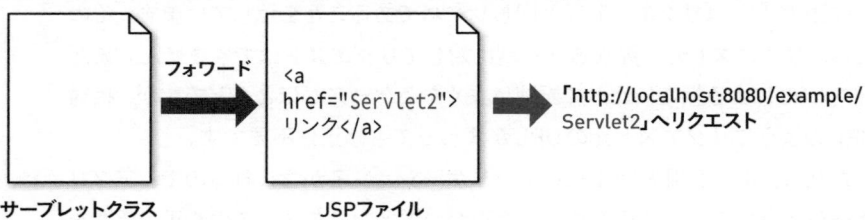

■サーブレットクラスのURLが「http://localhost:8080/example/hoge/Servlet1」の場合

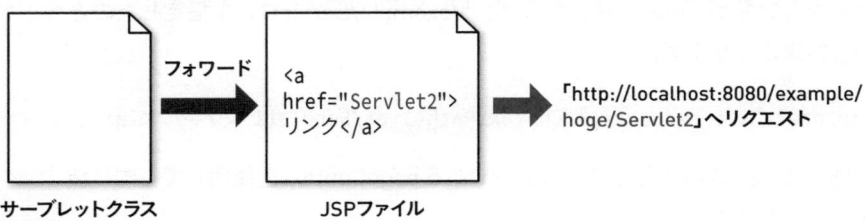

図B-8 フォワードによる相対URLへの影響

　絶対URLによる指定に比べて記述は短くなりますが、**リクエスト元と異なるサーバに対してリクエストはできません**。また、リクエスト元URLの変更に伴い、リクエスト先の修正が必要になる場合があります。

付録
B

B.3.4 ルート相対 URL による指定方法

リクエスト元のサーバを基準にしてリクエスト先を指定する方法です。

 ルート相対 URL の書式

/<アプリケーション名>/<パス>

※ 先頭は「/」から始める。
※ <パス>の記述はリクエスト先によって異なる。
　・サーブレットクラスの場合　　：URLパターン
　・JSP ／ HTML ファイルの場合　：webapp からのパス

　先頭の「/」はリクエスト元と同じサーバであることを示しています。その
ため、**リクエスト元と異なるサーバに対してリクエストはできません**。また、
相対 URL による指定に比べて記述は長くなるケースがほとんどですが、相対
URL のようにリクエスト元の URL が変わっても修正は不要です。

　ただし、ルート相対 URL にはアプリケーション名が含まれるので、アプリ
ケーションの名前が変更されると修正が必要となります。この修正の手間を
省くには、次のように、「/アプリケーション名」を返す HttpServletRequest の
getContextPath メソッドを使用するとよいでしょう。リクエスト元のアプリ
ケーション名が「example」ならば、「/example/Servlet1」を指定したのと
同じ結果になります。

```
<a href="<%= request.getContextPath() %>/Servlet1">リンク</a>
```

　同様に、EL 式の暗黙オブジェクトである pageContext を使用しても同じ結
果を得られます。

```
<a href="${pageContext.request.contextPath}/Servlet1">リンク</a>
```

B.4 SQL の基礎知識

B.4.1 テーブルを作成する

データベースにテーブルを作成するには、CREATE TABLE文を使用します。

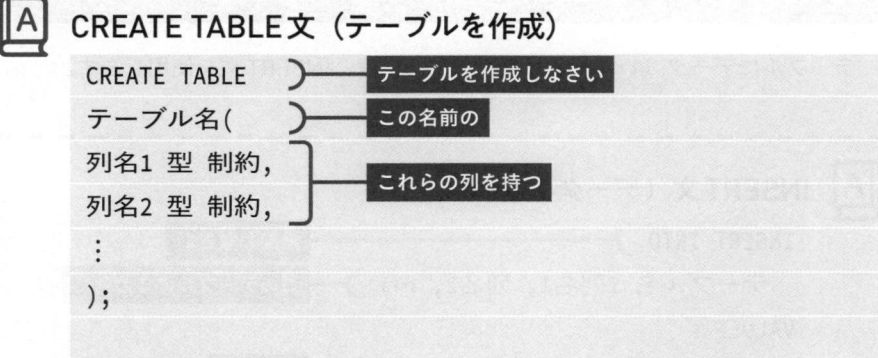

Ⓐ CREATE TABLE文（テーブルを作成）

```
CREATE TABLE          ──→ テーブルを作成しなさい
テーブル名(            ──→ この名前の
列名1 型 制約,
列名2 型 制約,        ──→ これらの列を持つ
 ⋮
);
```

※「型」で、列に格納できる値の種類（整数、文字列、日付など）を指定する。
※「制約」を指定すると、格納する値を制限できる。

たとえば、ID・NAME・AGEの3つの列を持つEMPLOYEESテーブル（図13-3、p.371）を作成するCREATE TABLE文は、次のようになります。

```
CREATE TABLE EMPLOYEES (
  ID   CHAR(6) PRIMARY KEY,
  NAME VARCHAR(100) NOT NULL,
  AGE  INT NOT NULL
);
```

型と制約によって、このテーブルの各列に格納できる値は次のとおりです。

付録
B

- ID列　：常に6桁の文字列。ほかのレコードと重複する値やNULL（空）は不可。
- NAME列　　：最大100桁の文字列。NULLは不可。
- AGE列　　：整数。NULLは不可。

　ID列の値には重複が許されないので、この列の値を指定すると、あるレコードを完全に特定できます。このような列のことを主キーといいます。一般的には、データを効率よく検索するために、テーブルには主キーとなる列を持たせます。

B.4.2 データを追加する

　テーブルにデータ（レコード）を追加するには、INSERT文を使用します。

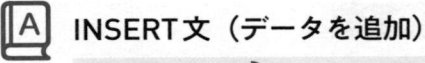
A INSERT文（データを追加）

INSERT INTO)———————————————— 追加しなさい
　テーブル名（列名1，列名2，…）)——— このテーブルのこの列に
VALUES
　（ 列名1の値，列名2の値，…）;)—— この値を

※ 値が文字列の場合はシングルクォーテーションで囲む。

　たとえば、EMPLOYEESテーブルにデータを追加するINSERT文を示します。

```
INSERT INTO EMPLOYEES (ID, NAME, AGE)
          VALUES ('EMP001', '湊 雄輔', 23);
INSERT INTO EMPLOYEES (ID, NAME, AGE)
          VALUES ('EMP002', '綾部 めぐみ', 22);
```

B.4.3 | データを検索する

テーブルのデータを検索するには、SELECT文を使用します。

📖 A SELECT文（データを検索）

SELECT ⟩	取得しなさい
列名1, 列名2, … ⟩	この列の値を
FROM テーブル名; ⟩	このテーブルから

※ 列名に「*」（アスタリスク）指定すると、すべての列の値を取得する。

たとえば、EMPLOYEESテーブルの全データを検索するSELECT文（図13-4、p.372）は、次のようになります。

```
SELECT ID, NAME, AGE FROM EMPLOYEES;
```

B.5 セキュリティリスクへの対応

本書では、Webアプリケーション開発への第一歩に焦点を当てているため、セキュリティに関連する話題をほとんど取り上げていません。しかし、現代では、Webアプリケーションを作成するにあたってセキュリティの知識は欠かせません。そこで本節では、代表的なサイバー攻撃とその対策の概要を入門者向けに紹介します。

B.5.1 SQLインジェクション

Webページの検索ボックスや入力フォームに、データベースを不正に操作する命令を入力される攻撃です。SQL文の組み立て処理に問題がある場合、データの改ざんや漏えいなどの被害が予想されます。

これを防ぐには、入力値をエスケープする効果や、SQLとしての構文解釈から分離する効果のあるjava.sqlパッケージのPreparedStatementを利用してSQL文の組み立てを実装するのが一般的です（13.1.2項）。

B.5.2 クロスサイトスクリプティング（XSS）

もともとは、利用者が入力した内容をそのまま表示する掲示板のようなWebサイトで、「攻撃者が用意した別のWebサイトの横断的利用（クロスサイト）により悪意ある処理をするコード（スクリプト）」を画面のフォームなどに入力し、閲覧者にそのスクリプトを実行させる攻撃を指していました。

現在では、別のWebサイトを利用していなくても、悪意のあるスクリプトを標的サイトの利用者に実行させる攻撃手法をXSSと呼んでいます。

これを防ぐには、外部から入力された値を画面に表示する際、含まれる「<」「>」などのHTMLとして特別な意味を持つ記号を <c:out> タグなどでエスケープして無害化します（12.3.3項）。なお、エスケープなどによるスクリプトの無害化を**サニタイジング**といいます。

B.5.3 強制的ブラウジング

Webページに準備されたリンクをたどらずに、アドレスバーなどに直接URLを入力して、対外的に秘匿しているURLや、権限または状態（未決済や未購入状態など）によっては本来アクセスしてはならないURLに強制的にアクセスされる攻撃です。

対策として、ログイン状態やアカウント権限などをチェックするフィルタをサーブレットクラスに設定する（11.3.1項）ほか、同様の機能を提供するフレームワークやライブラリを利用するのも一般的です。

B.5.4 パラメータ改ざん

不正なリクエストパラメータを送信される攻撃です。たとえば、画面上のラジオボタンでは数値しか選択できないにも関わらず、特殊なツールを使い想定外の文字列などの値をサーバに送りつけます。

これを防ぐには、入力値チェックなどで受け取るデータの正当性を検査します。また、正当性検査を支援するしくみを持つフレームワークを活用する場合もあります。

B.5.5 クロスサイトリクエストフォージェリ（CSRF）

ログイン機能のあるWebサイトにおいて、ログアウトしていないユーザーに偽のリンクをクリックさせ、標的のWebサイト上で何らかの処理を実行させる攻撃です。

たとえば、標的サイトにログインしているユーザーであれば、自身の設定を変更できるボタンがあるとします。そのボタンでアクセスされるURLは、強制的ブラウジング（B.5.3項）に対策しており、ログインしていない第三者がアクセスしても実行されません。しかし、標的サイトのユーザーがログイン状態を維持したまま、何らかの方法で偽サイトに誘導され、そこに設置された設定変更のURLを宛先とするクリックすると、「ログイン状態のユーザーによる設定変更のリクエスト」が標的サイトに送信され、ユーザーの意図しない設定変更が実行されてしまいます。

付録
B

これを防ぐには、明示的なログアウトの推奨、強制ログアウト時間の短縮といった運用による対策のほか、トークンと呼ばれるランダムな情報の発行と照合を行う機能の導入が効果的です。また、トークンの発行と照合を支援するフレームワークを活用する場合もあります。

B.5.6　オープンリダイレクト

ユーザーからの入力内容に応じてリダイレクト先を変更する Web アプリケーションにおいて、利用者を悪意あるサイトへ誘導する攻撃です。誘導先のサイトで ID やパスワードなどの重要な情報を入力してしまう危険性があるだけでなく、別のサイバー攻撃の原因となる可能性もあります。

これを防ぐには、リダイレクト先として許可する範囲を制限します。

B.5.7　通信の盗聴／改ざん

サーバとブラウザ間の通信を第三者に読み取られたり、書き換えられたりする攻撃です。これを防ぐには、SSL（Secure Socket Layer）によって通信の内容を暗号化します（5.1.6項）。SSL証明書の購入が必要ですが、近年では非営利団体による無償の証明書発行サービスも提供されています。

付録C
練習問題の解答

練習1-1の解答

(1) タグ　(2) pタグ　(3) imgタグ　(4) 属性　(5) aタグ　(6) href
(7) headタグ　(8) bodyタグ　(9) ブラウザ

練習1-2の解答

菅原さんのプロフィールページの解答例を以下に示します。

菅原　拓真のプロフィール

sugawara.html

```
01  <!DOCTYPE html>
02  <html>
03  <head>
04  <meta charset="UTF-8">
05  <title>スッキリメンバーの紹介</title>
06  </head>
07  <body>
08  <h1>菅原　拓真のプロフィール</h1>
09  <p>
10  経験豊富なエンジニア。<br>開発のかたわら、若手エンジニアの教育係
    もしている。<br>実は結構お酒好き。
11  </p>
12  <a href="memberList.html">一覧へ戻る</a>
13  </body>
14  </html>
```

　次は、コード1-4（p.38）の「スッキリメンバー一覧ページ」にリンクタグ（青字の部分）を加えてページ遷移を可能にした解答例です（行番号はコード1-4と共通）。

スッキリメンバー一覧ページ（リンクを追加）

	memberList.html
18	`<tr>`
19	`<td><a href="ayabe.html">綾部　めぐみ</a></td>`
20	`<td>22</td>`
21	`</tr>`
22	`<tr>`
23	`<td><a href="sugawara.html">菅原　拓真</a></td>`
24	`<td>32</td>`
25	`</tr>`

chapter 2 ｜ Webのしくみ

練習2-1の解答

(1) Webサーバ　(2) URL　(3) リクエスト

(4) GETリクエスト　(5) POSTリクエスト　(6) レスポンス

(7) Content-Typeヘッダ　(8) HTTP　(9)（Web）アプリケーションサーバ

(10) サーブレット　(11) サーブレットコンテナ　(12) JSP

※(4) (5) は順不同。

練習2-2の解答

(1) http://localhost:8080/hoge/foo.html

(2) http://localhost:8080/hoge/bar/foo.html

chapter 3 ｜ サーブレットの基本

練習3-1の解答

① /ex1　② doGet　③ text/html; charset=UTF-8　④ response

付録
C

練習3-2の解答

・ブラウザの動作

　コードの③部分を「ABCDE」に修正してブラウザから実行すると、多くのブラウザはサーバから送られてきたHTML文字列を画面に表示せず、ファイルとして保存しようと動作します（実際の動作はブラウザの種類やバージョンに依存します。少数ですが別の動作をするブラウザも存在します）。

・動作の理由

　コードの③部分が正しく「text/html; charset=UTF-8」と指定されている場合、WebサーバはWebブラウザに対して次のようにレスポンスします。

```
HTTP/1.1  200  OK
content-type: text/html; charset-UTF-8
   ⋮
<html><body>Hello </body></html>　}─ レスポンスのボディ部
```

　ブラウザは、content-typeヘッダを見て、レスポンスのボディ部の情報がHTMLであると理解し、HTMLコードを正しく画面に表示します。③部分を問題文のように変更すると、ブラウザに返されるHTTPレスポンスのcontent-typeヘッダは「ABCDE」という値に変化します。この値からは、ブラウザはレスポンスのボディ部の情報がHTML／画像／音声／PDFのいずれなのかを判別できません。画面に表示できない可能性も考慮し、多くのブラウザでは「処理方法が不明な種類のコンテンツを受信したら、レスポンスのボディ部をとりあえずファイルとして保存する」という動作を採用していると想像できます。

chapter 4 ｜ JSP の基本

練習4-1の解答

```
① text/html; charset=UTF-8    ② ex.Employee  または  ex.*
③Employee emp = new Employee("0001", "湊 雄輔");
④ <%= emp.getId() %>  ⑤ <%= emp.getName() %>
```

練習4-2の解答

```
ex.jsp (src/main/webappディレクトリ)
<%@ page contentType="text/html; charset=UTF-8" import="ex.*" %>

<% Employee emp = new Employee("0001", "湊 雄輔"); %>

<!DOCTYPE html>

<html>
<body>

<% for (int i = 0; i < 10; i++) { %>

<% if (i % 3 == 0) { %>

<p style="color:red">

<% } else { %>

<p>

<% } %>

IDは<%= emp.getId() %>、名前は<%= emp.getName() %>です</p>

<% } %>

</body>

</html>
```

head要素は省略

※ HTMLでは、タグ間のどこにでも改行を入れられます。

chapter 5 フォーム

練習5-1の解答

① Ex5_1　　② doPost　　③ UTF-8　　④ name

練習5-2の解答

```
testenq.jsp (src/main/webappディレクトリ)
<!DOCTYPE html>

<html>

<head>

<meta charset="UTF-8">

<title>お問い合わせフォーム</title>
```

付録
C

```
  </head>
  <body>
  <form action="testenq" method="post">
    お名前: <input type="text" name="name"><br>
    お問い合わせの種類:
    <select name="qtype">
      <option value="company">会社について</option>
      <option value="product">製品について</option>
      <option value="support">アフターサポートについて</option>
    </select><br>
    お問い合わせ内容:
    <textarea name="body"></textarea><br>
    <input type="submit">
  </form>
  </body>
  </html>
```

※ select、option、textarea タグが正しく使えていれば、厳密に同じでなくてもかまいません。

chapter 6 | MVC モデルと処理の遷移

練習6-1の解答

(1) モデル   (2) ビュー   (3) コントローラ

(4) サーブレットクラス (5) 一般的なJavaのクラス (6) JSPファイル

(7) フォワード   (8) リダイレクト   (9) 転送元 (フォワード元)

(10) 転送先 (リダイレクト先)

練習6-2の解答

　次のようなサーブレットクラスを動的Webプロジェクト「ex」に作成します。
サーブレットクラス名は任意です。

```
… （import文省略） …

@WebServlet("/ex62")

public class Ex62Servlet extends HttpServlet {

  protected void doGet(HttpServletRequest request,

      HttpServletResponse response)

      throws ServletException, IOException {

    int rand = (int)(Math.random() * 10);

    if (rand % 2 == 1) {

      response.sendRedirect("redirected.jsp");

    } else {

      RequestDispatcher dispatcher = request.getRequestDispatcher(

          "forwarded.jsp");

      dispatcher.forward(request, response);

    }

  }

}
```

chapter 7 | リクエストスコープ

練習7-1の解答

(1) セッション　　　　(2) リクエスト

(3) JavaBeans　　　　(4) プロパティ

※ (1) (2) は順不同。

練習7-2の解答

```
protected void doGet(HttpServletRequest request,          FruitServlet.java
                                                          (ex パッケージ)
    HttpServletResponse response)

    throws ServletException, IOException {

  Fruit fruit = new Fruit("いちご", 700);
```

```
    request.setAttribute("fruit", fruit);
    RequestDispatcher dispatcher =
        request.getRequestDispatcher("WEB-INF/ex/fruit.jsp");
    dispatcher.forward(request, response);
}
```

```
① ex.Fruit
② (Fruit)request.getAttribute("fruit")
③ <%= fruit.getPrice() %>
```

chapter 8 | セッションスコープ

練習8-1の解答

(1) セッションスコープ　　(2) リクエストスコープ
(3) リクエストスコープ　　(4) セッションスコープ

練習8-2の解答

FruitServlet.java
(ex パッケージ)

```
protected void doGet(HttpServletRequest request,
    HttpServletResponse response)
    throws ServletException, IOException {
  Fruit fruit = new Fruit("いちご", 700);
  HttpSession session = request.getSession();
  session.setAttribute("fruit", fruit);
  RequestDispatcher dispatcher =
      request.getRequestDispatcher("WEB-INF/ex/fruit.jsp");
  dispatcher.forward(request, response);
}
```

fruit.jsp (src/main/webapp/WEB-INF/ex ディレクトリ)

```
<%@ page contentType="text/html; charset=UTF-8" %>
```

```
<%@ page import="ex.Fruit" %>
<% Fruit fruit = (Fruit)session.getAttribute("fruit"); %>
<!DOCTYPE html>
<html>
… (省略) …
<body>
<p><%= fruit.getName() %>の値段は<%= fruit.getPrice() %>円です。</p>
</body>
</html>
```

chapter 9 | アプリケーションスコープ

練習9-1の解答

(1) アプリケーションスコープ　　(2) リクエストスコープ

(3) アプリケーションスコープ

(4) リクエスト／セッション／アプリケーションのすべてのスコープ

(5) セッションスコープ　　　　　(6) アプリケーションスコープ

練習9-2の解答

```
                                                    FruitServlet.java
                                                    (ex パッケージ)
protected void doGet(HttpServletRequest request,
    HttpServletResponse response)
    throws ServletException, IOException {
  Fruit fruit = new Fruit("いちご", 700);
  ServletContext application = this.getServletContext();
  application.setAttribute("fruit", fruit);
  RequestDispatcher dispatcher =
      request.getRequestDispatcher("WEB-INF/ex/fruit.jsp");
  dispatcher.forward(request, response);
}
```

付録

C

```
<%@ page contentType="text/html; charset=UTF-8" %>
<%@ page import="ex.Fruit" %>
<% Fruit fruit = (Fruit)application.getAttribute("fruit"); %>
<!DOCTYPE html>
<html>
… (省略) …
<body>
<p><%= fruit.getName() %>の値段は<%= fruit.getPrice() %>円です。</p>
</body>
</html>
```

chapter 11 | サーブレットクラス実行のしくみとフィルタ

問題11-1の解答

① オ   ② ア   ③ エ   ④ ウ   ⑤ エ   ⑥ ウ   ⑦ イ   ⑧ カ

問題11-2の解答

```
package listener;

import jakarta.servlet.ServletContextAttributeEvent;
import jakarta.servlet.ServletContextAttributeListener;
import jakarta.servlet.annotation.WebListener;
@WebListener
public class NoAppScopeListener
    implements ServletContextAttributeListener {
  public void attributeAdded(ServletContextAttributeEvent scae) {
    System.out.println("警告：格納は禁止されています");
  }
  public void attributeRemoved(ServletContextAttributeEvent scae) {}
```

```
    public void attributeReplaced(ServletContextAttributeEvent scae) {}
}
```

※ このリスナーを適用すると、開発者がアプリケーションスコープを使っていなくても警告が出力されることが
あります。これは、Apache Tomcatなどのアプリケーションサーバが、内部でアプリケーションスコープを利
用している場合があるためです。

chapter 12 | アクションタグとEL式

練習12-1の解答

① 準アクションタグ　　　② カスタムタグ　　　③ 出力
④ Core タグライブラリ　　⑤ スコープ　　　　　⑥ var
⑦ items

練習12-2の解答

fruit.jsp (src/main/webapp/WEB-INF/ex ディレクトリ)
```
<%@ page contentType="text/html; charset=UTF-8" %>
<!DOCTYPE html>
<html>
… (省略) …
<body>
<p>
${applicationScope.fruit.name}の値段は
${applicationScope.fruit.price}円です。
</p>
</body>
</html>
```

　常にアプリケーションスコープからインスタンスを取得するためには、
「applicationScope」を明示的に記述します。

付録
C

練習13-1の解答

(1) リレーショナルデータベース（RDBも可）

(2) SQL　　　　　　(3) java.sql　　　　　(4) JDBCドライバ

(5) Connection　　　(6) PreparedStatement（Statementも可）

(7) ResultSet　　　　(8) DAO

練習13-2の解答

EMPLOYEESテーブルを担当するDAO（該当部分のみ掲載）

```java
public boolean remove(String id) {
  try (Connection conn = DriverManager.getConnection(
      JDBC_URL, DB_USER, DB_PASS)) {
    String sql = "DELETE FROM EMPLOYEES WHERE ID=?";
    PreparedStatement pStmt = conn.prepareStatement(sql);
    pStmt.setString(1, id);
    int result = pStmt.executeUpdate();
    if (result != 1) {
        return false;
    }
  } catch (SQLException e) {
    e.printStackTrace();
    return false;
  }
  return true;
}
```

INDEX
索引

よ

ら

り

る

れ

ろ

■著者
国本大悟（くにもと・だいご）

文学部・史学科卒。大学では漢文を読みつつ、IT系技術を独学で
習得。一般企業でシステム開発やネットワーク・サーバ構築等に携
わった後、フリーランスとして独立する。システムの提案、設計
から開発に携わる一方、プログラミングやネットワーク構築等の
IT研修に力を入れており、大規模SIerやインフラ系企業での登壇
実績多数。

■執筆協力
中山清喬（なかやま・きよたか）

株式会社フレアリンク代表取締役。IBM内の先進技術部隊に所属
しシステム構築現場を数多く支援。退職後も研究開発・技術適用支
援・教育研修・執筆講演・コンサルティング等を通じ、「技術を味方
につける経営」を支援。現役プログラマ。講義スタイルは「ふんわ
りスパルタ」。

飯田理恵子（いいだ・りえこ）

経営学部 情報管理学科卒。大手金融グループの基幹系システムの
開発と保守にSEとして携わる。現在は株式会社フレアリンクにて、
ソフトウェア開発、コンテンツ制作、経営企画などを通して技術
の伝達を支援中。

■イラスト
高田ゲンキ（たかた・げんき）

神奈川県出身／1976年生。東海大学文学部卒業後、デザイナー
職を経て、2004年よりフリーランス・イラストレーターとして活
動。書籍・雑誌・web・広告等で活動中。
ホームページ　http://www.genki119.com

STAFF

編集	小宮雄介
	片元 諭
イラスト	高田ゲンキ
DTP 制作	SeaGrape
カバー・本文デザイン	米倉英弘（細山田デザイン事務所）
編集長	玉巻秀雄

■商品に関する問い合わせ先

このたびは弊社商品をご購入いただきありがとうございます。本書の内容などに関するお問い
合わせは、下記のURLまたは二次元バーコードにある問い合わせフォームからお送りください。

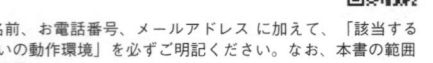

https://book.impress.co.jp/info/

上記フォームがご利用いただけない場合のメールでの問い合わせ先
info@impress.co.jp

※お問い合わせの際は、書名、ISBN、お名前、お電話番号、メールアドレス に加えて、「該当する
ページ」と「具体的なご質問内容」「お使いの動作環境」を必ずご明記ください。なお、本書の範囲
を超えるご質問にはお答えできないのでご了承ください。

● 電話やFAX でのご質問には対応しておりません。また、封書でのお問い合わせは回答までに日数をい
ただく場合があります。あらかじめご了承ください。
● インプレスブックスの本書情報ページ https://book.impress.co.jp/books/1123101133 では、本書
のサポート情報や正誤表・訂正情報などを提供しています。あわせてご確認ください。
● 本書の奥付に記載されている初版発行日から5年が経過した場合、もしくは本書で紹介している製品や
サービスについて提供会社によるサポートが終了した場合はご質問にお答えできない場合があります。

■落丁・乱丁本などの問い合わせ先
FAX　03-6837-5023
service@impress.co.jp
※古書店で購入された商品はお取り替えできません。

スッキリわかるサーブレット&JSP入門 第4版

2024年 4月 1日　初版発行

著　者　国本大悟
監　修　株式会社フレアリンク
発行人　高橋隆志
発行所　株式会社インプレス
　　　　〒101-0051　東京都千代田区神田神保町一丁目105番地
　　　　ホームページ　https://book.impress.co.jp/

印刷所　日経印刷株式会社
ISBN978-4-295-01878-0 C3055
Printed in Japan